高职高专机电类教学改革系列教材

浙江省“十一五”重点规划教材

电工基础

主　编　谢水英

副主编　徐君燕　秦　虹

参　编　冯关明　史春朝　黄　芳

主　审　韩承江

机械工业出版社

本书是浙江省“十一五”重点规划教材，是浙江省第六届高等教育教学成果奖一等奖成果之一，是“教、学、做”融合的高职高专电类专业基础课教材。

本书共分7个项目，主要内容包括电工常识和EWB电路仿真软件、简单直流电路、复杂直流电路、线性动态电路、磁路与变压器、单相正弦交流电路和三相正弦交流电路。每个项目后面均配有小结和3～5个项目任务（仿真实验）以及思考与习题。

本书内含与教学内容配套的24个项目任务（EWB仿真实验），用于学生动手实践，是高职高专电类专业基础课教材中能较高程度上做到“教、学、做”融合的教材。有多媒体教室和机房的学校，可以采用项目化、任务驱动方式进行教学；对教学条件不足、采用传统教学方式的学校，也可以不用这些实验，不会影响教学内容的讲授。

本书项目内容编排顺序符合学生对电工基础知识的认知规律；每一项目均由相关的典型问题引入，以期引导教师采用启发式教学；概念叙述清楚、简洁，通俗易懂；配有较多实例图片，例题、习题与教学内容匹配且尽量使学生能举一反三或实际应用。书后附有部分思考与习题参考答案，便于自学。对选用本书作为授课教材的教师还可以提供免费电子教案和思考与习题详解等，咨询电话：010-88379375。若有需要，作者可以对EWB仿真软件的使用进行免费咨询与传授，咨询电话：0575-88009267，Email：lbyzxsy@163.com。

本书可作为高等职业学院、高等专科学校、成人高校及本科院校开办的二级职业技术学院和民办高校电类专业的教材，也可以供工程技术人员参考。

图书在版编目（CIP）数据

电工基础/谢水英主编. —北京：机械工业出版社，2013.8(2020.9重印)
高职高专机电类教学改革系列教材　浙江省“十一五”重点规划教材
ISBN 978-7-111-42847-3

Ⅰ.①电…　Ⅱ.①谢…　Ⅲ.①电工学-高等职业教育-教材
Ⅳ.①TM1

中国版本图书馆CIP数据核字（2013）第138916号

机械工业出版社（北京市百万庄大街22号　邮政编码100037）
策划编辑：于　宁　责任编辑：于　宁　冯睿娟
版式设计：常天培　责任校对：张　媛
责任印制：常天培
北京机工印刷厂印刷
2020年9月第1版第5次印刷
184mm×260mm・13.25印张・324千字
标准书号：ISBN 978-7-111-42847-3
定价：33.00元

电话服务		网络服务
客服电话：	010-88361066	机　工　官　网：www.cmpbook.com
	010-88379833	机　工　官　博：weibo.com/cmp1952
	010-68326294	金　　书　　网：www.golden-book.com
封底无防伪标均为盗版		机工教育服务网：www.cmpedu.com

前 言

本书是浙江省“十一五”重点规划教材，是根据教育部最新制订的“高职高专教育电工基础课程教学基本要求”编写的。

一直以来，电类专业基础课内容相对偏理论、枯燥，即使是例题也常显得抽象、要用到较多的高等数学知识，教师不易教、学生难学。传统教学方式往往教学效果不好，也越来越不受欢迎。作为一个有 20 多年教学经验的电类教师，如何跟上时代，大胆进行教学改革，已经是迫在眉睫的使命与职责。

编者根据自己多年的教学经验，结合高职高专教育的特点和要求，充分利用现代多媒体教学技术，积极尝试在电工基础课中开展“教、学、做”融合的教学方式，已经收到了较好的教学效果。本书可算是编者对自己这几年来教学改革实践的一个总结，也是我校教学改革的一个成果（以副主编秦虹为完成人之一的我校课题——“教、学、做、工融合”高技能人才培养模式的研究与实践——为第六届浙江省教学成果一等奖）。

本书教学建议 80 学时，每个项目后配有 3 ~ 5 个易操作实践的任务，可用于采取项目化、任务驱动教学方式；也可以采用传统的教学方式，作为学生课后实验，用于巩固知识技能；对教学条件不足的学校，也可以不用，不会影响教学内容的讲授。本书带“*”号的章节为选修章节。

本书各项目任务实施中的电路图所用元器件图形符号均为 EWB 软件库中的符号，与国家标准不符，特提请读者注意。

本书由浙江工业职业技术学院教师编写，谢水英担任主编，徐君燕、秦虹任副主编。项目 1、项目 2 和项目 3 由主编谢水英完成；项目 4 由冯关明、谢水英完成；项目 5 由史春朝完成；项目 6 由黄芳、谢水英完成；项目 7 由秦虹、谢水英完成。本书习题精选、习题答案等由徐君燕完成。

本书由韩承江教授任主审，他对本书的编写提供了指导性、系统性、创新性的建议，并对全书进行了认真、仔细的审阅，提出了许多具体、宝贵的意见；金萌老师（现已调离本校）为本书提供了许多工学结合素材；在此一并表示诚挚的感谢。

由于编者水平所限，教材中难免有错误与不当之处，诚恳希望广大读者提出宝贵意见，以期再版改正。

编 者

目录

项目1

电工常识和EWB电路仿真软件

典型问题

电是怎么产生的？又是怎么输送过来的？如何安全用电？怎么测量？电路中的物理量可以仿真测量么？

知识能力目标

1. 了解电的产生及其输送过程；掌握安全用电常识与急救常识。
2. 掌握使用万用表测量电阻与电压、电流的方法。
3. 掌握EWB电路仿真软件的使用方法，能对电路基本物理量进行仿真测量。

学习任务

任务一　安全用电观察、思考，查询问题答案

任务二　用万用表测量电阻、电压和电流

任务三　用EWB软件仿真测量电路的电压、电流

1.1　发电、输电概述

1.1.1　电能的产生

随着我国经济的飞速发展和人民生活质量的不断提高，作为绿色能源的电能越来越成为现代人民生产和生活中的重要能量。它具有清洁、无噪声、无污染、易转化（如转化成光能、热能、机械能等）、易传输、易分配、易调节和易测试等优点，因此在工矿企业、交通运输、国防科技和人民生活诸方面得到广泛的应用。电能是二次能源，是通过其他形式的能量转化而来的，如水位能、热能、风能、核能和太阳能等，主要是通过发电厂来生产的，又通过电力网来传输与分配的。因此，电力工业也就成了国民经济发展的重要部门，成了社会主义现代化建设的基础。

1.1.2　电力系统的组成

电能的生产、传输与分配是通过电力系统来实现的。发电厂的发电机发出的电能，经过升压变压器后，再通过输电线路传输，送到降压变电所，经降压变压器降压后，再经配电线路送到用户端，用户再利用用户变压器降压至所需电压等级进行供电，从而完成了一个发

电、输电、配电、用电的全过程。连接发电厂和用户之间的环节称为电力网。发电厂、电力网和用户组成的统一整体称为电力系统，如图 1-1 所示。下面对电力系统各组成部分作一简要介绍。

1. 发电厂

发电厂是用来发电的，是电能产生的主要场所，在电力系统中处于核心地位。根据转化电能的一次能源不同，发电厂可分为火力发电厂（一次能源为煤、油和天然气等）、水力发电厂（一次能源为水势能）、核电厂（一次能源为核能）、电热发电厂（一次能源为地热）、风力发电厂（一次能源为风能）和太阳能发电厂（一次能源为太阳能）等。

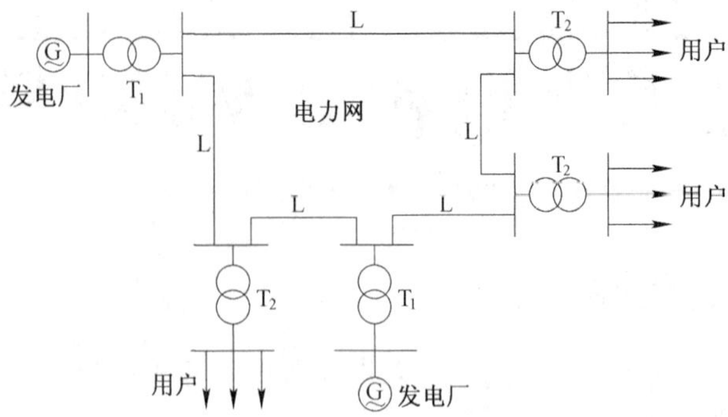

图 1-1　电力系统示意图

T_1—升压变压器　T_2—降压变压器　L—输电线路

由于我国的煤矿资源和水利资源丰富，因此火力发电和水力发电占据我国电力生产的主导地位。但随着核电的开发，核电的比例也在逐渐增大。由于核电厂消耗的一次能源“浓缩铀”较火电厂消耗的煤的重量和成本要少得多（在产生相同的电能前提下），因此，发展核电对人类有着很重要的意义。

2. 电力网

电力网是发电厂和用户之间的联系环节，一般由变电所和输电线路构成。其中变电所是接受电能、变换电压和分配电能的场所，一般可分为升压变电所和降压变电所两大类。升压变电所是将低电压变换为高电压，一般建在发电厂；降压变电所是将高电压变换为一个合理、规范的低电压，一般建在靠近负荷中心的地点。

输电线路是电力系统中实施电能远距离传输的环节，它一般由架空线路及电缆线路组成。架空线路主要由导线、避雷线、防振锤、线夹、绝缘子、杆塔、基础及接地装置构成，如图 1-2 所示。电缆线路则较为简单，一般采用直埋方式将电缆埋在地下或采用沟道内敷设方式。架空线路由于其结构简单、施工简便、建设速度快、检修方便和成本低等优点而广泛应用于电力系统，成为我国电力网的主要输电方式。电力电缆线路由于电缆价格昂贵、成本高和检修不便等因素主要应用于架空线路不便架设的场合，如大城市中心、过江、跨海、污染严重的地区等。

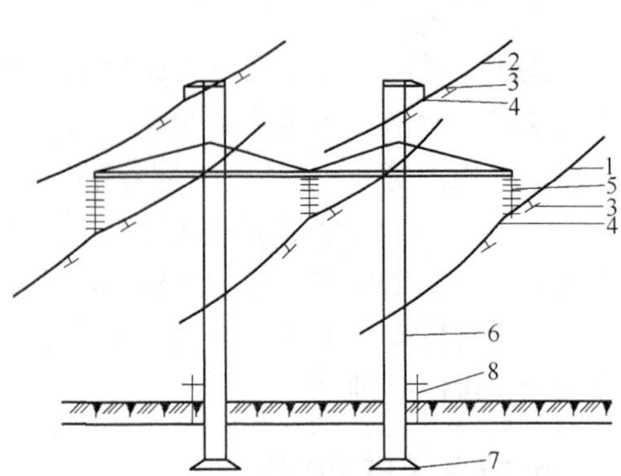

图 1-2　架空线路的组成

1—导线　2—避雷线　3—防振锤　4—线夹

5—绝缘子　6—杆塔　7—基础　8—接地装置

一般为了提高电力系统的稳定性，保证用户的供电质量和供电可靠性，通过电力网，把多个发电厂、变电所联合起来，构成一个大容量的电力网进行供电。目前，我国有华东、华中、华北、南方、东北和西北六大电力网。

电力网按其功能可分为输电网和配电网。由35kV及以上输电线路和变电所组成的电力网称为输电网，其作用是将电能输送到各个地区的配电网或者直接送到大型工矿企业，是电力网中的主要部分。由10kV及以下的配电线路和配电变电所组成的电力网称为配电网，它的作用是将电力分配给各用户。

电力网按其结构形式又可分为开式电力网和闭式电力网。用户从单方向得到电能的电力网称为开式电力网，其主要由配电网构成。用户从两个及两个以上方向得到电能的电力网称为闭式电力网，它主要由输电网组成或由输电网和配电网共同组成。

3. 用户

用户是指电力系统中的用电负荷。电力的产生和传输最终是为了供用户使用。对于不同的用户，其对供电可靠性的要求也不一样。根据用户负荷的重要程度，把用电负荷分为以下三个等级。

（1）一级负荷　这类负荷一旦中断供电，将造成人身事故、重大电气设备严重损坏，甚至使群众生活发生混乱，使生产、生活秩序需较长时间才能恢复。

（2）二级负荷　这类负荷一旦中断供电，将造成主要电气设备损坏，影响生产产量，造成较大的经济损失和影响群众生活秩序等。

（3）三级负荷　一级、二级负荷以外的其他负荷称为三级负荷。

在这些负荷中，对于一级负荷，应最少由两个独立电源供电，其中一个电源为备用电源。对于二级负荷，一般由两个回路供电，两个回路电源应尽量引自不同的变电器或两段母线。对于三级负荷，则无特殊要求，采用单电源供电即可。

1.2 工厂供电

提高产品质量，增强产品竞争力，取得良好的经济效益是每个工矿企业的首要任务。在自动化程度日益提高的形势下，工厂对供电的可靠性及电能质量的要求也越来越高。为了保证工厂生产和生活用电的需要，并有效地节约能源，工厂供电必须做到安全、可靠、优质和经济。这就需要有合理的工厂配电系统。

工厂配电系统的形式是多种多样的。其基本接线方式有三种：放射式、树干式和环式。各工厂配电网具体采用哪种接线方式，需要根据工厂负荷对供电可靠性的要求、投资的大小、运作维护方便及长远规划等原则来分析确定。下面以常见的双回路放射式工厂配电系统来说明工厂配电的结构，如图1-3所示。

工厂总变电所从地区35～110kV电网引入电源进线，经厂总变压器降压至6～10kV电压，然后通过高压配电线路送给车间变电所（或高压用电设备），经车间变电所变压器二次降压至380/220V后，经低压配电线路，送给车间负荷，或经低压配电箱分配送给车间负荷，如电动机、照明灯等。在低压配电系统中，一般采用三相四线制接线方式。

工厂变电所所址的选择直接影响到供电系统的造价和运作。选择时，应尽量靠近负荷中心，并考虑便于进出线，减少污染，交通便利，远离易燃易爆场所，不妨碍工厂或者车间的发展等因素。

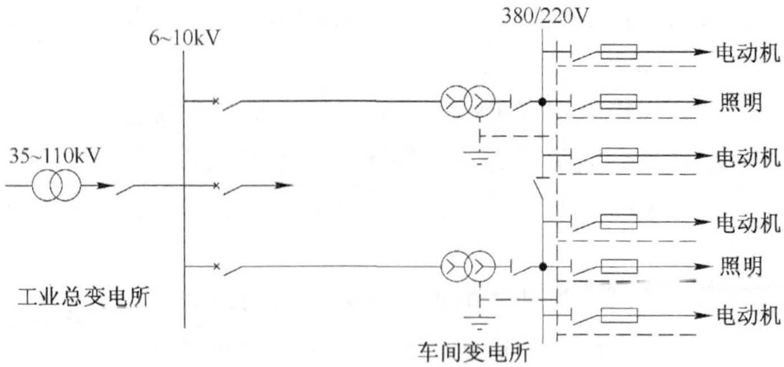

图 1-3　双回路放射式工厂配电系统示意图

1.3　安全用电常识

1.3.1　安全用电的意义

目前在工农业生产、科学实验及家庭生活等各个领域都已离不开电能，但在使用电能的过程中，如果不注意安全用电，可能造成人身触电伤亡事故或电气设备的损坏，甚至影响到电力系统的安全运行，造成大面积停电事故，使国家财产遭受损失，给生产和生活造成很大影响。因此，在使用电能的同时，必须注意安全用电，以保证人身、设备和电力系统三方面的安全，防止事故的发生。

1.3.2　电流对人体的伤害

人体因触及带电体而承受过高的电压，以致引起死亡或局部受伤的现象称为触电。

触电依据伤害程度不同，可分为电击和电伤两种。电击是指因电流通过人体而使内部器官受伤的现象，这是最危险的触电事故。通过人体的工频电流超过 10mA，或直流电流超过 50mA 时，就会造成呼吸困难、肌肉痉挛、中枢神经遭受损害，从而使心脏停止跳动，以致死亡。电伤则是指人体外部由于电弧或熔断器熔断时飞溅起的金属沫等而造成的烧伤现象。

调查表明，绝大部分的触电事故都是由电击造成的。电击伤害的程度取决于通过人体电流的大小、持续时间、电流的频率以及电流通过人体的途径等。电流的大小又决定于作用在人体上的电压和人体电阻。人体各个部位电阻大小不一，约为八百至几万欧。一般来说，皮肤的电阻较大，但皮肤表面潮湿会降低阻值。

触电形式可以分为单相触电、双相触电和跨步电压触电三种。

1. 单相触电

1）电源中性点接地系统的单相触电，如图 1-4a 所示。这时人体处于相电压下，危险较大。

此时，通过人体的电流：

$$I_b = \frac{U_p}{R_0 + R_b} = 219\text{mA} >> 10\text{mA}$$

式中，U_P 为电源相电压（220V），R_0 是接地电阻，一般为 4Ω，R_b 是人体电阻，设为

1000Ω。根据以上条件可知通过人体的电流远远超过人体安全电流上限 10mA。当持续时间较长时，会对人体造成伤害，甚至危及生命。

2）电源中性点不接地系统的单相触电，如图 1-4b 所示。图中，R'为输电线的对地绝缘电阻。

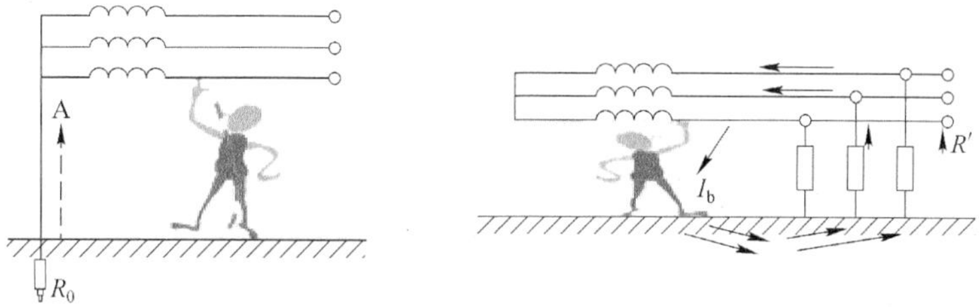

a）电源中性点接地系统　　b）电源中性点不接地系统

图 1-4　单相触电图

人体接触某一相时，通过人体的电流取决于人体电阻 R_b 与输电线对地绝缘电阻 R'的大小。若输电线绝缘良好，绝缘电阻 R'较大，对人体的危害性就减小。但导线与地面间的绝缘可能不良（R'较小），甚至有一相接地，这时人体中就有较强的电流通过，会对人体造成伤害，甚至危及生命。

2. 双相触电

双相触电是指人体的不同部位分别同时接触两条相线所引起的触电事故，如图 1-5 所示，这时人体处于线电压下，通过人体的电流：

$$I_b = \frac{U_1}{R_b} = \frac{380\text{V}}{1000\Omega} = 0.38\text{A} = 380\text{mA} \gg 10\text{mA}$$

触电后果更为严重。

3. 跨步电压触电

在高压输电线断线落地时，有强大的电流流入大地，在接地点周围产生电压降。

当人体接近接地点时，两脚之间承受跨步电压而触电，如图 1-6 所示。跨步电压的大小与人和接地点距离、两脚之间的跨距以及接地电流大小等因素有关。

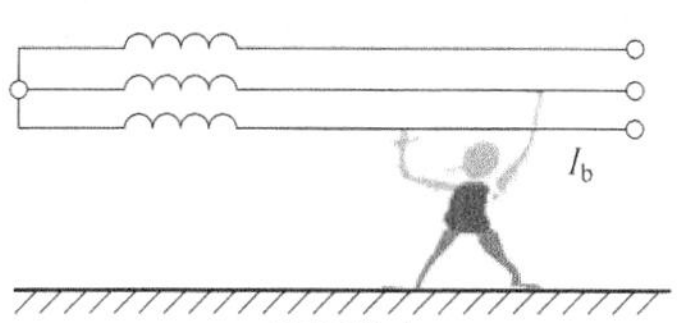

图 1-5　双相触电

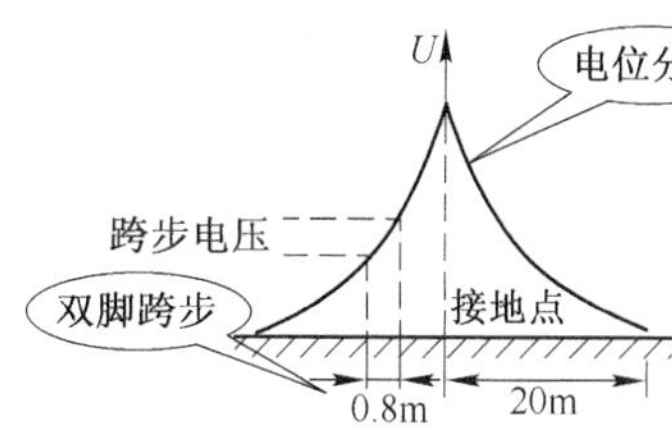

图 1-6　跨步电压触电

一般在 20m 之外，跨步电压就降为零。如果误入接地点附近，应双脚并拢或单脚跳出危险区。

1.3.3　保护接地和保护接零

为了人身安全和电力系统工作的需要，要求电气设备采取接地措施。按接地目的的不同，主要分为工作接地、保护接地和保护接零。

1. 工作接地

工作接地即三相电源中性点 N（或变压器中心点）接地，如图 1-7 所示。其作用如下：

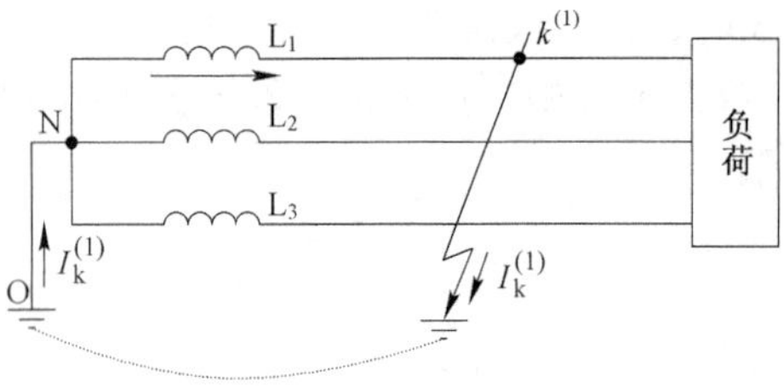

图 1-7　电源中心点保护接地

1）降低人体触电电压。在中性点不接地的系统中，当一相接地而人体又触及另一相时，人体将受到线电压。但对中性点接地系统，人体受到的为相电压。

2）迅速切断故障。在中性点接地的系统中，产生一相接地后的电流 $I_k^{(1)}$ 较大，保护装置迅速动作，断开故障点。

3）降低电气设备对地的绝缘水平。

4）中性点接地的低压系统可以同时向用户提供两种电压，即线电压和相电压。一般线电压主要向三相电动机及大功率负载供电，相电压主要用于照明及其他单相负载。

2. 保护接地

将电气设备在正常情况下不带电的金属外壳或构架与大地相接，以保护人身安全的保护措施称为保护接地，适用于中性点不接地的三相三线制低压电网。

要求接地电阻不得大于 4Ω。

在三相三线制供电系统中，当某台电动机绝缘损坏而使机壳带电时，由于线路与大地之间存在着分布电容，如果人身体接触机壳，则将有电流通过人体与分布电容构成的电路，使人体触电。如果电动机外壳接地了，当人身体触及金属外壳时，人体电阻与接地装置电阻（$R=4\Omega$）是并联的，如图 1-8 所示，因为人身体电阻最小值为 500～1000Ω，比接地电阻大得多，所以只有很小的电流流过人体，大部分电流被接地电阻分流了，降低了人体触电程度，保证了人身安全。

保护接地可防止人体接触漏电的电气设备金属外壳或框架时发生触电事故。

3. 保护接零

将电气设备的金属外壳或构架与电网的零线相连接的保护方式叫保护接零，适用于中性点接地的三相四线制低压电网。

在中性点接地的电网中，由于单相对地电流较大，保护接地就不能完全避免人体触电的危险，而要采用保护接零。

当电气设备绝缘损坏造成一相碰壳时，该相电源短路，其短路电流使保护设备动作，将故障设备从电源切除，防止人身触电，如图 1-9 所示。

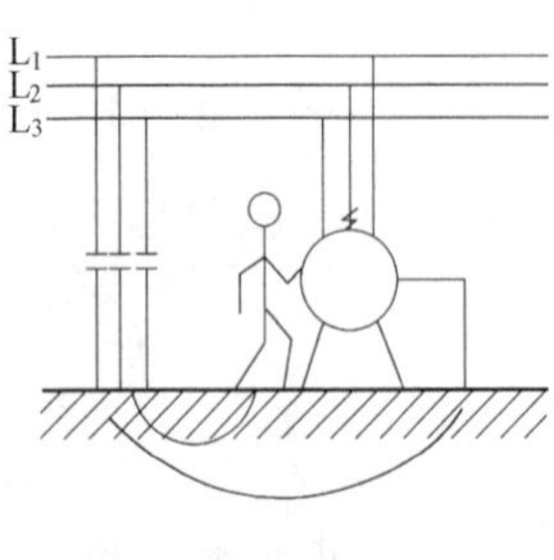

图 1-8　电气设备外壳接地

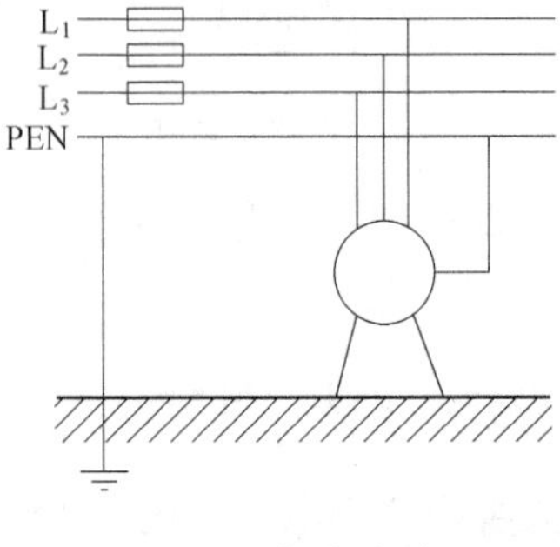

图 1-9　保护接零

注意： 中性点接地系统不允许采用保护接地，只能采用保护接零；中性点接地系统不准保护接地和保护接零同时使用。

1.3.4 安全用电措施

1）建立健全安全管理制度和操作规程，普及安全用电常识。

2）电气设备采用保护接地或保护接零。

3）安装漏电保护装置。

4）相线进开关。

5）对一些特殊电气设备或潮湿场所，采用安全电压供电。我国规定工频有效值 42V、30V、24V、12V 和 6V 为安全电压。

6）检修电路时，必须在拉下总电闸或拔下保险盒的插盖后才能操作。必要时要在总电闸位置挂上禁合闸警示牌。

7）电工操作前的预防措施：穿上电工绝缘胶鞋；站在干燥的木凳或木板上；使用电工绝缘工具。

8）日常生活中的安全用电

① 不用湿抹布擦拭电气装置或家用电器。

② 在更换熔丝时应选用同一规格型号，不得随意用大规格或铜丝作替代。

③ 不可将活动用电器的软线钩挂在电源线上。

④ 螺口灯头的相线应装在中心舌片上，并应装上安全罩。

⑤ 电气装置的外壳破损时应及时更换、修复。

⑥ 大功率家用电器应敷设专用电源线，在停用时，除关掉开关外，还应及时拔掉电源插头。

⑦ 不要在照明电路上使用大功率用电器，不能把电炉的插头插在普通的插座上，同一个插座上不允许接插多个大功率用电器。

⑧ 在大扫除时或遇到室内火灾时，应及时关掉电闸；未关掉总闸前，不要用水或灭火器灭火。

1.3.5 触电急救常识

1. 切断电源

当发生触电事故之后应首先切断电源。切断电源有 3 种处理方式：

1）若开关不在附近时，可用有绝缘柄的钢丝钳一先一后分别切断两根电线。

2）用干燥的木棒或竹竿将触电者身上的电线挑开（千万不能用手去拉触电者）。

3）若触电者在高处，还应防止触电者脱离电源后摔伤。

2. 急救

对触电者的急救方法有人工呼吸和人工心外挤压法。

1.4 万用表

万用表是一种多功能、多量程的便携式电工仪表，一般的万用表可以测量直流电流、直流电压、交流电压和电阻等。有些万用表还可测量电容、功率、晶体管共射极直流放大系数 h_{FE} 等。所以万用表是电工必备的仪表之一。万用表分为指针式和数字式两种。本节着重介绍指针式万用表的结构、工作原理及使用方法。

1.4.1 万用表的结构

万用表的基本原理是利用一只灵敏的磁电式直流电流表（微安表）做表头。当微小电流通过表头，就会有电流指示。但表头不能通过大电流，所以，必须在表头上并联或串联一些电阻进行分流或降压，从而测出电路中的电流、电压和电阻。

指针式万用表的结构由上下两部分组成。上半部分为表盘部分，包括视窗、表盘、机械调零和标度盘。下半部分为选择开关部分，包括 0Ω 旋钮、选择开关（转换开关）、量程和测试笔插孔。万用表面板图和测量范围如图 1-10 所示。

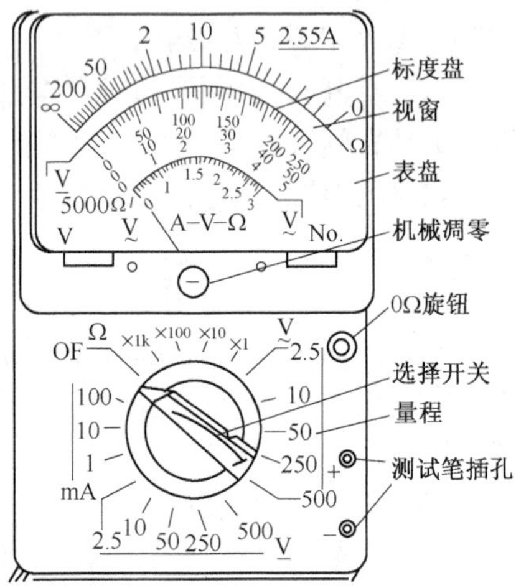

图 1-10　万用表面板图和测量范围

万用表（以 105 型为例）测量范围如下：

- 直流电压：分 5 档—0～2.5V；0～10V；0～50V；0～250V；0～500V
- 交流电压：分 5 档—0～2.5V；0～10V；0～50V；0～250V；0～500V
- 直流电流：分 3 档—0～1mA；0～10mA；0～100mA
- 电阻：分 5 档—R＊1；R＊10；R＊100；R＊1K；R＊10K

注：万用表依靠选择开关的转换及量程的选择，可用来测量直流电压、电流、电阻、交流电压等。

1.4.2 万用表的测量方法

1. 测量电阻

先将测试笔搭在一起短路一下，指针将向右偏转，随即调整欧姆挡调零旋钮（即 0Ω 旋钮），使指针恰好指到 0。然后将两根测试笔分别接触被测电阻（或电路）（见图 1-11）两端，读出指针在欧姆刻度线（第一条线）上的读数，再乘以该挡标的倍率，就是所测电阻的阻值。例如用 R×100Ω 挡测量电阻，指针指在 80，则所测得的电阻值为 80×100Ω＝8kΩ。由于“Ω”刻度线左部读数较密，难于看准，所以测量时应选择适当的挡位，使指针在刻度线的中部或右部，这样读数比较清楚准确。每次换挡，都应重新将两根测试笔短接，重新调整指针到零位，才能测准。

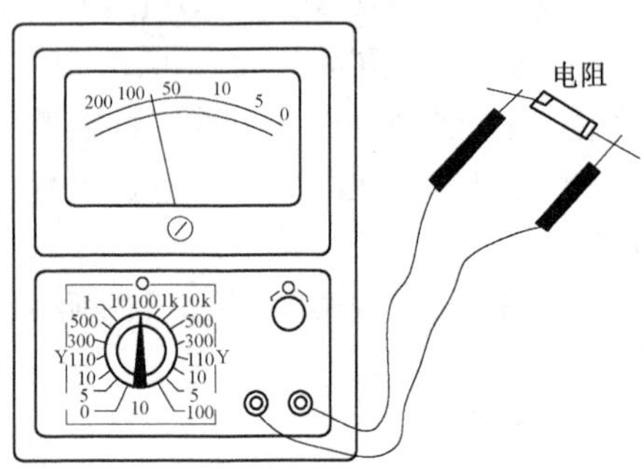

图 1-11　万用表测电阻

2. 测量直流电压

首先估计一下被测电压的大小，然后将转换开关拨至适当的直流电压量程，将正表笔接被测电压“+”端，负表笔接被测量电压“-”端（见图 1-12）。然后根据该挡量程数字与标直流符号“DC-”刻度线（第二条线）上的指针所指数字，来读出被测电压的大小。如用300V 挡测量，可以直接读0～300 的指示数值。如用30V 挡测量，只需将刻度线上300 这个数字去掉一个“0”，看成是 30，再依次把 200、100 等数字看成是 20、10 即可直接读出指针指示数值。例如用 6V 挡测量直流电压，指针指在 75，则所测得电压为 1.5V。

3. 测量直流电流

先估计一下被测电流的大小，然后将转换开关拨至合适的电流量程，再把万用表串接在电路中（见图 1-13）。同时观察标有直流符号“DC”的刻度线，如电流量程选在 3mA 挡，这时，应把表面刻度线上 300 的数字，去掉两个“0”，看成 3，又依次把 200、100 看成是 2、1，这样就可以读出被测电流数值。例如用直流 3mA 挡测量直流电流，指针指在 100，则电流为 1mA。

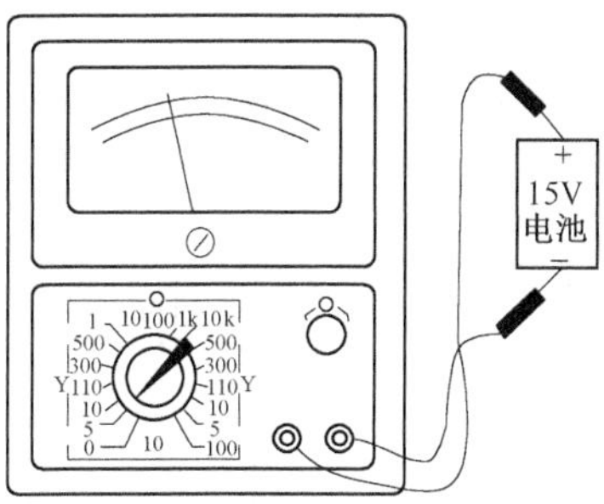

图 1-12 万用表测电压

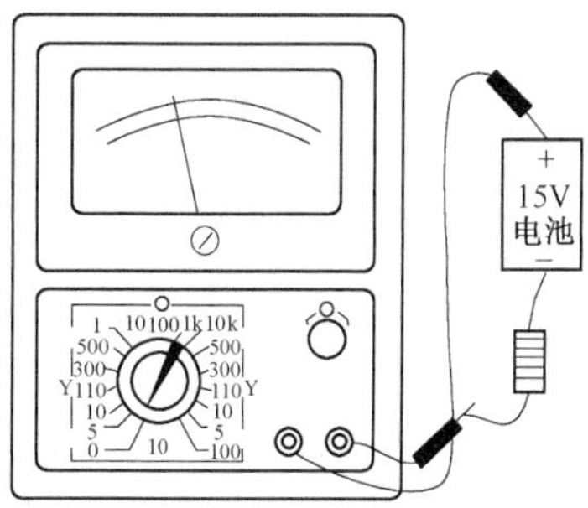

图 1-13 万用表测直流电流

4. 测量交流电压

测交流电压的方法与测量直流电压相似，所不同的是因交流电没有正、负之分，所以测量交流时，表笔也就不需分正、负。读数方法与上述的测量直流电压的读法一样，只是数字应看标有交流符号“AC”的刻度线上的指针位置。

1.4.3 万用表测量电压、电流与电阻的原理

1. 测直流电流的原理

如图 1-14a 所示，在表头上并联一个适当的电阻（叫分流电阻）进行分流，就可以扩展电流量程。改变分流电阻的阻值，就能改变电流测量范围。

2. 测直流电压的原理

如图 1-14b 所示，在表头上串联一个适当的电阻（叫分压电阻）进行降压，就可以扩展电压量程。改变分压电阻的阻值，就能改变电压的测量范围。

3. 测交流电压的原理

如图 1-14c 所示，因为表头是直流表，所以测量交流时，需加装一个并、串式半波整流电路，将交流进行整流变成直流后再通过表头，这样就可以根据直流电的大小来测量交流电压。扩展交流电压量程的方法与直流电压扩大量程的方法相似。

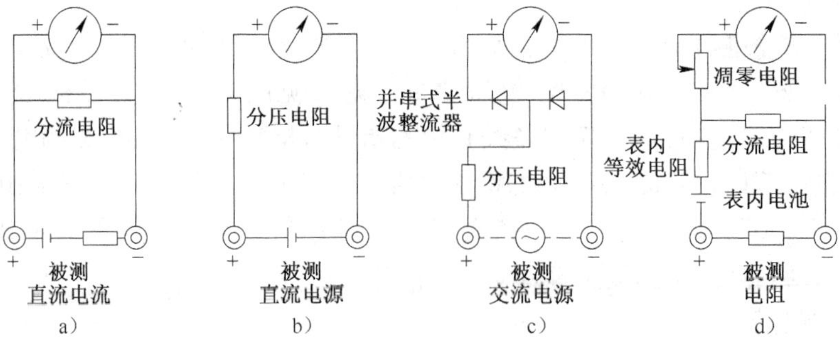

图 1-14　万用表测量电压、电流与电阻的原理图

4. 测电阻的原理

如图 1-14d 所示，在表头上并联和串联适当的电阻，同时串接一节电池，使电流通过被测电阻，根据电流的大小，就可测量出电阻值。改变分流电阻的阻值，就能改变欧姆挡的量程。

例 1-1　某人用万用表按正确步骤测量一电阻阻值，指针指示位置如图 1-15 所示，则这电阻值是____，如果要用这万用表测量一个约 200Ω 的电阻，为了使测量比较精确，选择开关应选的欧姆挡是____________。

解：表盘读数为 12，挡位为“×100”，所以电阻值为 1200Ω。若待测电阻约为 200Ω，则电阻测量挡应选“×10”挡。

例 1-2　如图 1-16 所示，电路的三根导线中，有一根是断的，电源、电阻 R_1、R_2 及另外两根导线都是好的。为了查出断导线，某学生想先将万用表的红表笔连接在电源的正极 a，再将黑表笔分别连接在电阻 R_1 的 b 端和 R_2 的 c 端，并观察万用表指针的示数。在下列选项中，符合操作规程的挡位是（　　）

A. 直流 10V 挡　　B. 直流 0.5A 挡　　C. 直流 2.5V 挡　　D. 欧姆挡

解：因为该同学是带电操作，不能选择“欧姆挡”，所以排除 D；又由于是并联在电路中进行测量，不能选择“电流挡”，所以排除 B；因为电源电压为 6V，C 选项为直流 2.5V 挡，小于待测电压值，所以正确选项为 A。

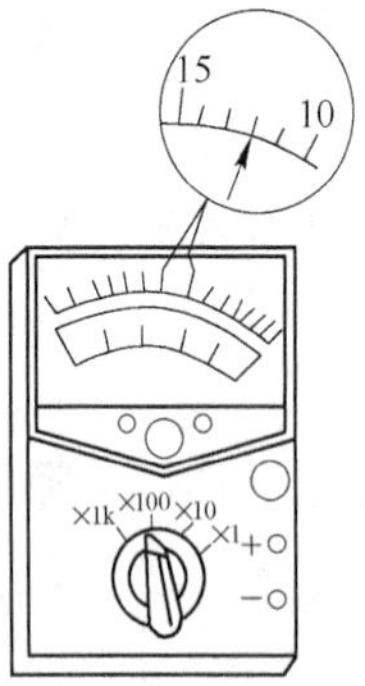

图 1-15　例 1-1 图

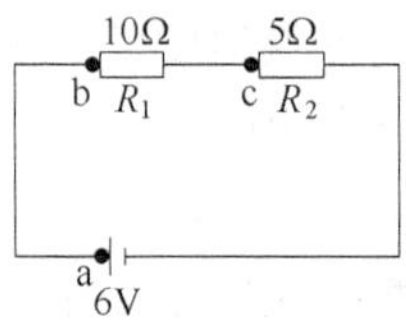

图 1-16　例 1-2 图

例 1-3　用已调零且选择开关指向欧姆挡“×10”位置的万用表测某电阻阻值，根据

图 1-17 所示的表盘，被测电阻阻值为________Ω。若将该表选择开关置于 1mA 挡测电流，则被测电流为________mA。

解： 电阻的测量值应在最上边的一条刻度线上读取。表盘示数为“22”，倍率为“×10”，所以电阻值为 220Ω。电流测量值应在第二条刻度线上读取。因量程为 1mA，所以被测电流为$\frac{1}{250}\times 100\text{mA}=0.4\text{mA}$。

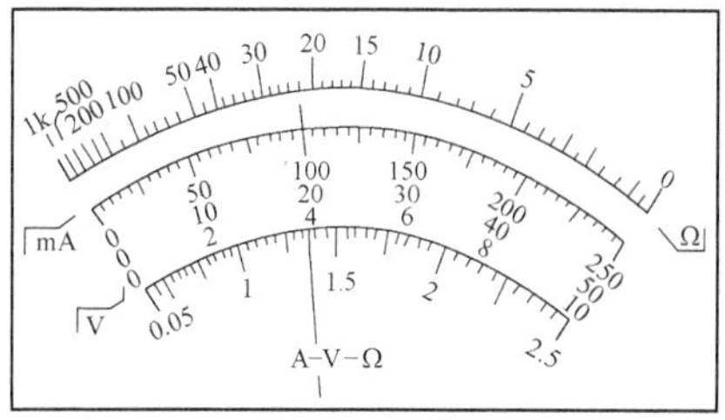

图 1-17　例 1-3 图

1.5　EWB 电路仿真软件

1.5.1　软件简介

随着电子技术和计算机技术的发展，电子产品已与计算机紧密相连，电子产品的智能化日益完善，电路的集成度越来越高，而产品的更新周期却越来越短。电子设计自动化（EDA）技术使得电子线路的设计人员能在计算机上完成电路的功能设计、逻辑设计、性能分析、时序测试直至印制电路板的自动设计。EDA 是在计算机辅助设计（CAD）技术的基础上发展起来的计算机设计软件系统。与早期的 CAD 软件相比，EDA 软件的自动化程度更高、功能更完善、运行速度更快，而且操作界面友善，有良好的数据开放性和互换性。

电子工作平台（Electronics Workbench，EWB）软件，又称为 MultiSim 软件，是加拿大 Interactive Image Technologies 公司于 20 世纪 80 年代末、90 年代初推出的电子电路仿真的虚拟电子工作台软件，它具有以下一些特点：

1）采用直观的图形界面创建电路：在计算机屏幕上模仿真实实验室的工作台，绘制电路图需要的元器件和电路仿真需要的测试仪器均可直接从软件中选取。

2）软件仪器的控制面板外形和操作方式都与实物相似，可以实时显示测量结果。

3）EWB 软件带有丰富的电路元器件库，提供多种电路分析方法。

4）作为设计工具，它可以同其他流行的电路分析、设计和制板软件交换数据。

5）EWB 软件还是一个优秀的电子技术训练工具，利用它提供的虚拟仪器可以用比实验室中更灵活的方式进行电路实验，仿真电路的实际运行情况，熟悉常用电子仪器测量方法。

综上所述，EWB 软件非常适合电子类课程的教学和实验。下面介绍 EWB 软件的初步知识和基本操作方法，内容仅限于对含有线性 R、L、C 元件及通用运算放大器电路的直流、交流稳态和暂态分析。

1.5.2　EWB 软件界面

1. EWB 软件的主窗口（见图 1-18）

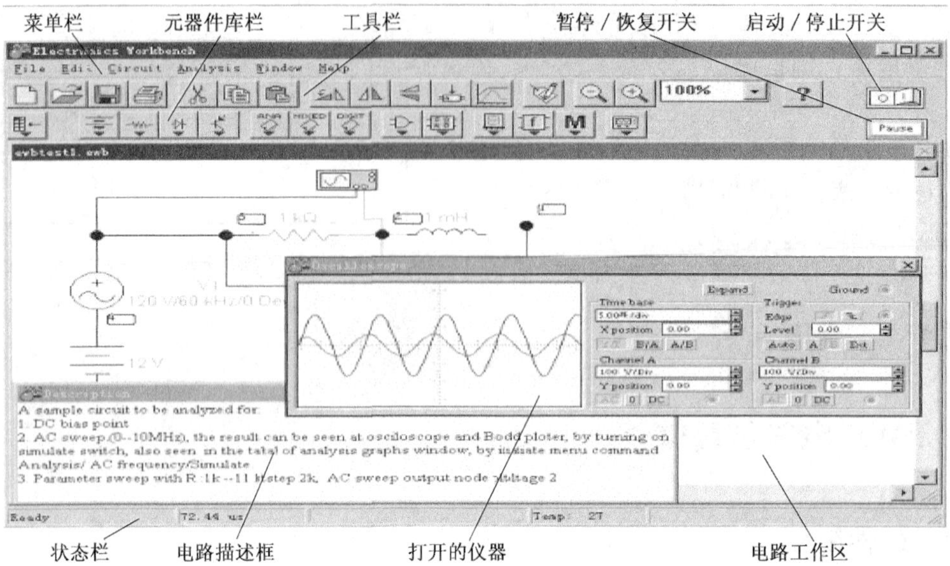

图 1-18　EWB5.0 主窗口

2. 工具栏（Toolbars，见图 1-19）

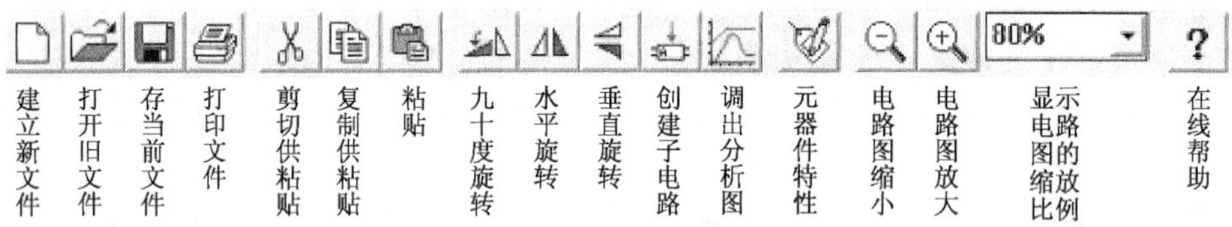

图 1-19　EWB5.0 工具栏

3. 元器件库栏（Parts bin toolbar，见图 1-20）

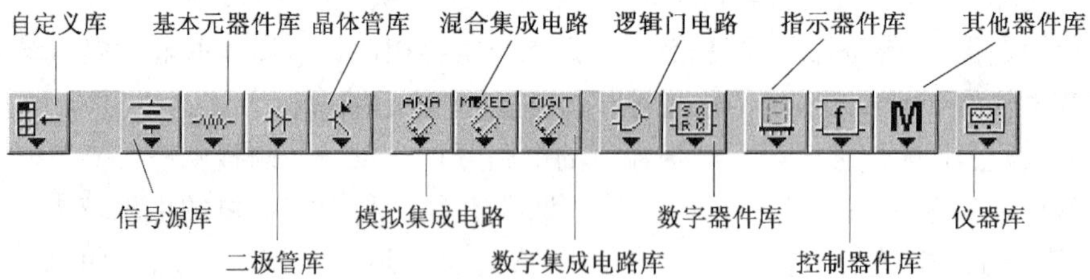

图 1-20　EWB5.0 元器件库栏

1）在元器件库栏中单击信号源库图标，即可打开信号源库（Sources），如图 1-21 所示。例如需要一个直流电源，则在信号源库中单击电池图标，在弹出的选项框中选中电池，并用鼠标左键点住拖曳到编辑区即可。

2）在元器件库栏中单击基本元器件库图标，即可打开基本元器件库，如图 1-22 所示。

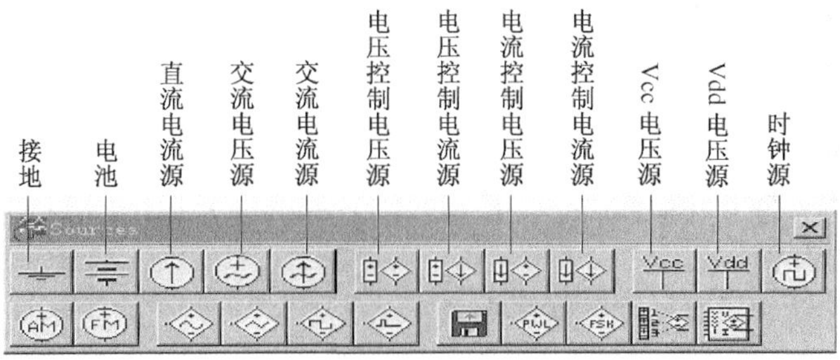

图 1-21 EWB5. 0 信号源库

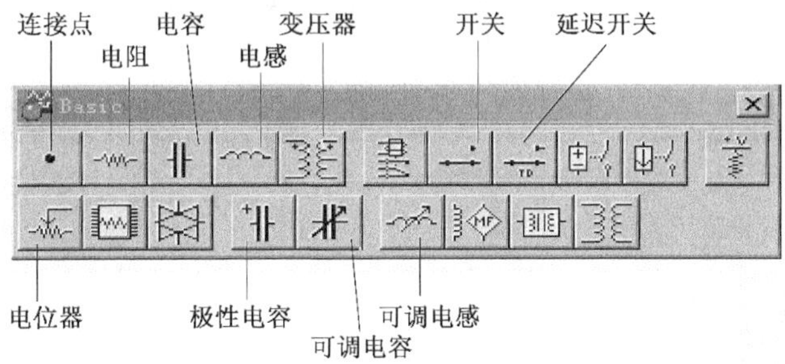

图 1-22 EWB5. 0 基本元器件库

3）在元器件库栏中单击二极管库图标，即可打开二极管库，如图 1-23 所示。

4）同上操作，可打开模拟集成电路库，如图 1-24 所示。

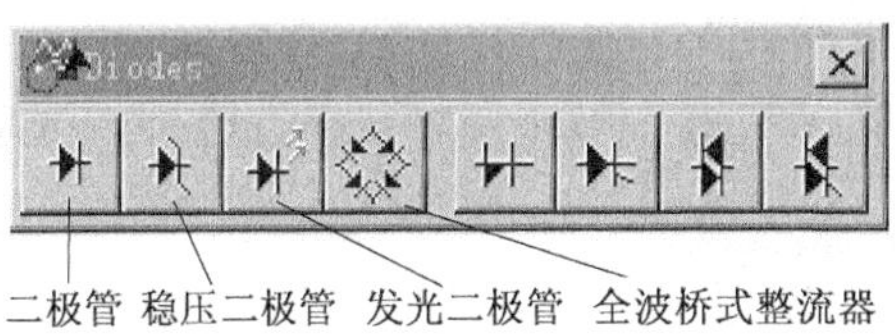

图 1-23 EWB5. 0 二极管库

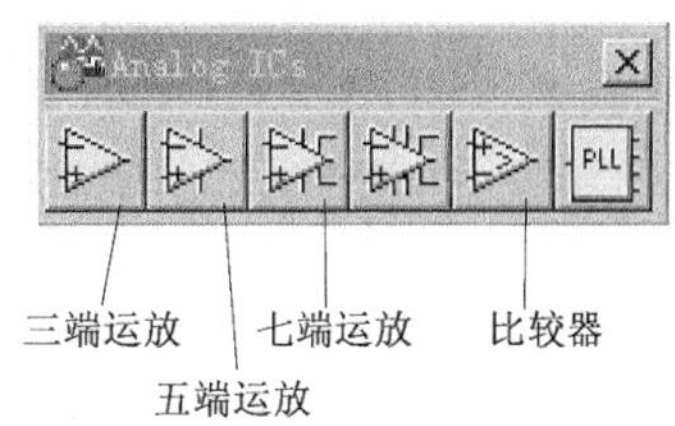

图 1-24 模拟集成电路库

5）同上操作，可打开指示器件库，如图 1-25 所示。

6）同上操作，可打开仪器库，如图 1-26 所示。

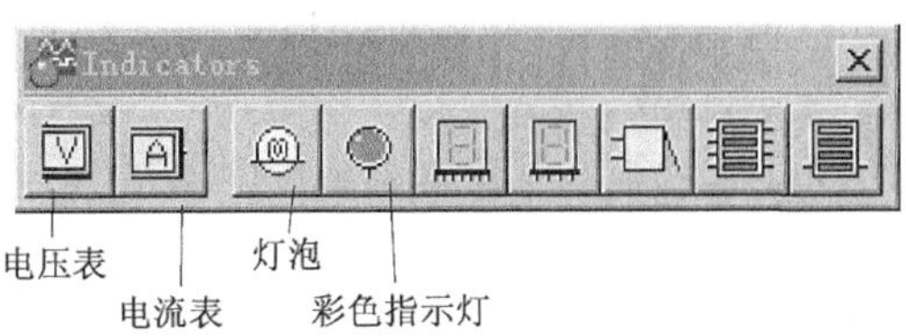

图 1-25 EWB5. 0 指示器件库

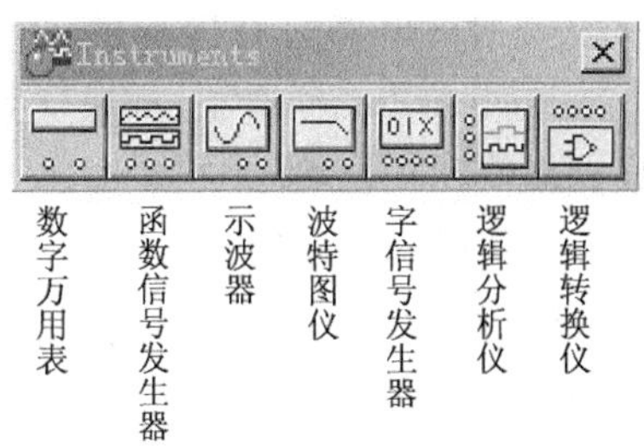

图 1-26 EWB5. 0 仪器库

1.5.3 EWB 软件的基本操作方法

1. 创建电路

(1) 元器件操作

1) 元器件选用：打开元器件库栏，移动光标到需要的元器件图形上，按下左键，将元器件符号拖拽到工作区。

2) 元器件的移动：用鼠标左键点住拖曳。

3) 元器件的旋转、反转、复制和删除：用鼠标单击元器件符号选定，用相应的菜单、工具栏，或单击右键激活弹出菜单，选定需要的动作。

4) 元器件的参数设置：选定该元器件，单击右键，从弹出菜单中选 Component Properties 并单击，可打开图 1-27 所示的对话框。

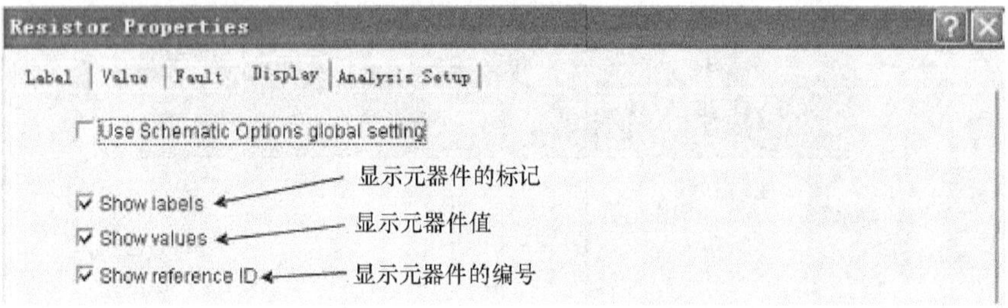

图 1-27　电阻 Display 选项对话框

在 Label 选项中可以设定元器件的标签（Label）和编号（Reference ID）；在 Value 选项中可以设定元器的数值；在 Fault 选项中可以人为设定元器件故障；在 Display 选项中可以设定前面的设置（Label、Reference ID、Value）是否显示。

5) 在 Analysis Setup 选项中可以进行分析设置。

说明：

① 元器件各种特性参数的设置还可通过双击元器件，在弹出的对话框中进行。

② 编号（Reference ID）通常由系统自动分配，必要时可以修改，但必须保证编号的唯一性。

③ 故障（Fault）选项可供人为设置元器件的隐含故障，包括开路（Open）、短路（Short）、漏电（Leakage）和无故障（None）等设置。

④ Display 选项对话框用于设置 Labels、Models 和 Reference ID 的显示方式，电阻的 Display 选项对话框如图 1-27 所示。

⑤ Analysis Setup 选项可以进行分析设置，如对电阻、二极管可以设置温度；对电源可以设置幅值和相位等。

⑥ 数值可调元件的参数设置。属于该类元件有电位器、可变电容和可调电感。下面以电位器为例说明。

双击电位器元件，将打开图 1-28 所示的参数设置对话框。Value 项里有四个选项：Resistance（R）选项用于设定电阻值；Setting 选项用于设定起始电阻值，其物理意义是电位器接入电路后由阻值的 Setting 选项设定值开始变化；Increment 选项用于设定阻值变化一次的幅度；Key 选项用于设定控制键的键符号。如某电位器的参数设置如图1-28所示，当电路仿真时，电位器由阻值的50%开始变化，按动一次键盘上的“R”键，阻值减少5%，同时按“Shift + R”键，阻值增加5%。

⑦ 可控元件的设置。属于该类的元件有继电器、开关、延时开关、电压控制开关、电流控制开关和压控模拟开关。下面以开关为例说明。

双击开关元件，将打开参数设置对话框，如图1-29所示，在Value项的Key选项里输入控制键的符号键，如某电路开关如图1-29所示设置，在电路仿真时，每按动一次“W”键，开关动作一次，从而完成电路的切换。

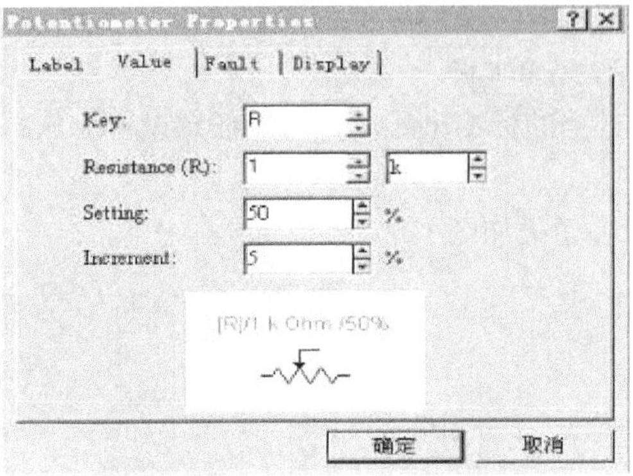

图1-28 电位器变化幅度设置

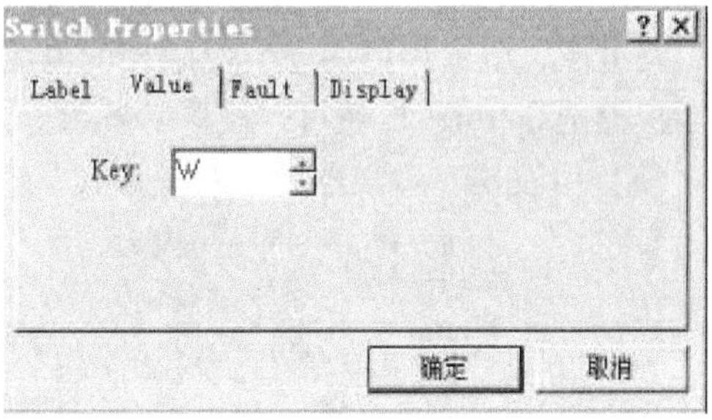

图1-29 控制键设置

（2）导线的操作 主要包括：导线的连接、弯曲导线的调整、导线颜色的改变、连接点的使用及导线的删除。

1）连接：用鼠标指向一个元器件的端点，出现小圆点后，按下左键并拖曳导线到另一个元器件的端点，出现小圆点后松开鼠标左键。

2）弯曲导线的调整：用鼠标左键点中导线适当拖曳，可以改变导线的弯曲情况。

3）导线颜色的改变：选中导线，用鼠标右键单击，在打开的对话框中选中“wire properties”选项，即可以看到导线颜色的选择，选中相应颜色，单击确定即可。

4）连接点的使用：鼠标移到元器件外接线端头相应位置会出现一个黑色小圆点，即连接点；点中拖曳到另一元器件外接线端头的连接点，则两个元器件就连接上导线了。

5）导线的删除：选定该导线，单击鼠标右键，在弹出的菜单中选delete即可。

说明：①连接点是一个小圆点，存放在基本元器件库中，一个连接点最多可以连接来自四个方向的导线，而且连接点可以赋予标识；②向电路插入元器件，可直接将元器件拖曳放置在导线上，然后释放即可插入电路中。

（3）电路图选项的设置 Circuit/Schematic Option 对话框可设置标识、编号、数值、模型参数和节点号等的显示方式及有关栅格（Grid）、显示字体（Fonts）的设置，该设置对整个电路图的显示方式有效。其中节点号是在连接电路时，EWB软件自动为每个连接点分配的。

2. 使用仪器

（1）电压表和电流表 从指示器件库中选定电压表或电流表，用鼠标拖曳到电路工作区中，通过旋转操作可以改变其引出线的方向。双击电压表或电流表可以在弹出的对话框中设置工作参数。电压表和电流表可以多次选用。

（2）数字万用表　数字万用表的量程可以自动调整。图 1-30 所示为其图标和面板。

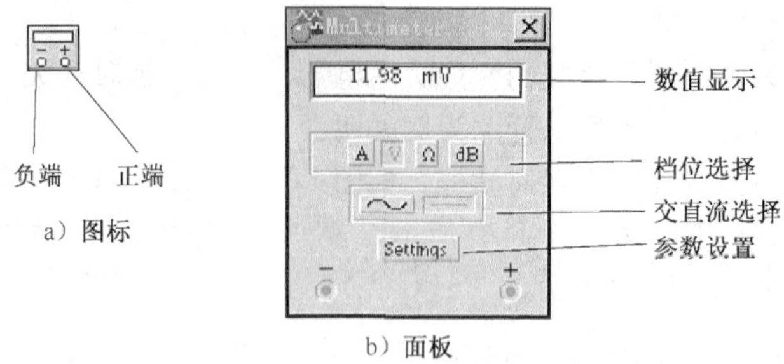

图 1-30　数字万用表图标和面板

其电压、电流挡的内阻，电阻挡的电流和分贝挡的标准电压值都可以任意设置。从打开的面板上选 Settings 按钮可以设置其参数。

（3）示波器　示波器为双踪模拟式，其图标和面板如图 1-31 所示。

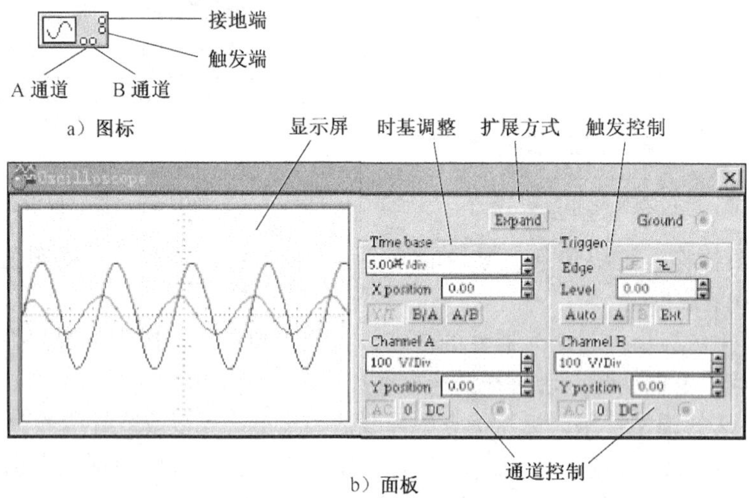

图 1-31　示波器图标和面板

其中：

1）Expand 为面板扩展按钮。

2）Time base 为时基控制。

3）Trigger 为触发控制，包括：①Edge，即上（下）跳沿触发；②Level，即触发电平；③触发信号选择按钮：Auto（自动触发按钮）、A、B（A、B 通道触发按钮）和 Ext（外触发按钮）。

4）X（Y）position 为 X（Y）轴偏置。

5）Y/T、B/A、A/B 为显示方式选择按钮（幅度/时间、B 通道/A 通道、A 通道/B 通道）。

6）AC、0、DC 为 Y 轴输入方式按钮（AC、0、DC）。

（4）信号发生器　信号发生器可以产生正弦、三角波和方波信号，其图标和面板如图 1-32 所示。可调节方波和三角波的占空比。

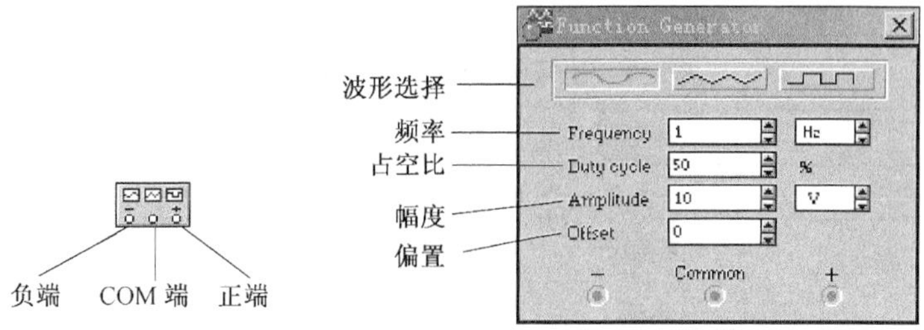

a）图标　　b）面板

图 1-32　信号发生器的图标和面板

(5) 波特图仪　波特图仪类似于实验室的扫频仪，可以用来测量和显示电路的幅度频率特性和相位频率特性。波特图仪的图标和面板如图 1-33 所示。

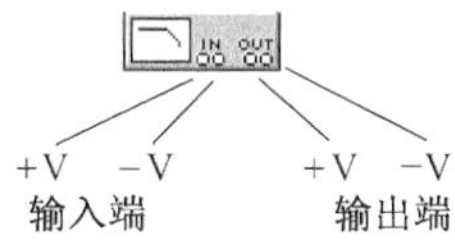

a）图标

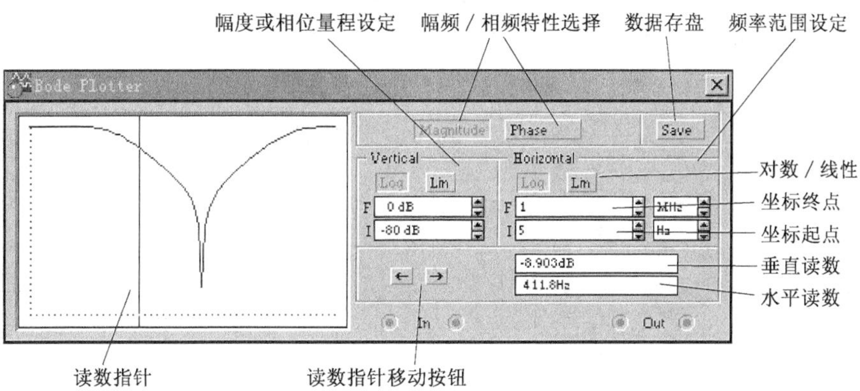

b）面板

图 1-33　波特图仪的图标和面板

波特图仪有 IN 和 OUT 两对端口，分别接电路的输入端和输出端。每对端口从左到右分别为 +V 端和 −V 端，其中 IN 端口的 +V 端和 −V 端分别接电路输入端的正端和负端，OUT 端口的 +V 端和 −V 端分别接电路输出端的正端和负端。此外在使用波特图仪时，必须在电路的输入端接入 AC（交流）信号源，但对其信号频率的设定并无特殊要求，频率测量的范围由波特图仪的参数设置决定。

其中：

1）Magnitude/Phase 为幅频/相频特性选择按钮。

2）Vertical/Horizontal 和 Log/Lin 为垂直/水平坐标类型选择和对数/线性选择按钮。

3）F/I 为坐标终点/起点。

3. 元器件库中的常用元器件的默认设置

EWB 软件带有丰富的元器件模型库，在电路分析软件实验中要用到的元器件及其参数的意义见表 1-1 和表 1-2。

1）信号源默认设置，见表 1-1。

表 1-1 信号源库中的元件默认设置

元器件名称	参数	默认设置值	设置范围
电池（直流电压源）	电压 U	12V	μV ~ kV
直流电流源	电流 I	1A	μA ~ kA
交流电压源	电压 频率 相位	120V 60Hz 0	μV ~ kV Hz ~ MHz Deg
交流电流源	电流 I 频率 相位	1A 1Hz 0	μA ~ kA Hz ~ MHz Deg
电压控制电压源	电压增益 A_u	1V/V	mV/V ~ kV/V
电压控制电流源	互导 G	1S	mS ~ MS
电流控制电压源	互阻 H	1	m ~ M
电流控制电流源	电流增益 A_i	1A/A	mA/A ~ kA/A

2）基本元器件默认设置，见表 1-2。

表 1-2 基本元器件库中的元器件默认设置

元器件名称	参数	默认设置值	设置范围
电阻	电阻值 R	1k	~ M
电容	电容值 C	μF	pF ~ F
电感	电感值 L	1mH	μH ~ H
线性变压器	匝数比（一次/二次）N 漏感 L_E 激磁电感 L_M 一次绕组电阻 R_P 二次绕组电阻 R_S	2 0.001H 5H 0 0	
开关	键	Space	A ~ Z，0 ~ 9，Enter，Space
延迟开关	导通时间 T_{on} 断开时间 T_{off}	0.5s 0s	ps ~ s ps ~ s

4. 元器件库和元器件的创建与删除

对于一些没有包括在元器件库内的元器件，可以采用自己设定的方法，自建元器件库和相应元器件。

EWB 自建元器件有两种方法：一种是将多个基本元器件组合在一起，作为一个“模块”使用，可采用下文提到的子电路生成的方法来实现；另一种方法是以库中的基本元器件为模板，对它内部参数作适当改动来得到，因而有其局限性。

若想删除所创建的库，可到 EWB 的元器件库子目录名“Model”下，找出所需删除的库名，然后将它删除。

5. 子电路的生成与使用

为了使电路连接简洁，可以将一部分常用电路定义为子电路。方法如下：首先选中要定义为子电路的所有元器件，然后单击工具栏上的创建子电路按钮或选择 Circuit/Create Subcircuit 命令，在所弹出的对话框中填入子电路名称并根据需要单击其中的某个命令按钮，子电路的定义即告完成。所定义的子电路将存入自定义元器件库中。

一般情况下，生成的子电路仅在本电路中有效。要应用到其他电路中，可使用剪贴板进行复制与粘贴操作，也可将其粘贴到（或直接编辑在）Default. ewb 文件的自定义元器件库中。以后每次启动 EWB 软件，自定义器件库中均自动包含该子电路供随时调用。

6. 帮助功能的使用

EWB 软件提供了丰富的帮助功能，选择 Help/Help Index 命令可调用和查阅有关的帮助内容。对于某一元器件或仪器，“选中”该对象，然后按 F1 键或单击工具栏的在线帮助按钮，即可弹出与该对象相关的内容。建议充分利用帮助内容。

7. 基本分析方法

（1）直流工作点的分析　直流工作点的分析是对电路进行进一步分析的基础。在分析直流工作点之前，要选定 Circuit/Schematic Option 对话框中 Show nodes（显示节点）项，以把电路的节点号显示在电路图上。

（2）交流频率分析　交流频率分析即分析电路的频率特性。需先选定被分析的电路节点，在分析时，电路的直流源将自动置零，交流信号源、电容、电感等均处于交流模式，输入信号也设定为正弦波形式。

（3）瞬态分析　瞬态分析即观察所选定的节点在整个显示周期中每一时刻的电压波形。在进行瞬态分析时，直流电源保持常数，交流信号源随着时间而改变，电容和电感都是能量储存模式元件。在对选定的节点作瞬态分析时，一般可先对该节点作直流工作点的分析，这样直流工作点的结果就可作为瞬态分析的初始条件。

（4）傅里叶分析　傅里叶分析用于分析一个时域信号的直流分量、基频分量和谐波分量。一般将电路中交流激励源的频率设定为基频，若在电路中有几个交流源时，可以将基频设定在这些频率的最小公因数上。

1.5.4　EWB5.0 电路仿真

1. EWB5.0 电路仿真的步骤

由于 EWB 增加了虚拟测量仪器、实时交互控制元件和多种受控信号源模型，除了可以给出以数值和曲线表示的 SPICE 分析结果外，EWB 还提供了独特的虚拟电子工作台仿真方式，可以用虚拟仪器实时监测显示电路的变量值、频响曲线和波形。仿真的步骤为：

1）输入原理图，在工作区放置元器件的原理图符号，连接导线，设置元器件参数。

2）放置和连接测量仪器，设置测量仪器参数。

3）启动仿真开关，在仪器上观察仿真结果。

2. 仿真实例

例 1-4　基尔霍夫电流定律的仿真探索。

（1）电路的创建　在 EWB 工作台中搭建电路，如图 1-34a 所示，设置各电源、各电流表、各电阻的标号与参数。

注意： 电流表选择直流（DC）挡，且记住正负极。

（2）电路文件的保存　单击电路保存按钮，保存电路且取好名称。注意扩展名“. EWB”不能改掉。

（3）电路的仿真实验　按下电路启动/停止开关，开始仿真实验，如图 1-34b 所示。如果要使实验过程暂停，可单击右上角的 Pause（暂停）按钮，再次单击 Pause 按钮，实验恢复运行。

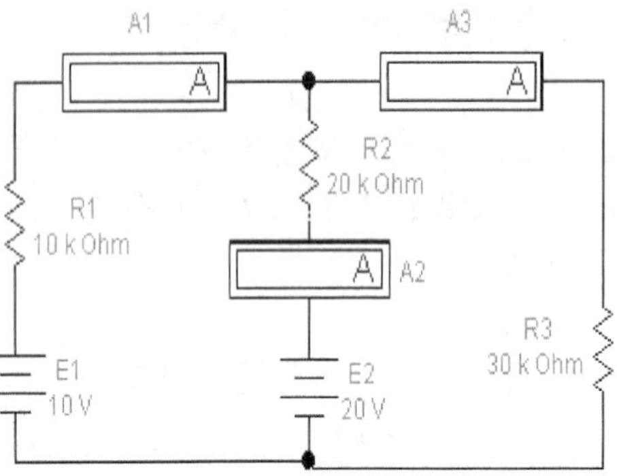

a) 电路图

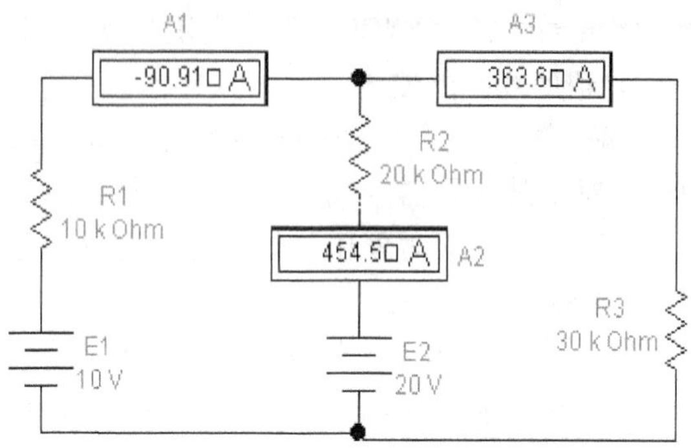

b) 仿真结果

图 1-34　基尔霍夫电流定律的仿真探索

（4）分析结果　读取各支路电流仿真测量结果，分析三者之间的关系；改变电路电源值或电阻值，重新仿真，再次分析各支路电流之间的关系，得出基尔霍夫电流定律：

$$\sum I_{入} = \sum I_{出}$$

例 1-5　共发射极单级放大电路的仿真。

（1）电路的创建　电路图如图 1-35 所示。采取前文提到的方法连接电路、设置元器件参数并连接仪器，同时设置连接到示波器输入端的导线为不同颜色，这样可区分两路不同的波形。

（2）电路文件的保存　电路创建好以后可将其保存，以备调用。

（3）电路的仿真实验

1）双击有关仪器的图标打开其面板，准备观察被测试点的波形。

2）按下电路启动/停止开关，仿真实验开始。

3）调整示波器的时基和通道控制，使波形显示正常，如图 1-36 所示。

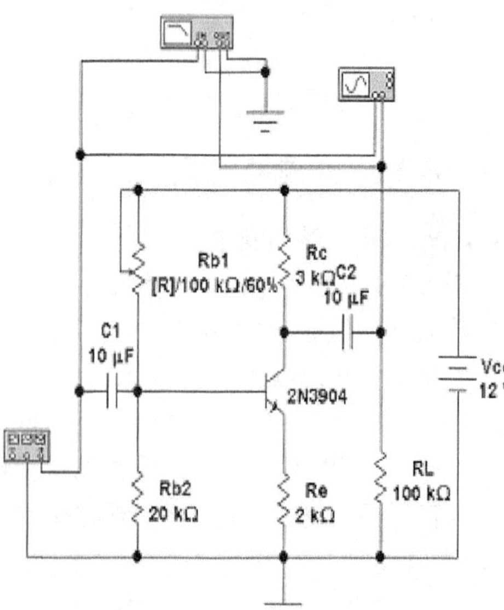

图 1-35　共发射极单级放大电路

一般情况下，示波器连续显示并自动刷新所测量的波形。如果希望仔细观察和读取波形数据，可以选择 Analysis/Analysis Options/Instruments 命令，在打开的对话框中选中 Pause after each screen（示波器屏幕后暂停）选项。

4）从波特图仪的面板上观测电路的幅频特性和相频特性，如图 1-37 所示。如果对波特图仪面板参数进行修改，修改后建议重新启动电路，以保证曲线的精确显示。

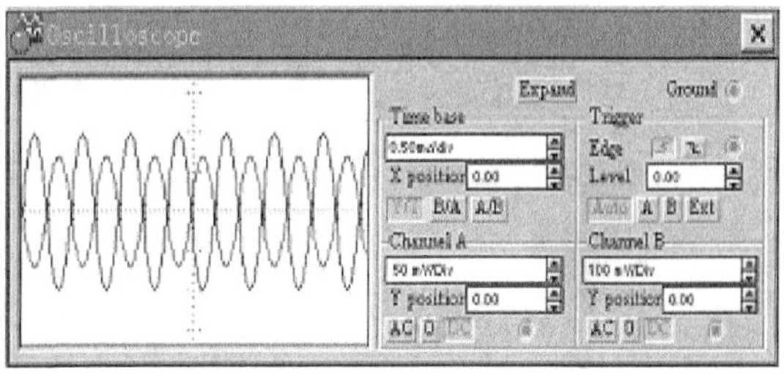

图 1-36　例 1-5 观察点波形

（4）电路的描述　选择 Window/Description命令可打开电路描述窗口，可以在该窗口中输入有关实验电路的描述内容。

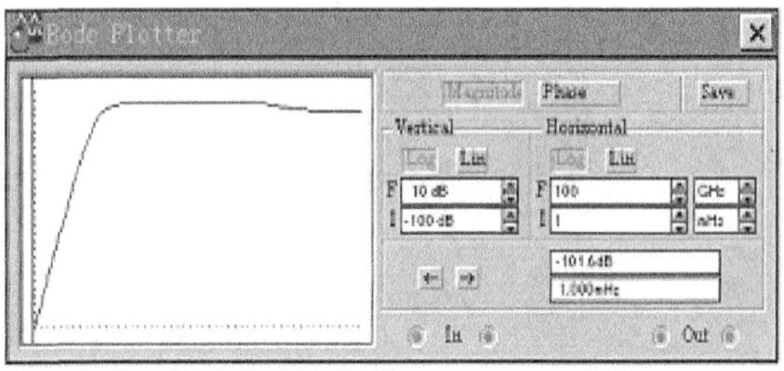

图 1-37　例 1-5 相频特性

（5）实验结果的输出　实验结果的输出主要指：

1）最终测试电路的保存。

2）输出电路图或仪器面板（包括显示波形）到其他文字或图形编辑软件，这主要用于实验报告的编写。该操作可通过选择 Edit/Copy as Bitmap 命令来完成，具体操作方法请参阅 EWB 软件的帮助文件。

3）打印输出。

1.5.5　SPICE 方式分析电路

1. 直流工作点分析

在工作区构造电路，选择 Circuit/Schematic Options... 菜单，在启动的对话框中选定显示节点（Show Nodes），把电路的节点标号显示在原理图上（见图 1-38）；选择菜单命令 Analysis/DC Operating Point，对电路做直流工作点分析，分析结果显示在 Analysis Graphs 窗口的 DC Bias 栏中。

例如，图 1-38 所示为在电路工作区建立的电路原理图，其直流工作点分析结果如图 1-39 所示。注意在直流分析时，交流电源被视为零值，电容开路，电感短路。

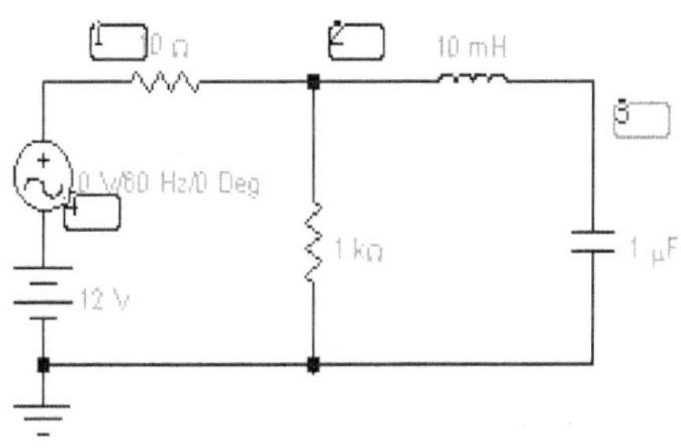

图 1-38　在原理图显示电路节点标号

2. 交流频响分析

1）创建原理图，选择菜单命令 Analysis / AC Frequncy... 。

2）在弹出的对话框中设定要分析的电路节点，分析起始频率、终点频率、扫描形式、显示点数和纵轴尺度。

3）单击 Simulate 按钮开始仿真分析，在分析完成后，在 Analysis Graphs 窗口的 AC

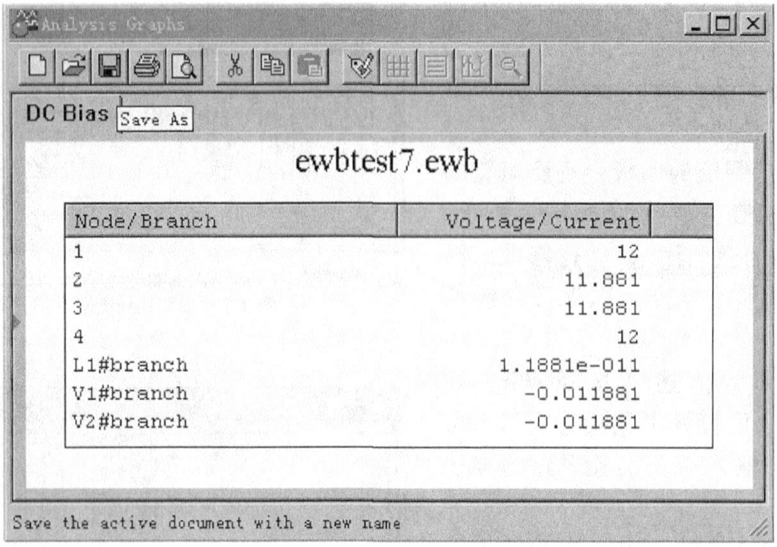

图 1-39　直流工作点分析数据

Analysis栏中可以看到幅频和相频特性曲线。上面电路的交流频响分析（幅频和相频特性分析）结果如图 1-40 所示。

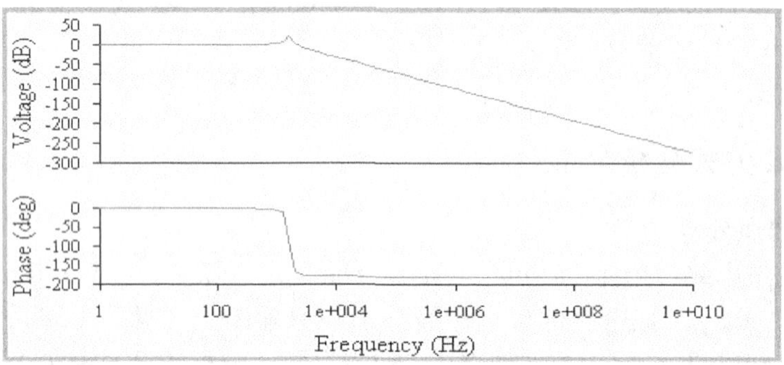

图 1-40　幅频和相频特性分析结果

项 目 小 结

本项目重点学习掌握“电工基础”的入门知识与技能。主要包括三方面：

首先，了解电力系统及工厂供电的知识，掌握安全用电基本知识，包括安全用电措施、触电种类和触电的救护。

其次，了解电工测量的基本工具——万用表的功能、结构、工作原理，掌握使用万用表测量电阻、电压和电流的方法。

第三，学习电路仿真软件——EWB5.0，了解软件的作用和包含的元器件等，掌握应用此软件进行电路搭建、仿真测量和显示等功能。

项目任务实施

任务一　安全用电观察与思考，查询问题答案

场地：教室。

资讯：1.1 发电、输电概述；1.2 工厂供电；1.3 安全用电常识。

学习工厂供电与安全用电等方面的知识，思考查询以下问题答案：

1）电是怎么输送到用户的？电力系统包括哪几部分？家庭学校用电是属于几级负荷？

2）家庭用电是交流还是直流？家里墙上的三孔插座哪个连接火线？另两个孔分别连着什么线？家用电器三孔插头的其中一只脚若折弯不用有何危险？曾经看见过的危险用电现象有哪些？

3）安全用电的措施有哪些？触电急救方法是怎样的？

任务二　用万用表测量电阻、电压和电流

场地：实验室。

器材：万用表、色环电阻若干、学生电源（交流、直流）和导线若干。

资讯：1.3 安全用电常识；1.4 万用表；2.1.5 电阻与电阻器。

1）观察万用表面板，思考以下问题答案且动手练习一下。

观察万用表面板包括哪几部分？测量电阻时红表笔插入哪个孔？选择开关应该旋到什么位置？测量电流时红表笔又要插入哪个孔？选择开关应该旋到什么位置？测量直流电流与交流电流如何切换？

2）用万用表测量人身各部分电阻：左右手之间；左手与左脚之间；左手与右脚之间，且将电阻值最小的一个作为 R 值记入表 1-3；计算假设触及表 1-3 中给出的交流电压时的电流；分别说明对人体的伤害，理解安全用电的重要性。

表 1-3　人体触及不同电压时的伤害

人体电阻值大约值	R（测量值中的最小值）=				
假设触及的交流电压值	24V	36V	42V	110V	220V
产生的电流 I（计算值）					
对人体的伤害					

3）观察色环电阻，用万用表欧姆挡测量其实际值，填入表 1-4；与标称值相比，计算相对误差；学习色环法判断电阻值。

表 1-4　色环电阻的实际阻值测量

标称电阻值	5.1Ω	10Ω	200Ω	1kΩ
测量值				
相对误差				
色环法计算				

4）用万用表电压挡直接测量学生电源中的直流电压、交流电压，填入表1-5，且计算相对误差。

表1-5　电源电压的测量

	直流电压		交流电压		
标称值	5V	12V	6V	8V	10V
测量值					
相对误差					

5）用万用表测量直流电流和交流电流。

搭建图1-41所示最简单的电路，用万用表电流挡测量电路中的电流，填入表1-6，且与计算值比较，计算相对误差。

注意：E代表直流电源或交流电源，测量时万用表电流挡要进行交、直流切换。

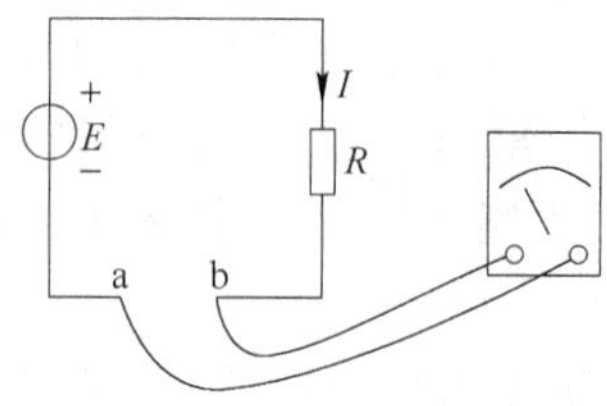

图1-41　用万用表测量电流

表1-6　交直流电流的测量

设电路电阻为1kΩ	接直流电压		接交流电压		
标称值	5V	12V	6V	8V	10V
计算值 I					
测量值 I'					
相对误差					

任务三　用EWB软件对仿真测量电路的电压、电流

场地：机房或多媒体教室。

器材：计算机、EWB仿真软件。

资讯：1.5 EWB电路仿真软件。

1. EWB软件的使用方法

打开EWB仿真软件主窗口，对菜单栏、工具栏、元器件库、仿真开关、暂停按钮等进行熟悉、了解；对元器件性质、参数等进行设置试验；对电路搭建进行练习。

2. 仿真测量直流电路的电压和电流

1）搭建图1-42所示电路，学习仿真直流电源、直流电流表、直流电压表、电阻和电位器的使用方法且设置好元器件性质、参数等。

2）仿真测量电路中的电压和电流，填入表1-7相应位置，验证中学学过的部分电阻欧姆定律；且将电位器置为50%时的测量电流与计算电流进行比较，计算相对误差，了解仿真

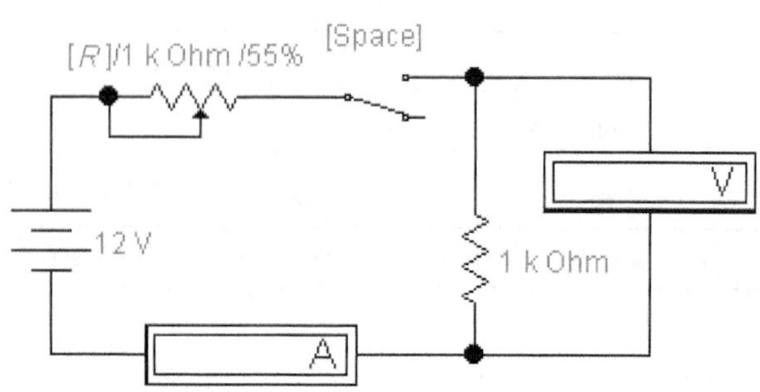

图1-42　直流电压、电流的仿真测量

的含义。

表 1-7　直流电压、电流的仿真测量

	第一次：当 $R=1\text{k}\Omega$		第二次：当 $R=2\text{k}\Omega$	
	电压 U	电流 I	电压 U	电流 I
电位器置为 50% 时				
电位器置为 75% 时				
计算电流				
相对误差（%）				

3. 仿真测量交流电路的电压和电流

1）搭建图 1-43 所示电路，学习仿真交流电源、交流电流表、交流电压表及示波器的使用方法且设置好元器件的性质、参数等。

2）仿真测量电路中的电压和电流，填入表 1-8 相应位置，验证中学学过的部分电阻欧姆定律对交流电阻电路也适用。

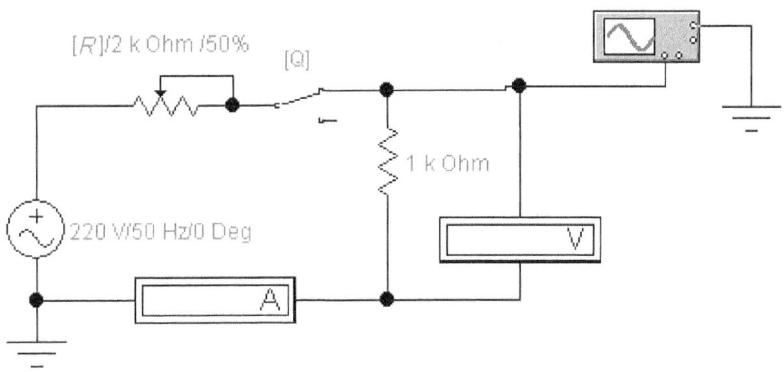

图 1-43　交流电压和电流的仿真测量

表 1-8　交流电压和电流的仿真测量

	第一次：当 $R=1\text{k}\Omega$		第二次：当 $R=2\text{k}\Omega$	
	电压 U	电流 I	电压 U	电流 I
电位器置为 50% 时				
电位器置为 75% 时				
计算电流				
相对误差（%）				

4. 说明

重点观察示波器中的交流电流波形，了解正弦交流电的最大值、有效值及周期等要素。

思考与习题

1-1　电力系统由哪几部分组成？各部分的作用是什么？

1-2　用户负荷的等级是如何划分的？

1-3　输电线的作用是什么？它包括哪几种形式？

1-4　工厂供电的基本要求是什么?

1-5　试说明工厂配电的一般过程。

1-6　说明安全用电的意义及安全用电的措施。

1-7　说明保护接地与保护接零的原理与区别。

1-8　了解触电急救的意义和步骤。

1-9　用万用表可以测量哪些物理量?

1-10　用万用表测量电压时应注意哪些步骤?测量电阻时呢?

1-11　图 1-44 所示为一个万用表的刻度盘,当万用表选择开关置于“30mA”挡时,测出的电流强度是__________;当选择开关置于“12V”挡时,测出的电压为__________。

1-12　用万用表的欧姆挡测某一电阻的阻值时,分别用 ×1、×10、×100 三个欧姆挡测了三次,指针所指的位置如图 1-45 所示。其中 1 是用__________挡,2 是用__________挡,3 是用__________挡。为提高测量准确度应该用__________挡,被测电阻约为__________ Ω。

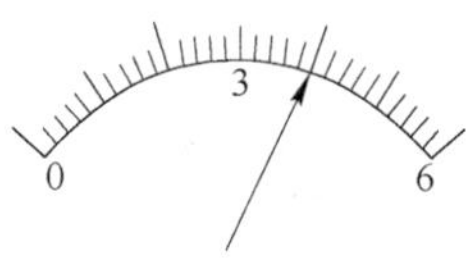

图 1-44　题 1-11 图

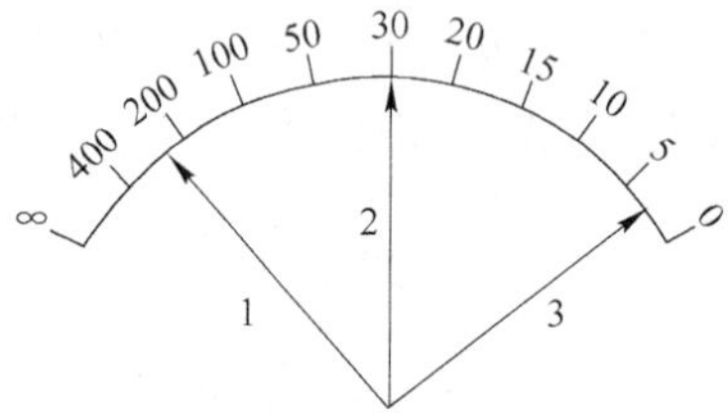

图 1-45　题 1-12 图

1-13　已知某电路元件两端直流电压在 200 ~ 300V 之间,现用指针式万用表的直流 500V 挡测量,测得指针如图 1-46 所示。问:如果有 250V 刻度线,读得刻度值是__________,倍率为__________,读数为__________。若用 50V 这条刻度线,则刻度值是__________,倍率为__________,读数为__________。

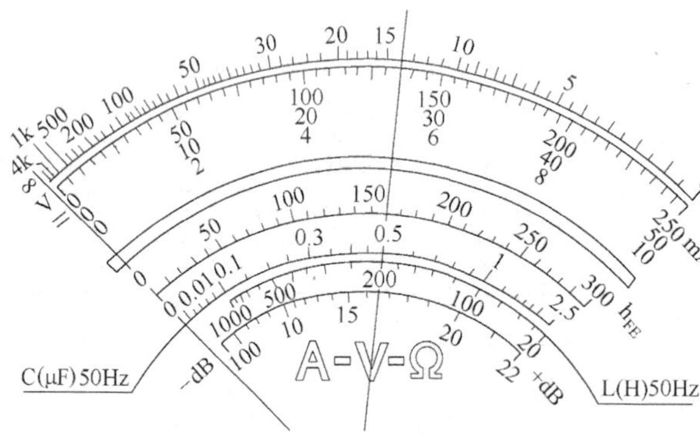

图 1-46　题 1-13 图

1-14　在图 1-47 所示电路中,A、B、C 分别表示理想电流表或电压表,它们的示数以安或伏为单位,当开关 S 闭合后,A、B、C 三块表的示数分别为 1、2、3 时,灯 EL_1、EL_2 恰好正常发光。已知灯 EL_1、EL_2 的功率之比为 1:3,则可断定(　　)。

A. A、B、C 均为电流表　　B. A、B、C 均为电压表

C. A、C 为电压表,B 为电流表　　D. A、C 为电流表,B 为电压表

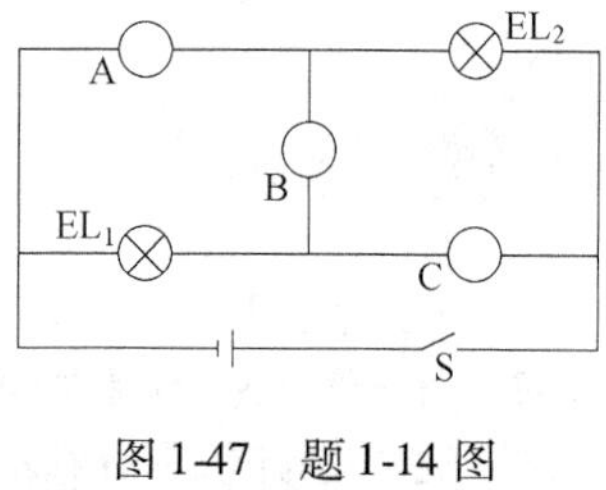

图 1-47　题 1-14 图

1-15　某同学欲采用图 1-48 所示电路完成相关实验,图中电流表 A

的量程为 0.6A，内阻为 0.1Ω；电压表量程为 3V，内阻为 6kΩ；电源电动势约为 3V，内阻较小，下列电路正确的是（　　）。

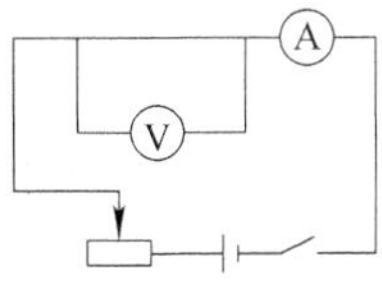

A. 测定一段电阻丝（约为5Ω）的电阻

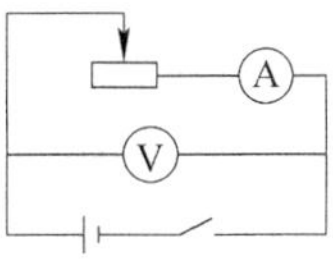

B. 测定电源电动势和内阻（约为3Ω）

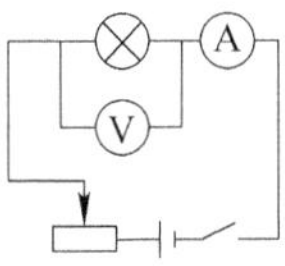

C. 描绘小灯泡（测定电压为 2.5V）的伏安特性曲线

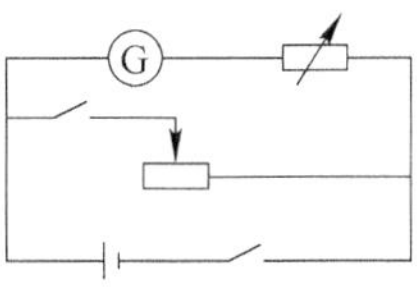

D. 测定电流表内阻

图 1-48　题 1-15 图

1-16　功率稍大的电气设备都要使用三脚插头，使其外壳接地，这样做的目的是（　　）。

A. 为了延长它的使用寿命　　B. 为了使其正常工作

C. 为了节约电能　　D. 为了防止触电事故的发生

1-17　如图 1-49 所示的三孔插座，与孔 1 相连的是（　　）。

A. 零线　　B. 火线　　C. 地线　　D. 以上三种线都可以

1-18　将图 1-50 中各元件正确接入电路，其中开关只控制电灯，三孔插座带保险盒。

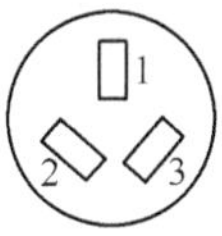

图 1-49　题 1-17 图

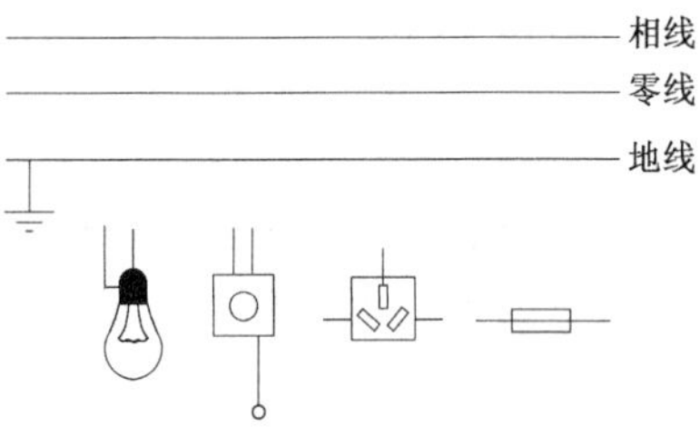

图 1-50　题 1-18 图

1-19　EWB 有哪些元器件库？有几种虚拟仪器？

1-20　在 EWB 中做仿真实验的步骤一般有哪几步？

1-21　练习电阻阻值的设置，可变电阻阻值的设置，电流表或电压表交直流、正负端的设置，交流电源有效值、频率、初相位的设置，且观察波形。

1-22　试用函数信号发生器产生幅度为 12V、频率为 50Hz（占空比为 50%）的正弦波信号，并用示波器观察其波形。

1-23　设有一个简单的直流电路，直流电源 E 为 24V，通过一个可变电阻（最大值为 1kΩ）与负载电阻 R（500Ω）相连接，电路中串联有一个电流表，负载端并联接有电压表。(1) 在 EWB 中搭建电路，设置好元器件性质与参数。(2) 仿真测量电路电流大小，且与计算值比较。(3) 改变可变电阻的大小，观察负载端电压的变化。

项目 2

简单直流电路

典型问题

图 2-1 所示为手电筒照明电路实物图。此电路小灯泡发光强弱与哪些因素有关？干电池旧了后小灯泡发光变暗的原因是什么？两节干电池是怎样一种连接关系？

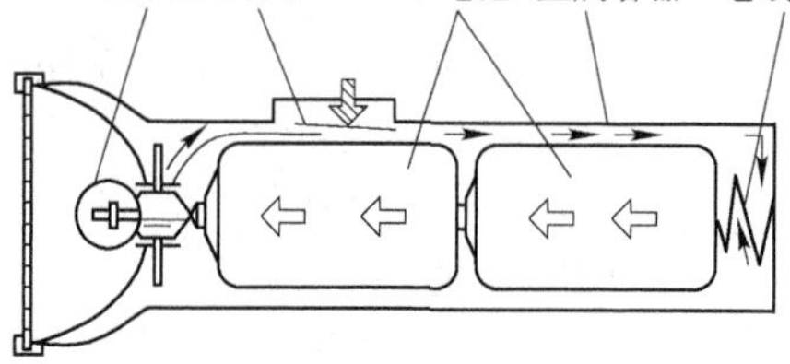

图 2-1　手电筒照明电路实物图

知识能力目标

1. 掌握电路的基本概念及基本物理量，如电流、电压、电位和电功率。掌握关联方向与非关联方向对物理量计算公式的影响。
2. 熟练掌握全电路欧姆定律及电路的三种状态的特点。
3. 掌握电阻串、并联电路的规律与应用。
4. 掌握电阻星形—三角形联结的等效变换规律与条件。

学习任务

任务一　全电路欧姆定律与电路三种状态特点的研究
任务二　研究电源端电压、输出功率与负载的关系
任务三　研究电阻串联、并联电路的特点
任务四　研究电阻Y—△等效变换条件与变换规律
任务五　研究电桥法测量电阻的原理

2.1　电路的基本物理量

2.1.1　电路和电路模型

分析上面的手电筒电路，它由四部分组成：

1）干电池，它将化学能转换为电能。此部分即为电源，为负载提供电能。

2）小灯泡，它将电能转换为光能。此部分为负载，将电能转换为其他形式的能。

3）开关，通过它的闭合与断开，能够控制小灯泡的发光情况。此部分为电路控制部分。

4）金属容器、卷线连接器，它相当于传输电能的金属导线，提供了手电筒中其他元件之间的连接。此部分为输电线路，起电能传输与分配作用。

电流通过的路径称为电路。将上面实际电路中的各部分（其示意图如图 2-2a 所示）用能反映其主要性能的理想元件来代替，且用对应的符号表示，可得到图 2-2b 所示电路，称为电路模型图。一个实际元件往往可以用一个或几个理想元件的组合来表示，这种理想元件或其组合也称为电路模型。

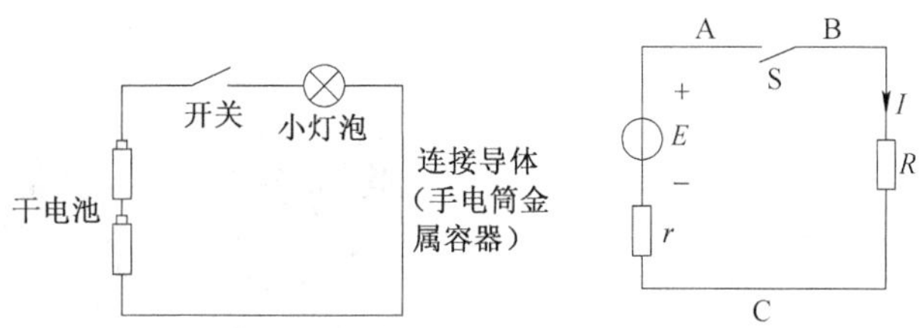

a) 手电筒电路示意图　　b) 手电筒电路模型图

图 2-2　手电筒电路

2.1.2　电流

定义：电荷的定向移动形成电流。在金属导体中做定向移动的是电子；电解液导电时做定向移动的是正负离子；气体导电时做定向移动的既有电子又有离子。电流的大小规定用单位时间内通过导体横截面的电量多少来表示，即

$$i(t) = \frac{\mathrm{d}q}{\mathrm{d}t} \tag{2-1}$$

电流基本单位：安培（A）。电流的常用单位有毫安（mA）和微安（μA），$1\text{A} = 10^3\text{mA} = 10^6\mu\text{A}$，在电力系统中还用千安（kA），$1\text{kA} = 10^3\text{A}$。

电流方向：规定正电荷移动的方向为电流的实际方向。如果电流方向不随时间变化则称为直流电，即

$$I = \frac{\mathrm{d}q}{\mathrm{d}t} = \frac{Q}{t} \tag{2-2}$$

当某段电路中电流的方向难以判断时，可先任意假定电流的参考方向（也称正方向），然后列方程求解。当解得的电流为正值时，说明电流的实际方向与参考方向一致；反之，解得的电流为负值时，说明电流的实际方向与参考方向相反。

测量电流时，利用安培表或万用表电流挡进行测量。测量时安培表或万用表应串联在电路中且注意量程、交直流选择，测量直流时要注意正负端子不能接反。

电流实例如图 2-3 至图 2-9 所示。

图 2-3　雷电时的电流

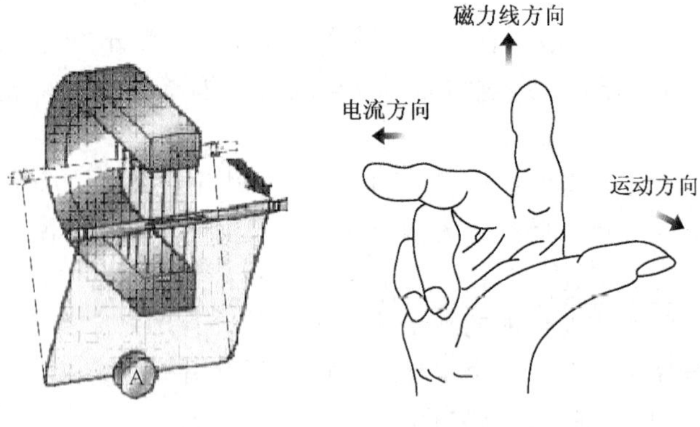

a)导线切割磁力线　　b) 右手法则

图 2-4　磁场中的电流

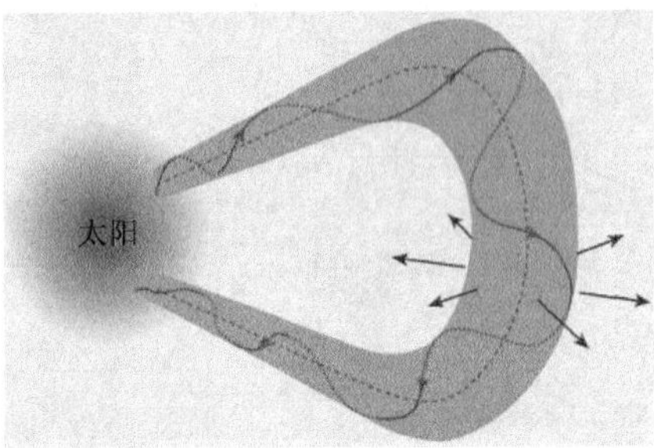

图 2-5　太阳持续喷射出的带电粒子流

图 2-6　极光中的电流

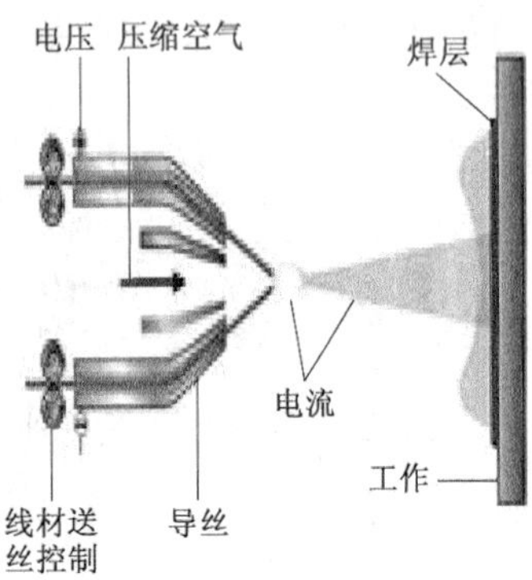

图 2-7　弧焊时的电流

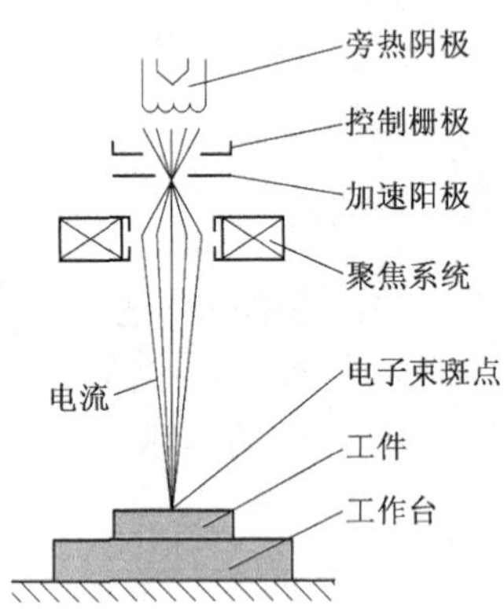

图 2-8　电子束加工时的电流

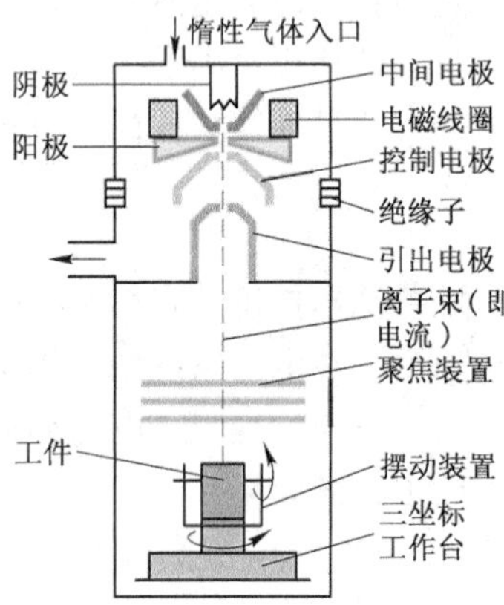

图 2-9　离子束加工时的电流

2.1.3　电压、电位与电动势

1. 电压与电位

定义：电场力将单位正电荷从电场中的 a 点移到 b 点所做的功，称为 a、b 两点间的电压，即：

$$u_{ab} = U_{ab} = \frac{W_{ab}}{q} \tag{2-3}$$

电压的基本单位是伏特（V），1V = 1J/C。电压的常用单位有毫伏（mV），微伏（μV），千伏（kV）。$1V = 10^3 mV = 10^6 \mu V$，$1kV = 10^3 V$。

在实际使用中，仅仅知道两点间的电压数值往往是不够的，还必须知道这两点中哪一点电位高、哪一点电位低。例如，对于半导体二极管来说，只有其阳极电位高于阴极电位时才导通；对于直流电动机来说，绕组两端的高、低电位不同，电动机的转动方向可能是不同的。

什么是电位呢？

定义：在电路中任选一点做为参考点，且规定参考点的电位为零，则某点的电位就是由该点到参考点的电压，如图 2-10 所示，即：

$$V_a = U_{ao} \tag{2-4}$$

电路中某点电位实质上就是将单位正电荷从该点移到参考点电场力所做的功。

电位单位与电压相同，为伏特（V）。

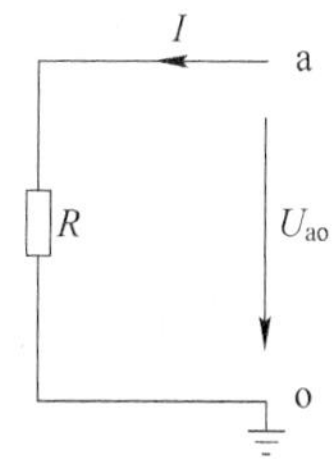

图 2-10　电位的参考点

通常参考点选择为地面或仪表机器的外壳，用接地符号“⊥”表示。某点电位为正，说明该点电位比参考点高；某点电位为负，说明该点电位比参考点低。电位是相对的，其大小、正负随电路参考点选择不同而变化。

如果已知 a、b 两点的电位各为 V_a、V_b，则此两点间的电压：

$$U_{ab} = V_a - V_b \tag{2-5}$$

即两点间的电压等于这两点的电位之差。

知道了电路中某两点电位的高低，也就是知道了电压的方向。

电压方向：规定把电位降低的方向作为电压的实际方向，因此电压又称作电压降。

在实际分析中，电路某两点电位高低有时并不知道，为分析计算方便，须先假设一端为高电位，即假定电压的方向，此方向为参考方向。

电压的测量：利用伏特表或万用表。伏特表或万用表应并联在电路中且注意量程，测直流电压时伏特表或万用表接线端子正负不能接反。

与电压相关的一些图标与应用器件：

1）高压警示牌（国外、国内），如图 2-11 所示。

2）高电压应用，如图 2-12 所示。

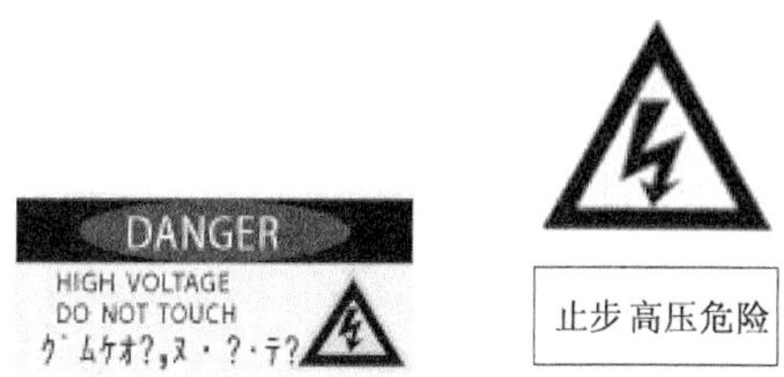

a) 国外　　b) 国内

图 2-11　高压警示牌

a）车间内的高压配电柜　　b）室外的高压变电站　　c）高压变压器

图 2-12　高电压应用实物图

3）低电压应用，如图 2-13 所示。

a）低压变压器　　b）低压配电屏　　c）热电偶

图 2-13　低电压应用实物图

2. 电动势

电动势是描述电源性质的重要物理量。在电源内部，非静电力（如蓄电池中是化学力）把单位正电荷从电源负极经电源内部移到正极所做的功，称为电源的电动势。

定义式：

$$E = \frac{W}{q} \tag{2-6}$$

单位：伏特（V），与电压相同。

方向：在电源内部从负极指向正极。

注意： 电源在开路时两端的电压大小等于电源电动势，方向与之相反。

例 2-1　一太阳能电池板，测得它的开路电压为 800mV，短路电流为 40mA，若将该电池板与一个阻值为 20Ω 的电阻连成一闭合电路，则它的端电压是（　　）。

A. 0. 10V　　B. 0. 20V　　C. 0. 30V　　D. 0. 40V

解： 开路电压大小等于电动势，$E=800\text{mV}$。据短路电流，可知内阻：

$$r = \frac{E}{I_{短}} = \frac{800\text{mV}}{40\text{mA}} = 20\Omega$$

内电阻与外接电阻相等，所以端电压：

$$U_{端} = \frac{1}{2}E = 0.4\text{V}$$

因此，答案应选择 D。

3. 电位的计算

计算步骤：

1）选参考点，设其电位为零。

2）标出电路中各元件上的电流参考方向并计算其电流大小。

3）计算各点至参考点间的电压即为各点的电位。

例 2-2　如图 2-14 所示电路，求各点电位。

解：

选 a 为参考点：$V_a=0$、$V_b=U_{ba}=4\text{V}$、$V_c=U_{ca}=10\text{V}$

选 b 为参考点：$V_b=0$、$V_a=U_{ab}=-4\text{V}$、$V_c=U_{cb}=6\text{V}$

选 c 为参考点：$V_c=0$、$V_a=U_{ac}=-10\text{V}$、$V_b=U_{bc}=-6\text{V}$

例 2-3　求图 2-15 所示电路中 U_{ab}。

解：图 2-15a：$U_{ab} = 3V - 3V = 0V$

图 2-15b：$U_{ab} = 2V + 2V - 4V = 0V$

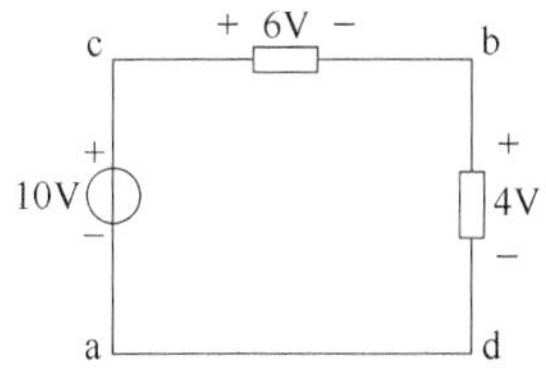

图 2-14　例 2-2 图

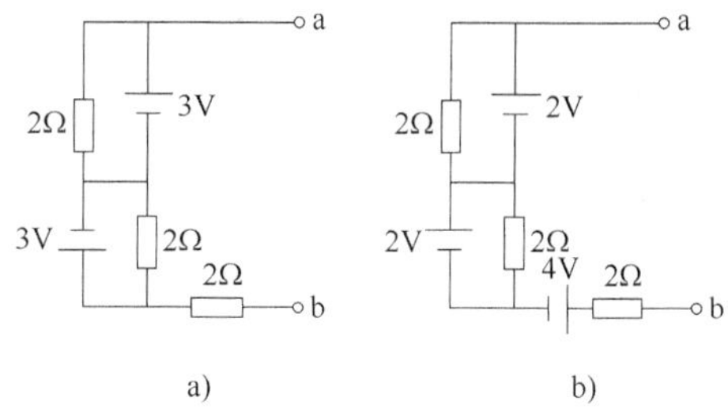

图 2-15　例 2-3 图

注意：

1）电位值是相对的，参考点选取得不同，电路中各点的电位也将随之改变。

2）电路中两点间的电压值是固定的，不会因参考点的不同而变，即与参考点的选取无关。

3）当电源的一个电极接地时，如图 2-16a 所示，可省略电源不画，用没有接地极的电位代替电源，如图 2-16b 所示。

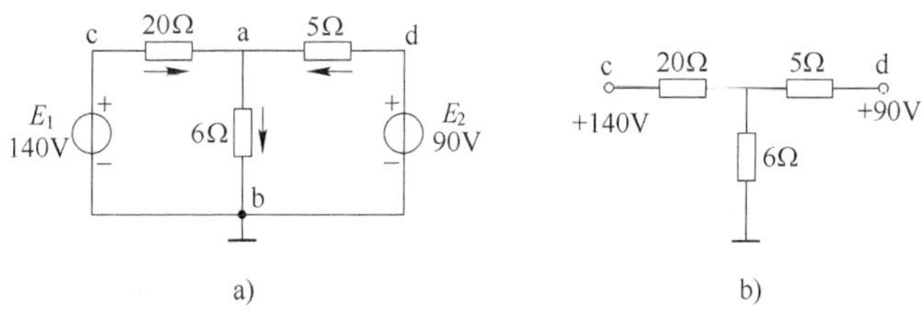

图 2-16　简画电源电路图

2.1.4　电流、电压的关联参考方向与非关联参考方向

1. 参考方向

电流的参考方向如图 2-17 所示，则图 2-17a 所示电路参考正方向与实际方向一致，$i>0$；图 2-17b 所示电路参考正方向与实际方向相反，$i<0$。

电压的实际极性（用"+"、"−"表示）和参考方向（用剪头表示）如图 2-18 所示，若参考正方向与实际方向一致，则 $U>0$，如图 2-18a 所示；若参考正方向与实际方向相反，则 $U<0$，如图 2-18b 所示。

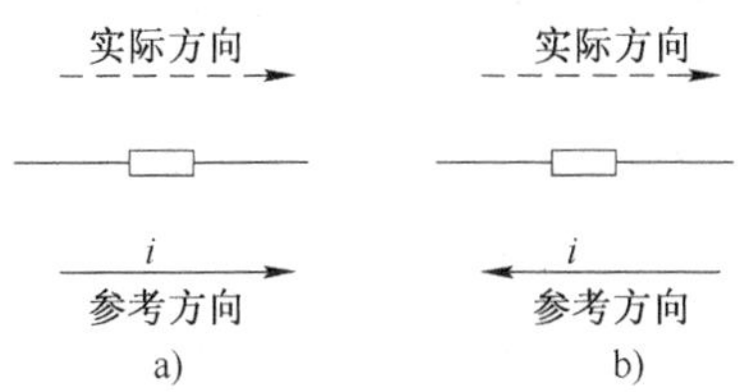

图 2-17　电流的参考方向图

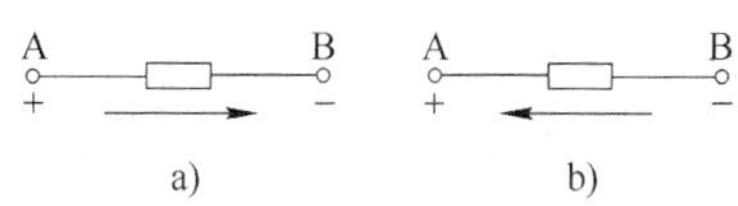

图 2-18　电压的参考方向图

2. 关联与非关联参考方向

关联参考方向：元件上电流和电压的参考方向一致，即符合欧姆定律 $U=IR$，这样的参

考方向称为关联参考方向。

非关联参考方向：元件上电流和电压的参考方向不一致，应用欧姆定律时要用公式 $U = -IR$，这样的参考方向称为非关联参考方向。

在关联与非关联两种参考方向下，含源支路端电压的计算式是不一样的，如图 2-19 所示。图中箭头均为电压与电流的参考方向。

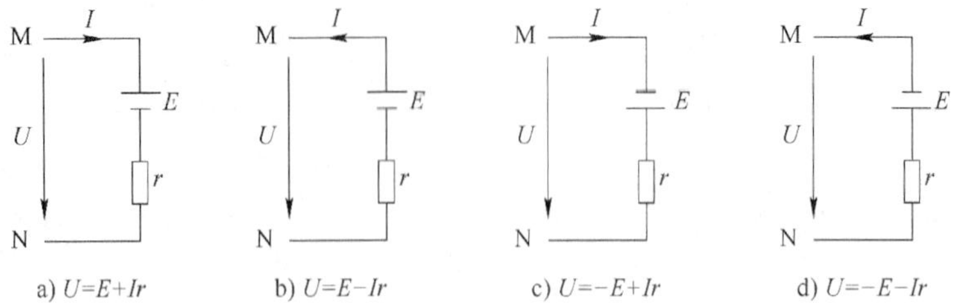

图 2-19　关联、非关联参考方向下电压的不同计算式

2.1.5　电阻与电阻器

1. 电阻与电导

物体对电流的阻碍作用，称为该物体的电阻，用符号 R 表示。金属导体的电阻可用电阻定律来计算，即：

$$R = \rho \frac{L}{S} \tag{2-7}$$

式中，L 为导体长度；S 为导体横截面积；ρ 为电阻率。

电阻的基本单位是欧姆（Ω），常用单位有千欧（kΩ）、兆欧（MΩ）。它们之间的换算关系是：$1\text{M}\Omega = 10^3\text{k}\Omega = 10^6\Omega$。

电阻率 ρ 是反映材料导电性能的物理量。据物体电阻率的大小可将物体分为导体、半导体和绝缘体三类。例如：紫铜、铝、银的电阻率较小，属于良导体；硅、锗是半导体；纯净的陶瓷属于绝缘体。

材料的电阻还与温度有关，金属材料的电阻一般随着温度的升高而成正比增大，可用下面公式来计算：

$$R_2 = R_1 + \alpha(t_2 - t_1)R_1 \tag{2-8}$$

式中，α 为电阻温度系数，温度每升高 1℃时，导体电阻的增加值与原来电阻的比值称为电阻温度系数，它的单位是 1/℃；R_1 是温度为 t_1 时的电阻值，R_2 是温度为 t_2 时的电阻值。金属材料依据电阻温度系数 α 的大小可作不同用途：α 大，可以制成温度计；α 小可以制成标准电阻。

有些金属当温度下降到接近绝对零度时，电阻会突然变成零，这种现象称为超导现象，此时这种导体称为超导体。实际的超导材料因一定的温度下电阻值接近为零，而使其在各种领域得到广泛应用。

当电阻值不变时，其上的电压与电流成线性关系，此类电阻可称为线性电阻。其伏安特性为一条过原点的直线，如图 1-20a 所示。非线性电阻的伏安特性是一条曲线，如图 1-20b 所示，二极管即为一种非线性电阻。

电阻的倒数称为电导，是表征材料导电能力的一个参数，用符号 G 表示：

$$G = \frac{1}{R}$$

电导的单位为西门子，简称西（S）。

2. 电阻器

电阻器是对电流呈现阻碍作用的耗能元件的总称，如电炉、白炽灯及各种成品电阻器等。

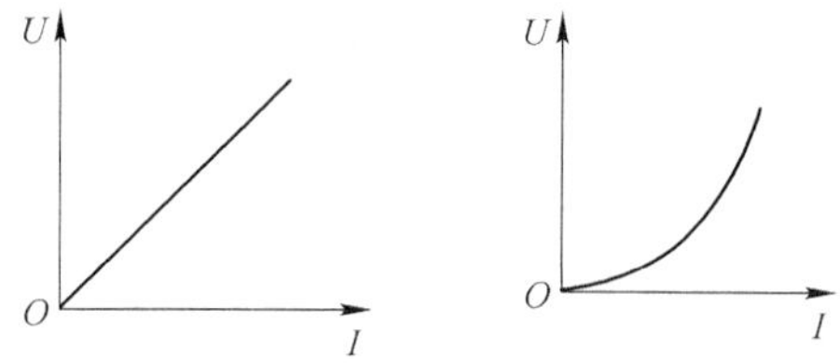

a)　　b)

图 2-20　电阻的伏安关系图

电阻器上的主要参数：标称阻值、额定功率和允许误差。标称阻值和允许误差一般会标在电阻体上，体积小的电阻则用色环标注。色环表示一般有四环或五环，从左端开始，相距较近的几环表示阻值，相距最远的色环是误差环，倒数第二环为零的个数。表 2-1 为色环在不同位置所代表的数字含义。

表 2-1　色环电阻的对照关系

	银	金	黑	棕	红	橙	黄	绿	蓝	紫	灰	白	无
有效数字	—	—	0	1	2	3	4	5	6	7	8	9	—
倍率	10^{-2}	10^{-1}	10^0	10^1	10^2	10^3	10^4	10^5	10^6	10^7	10^8	10^9	—
误差（%）	±10	±5	—	±1	±2	—	—	±0.5	±0.25	±0.1	±0.05	—	±20

例 2-4　4 环电阻，色环依次为：黄橙红金，读为 4300Ω = 4.3kΩ，误差为 ±5%。

例 2-5　5 环电阻，色环依次为：橙白黄红银，读为 39400Ω = 39.4kΩ，误差为 ±10%。

在实践中，可以按照色环之间的间隔对色环的排列顺序加以判别：比如对于一个五环电阻而言，第五环和第四环之间的间隔比第一环和第二环之间的间隔要宽一些。在某些不好区分的情况下，也可以对比两个起始端的色彩，因为计算的起始部分即第 1 环色彩不会是金、银、黑 3 种颜色。如果靠近边缘的是这 3 种色彩，则需要倒过来计算。

目前网络上有色环电阻计算器（见图 2-21），可以输入色环颜色后直接读出电阻值及误差。

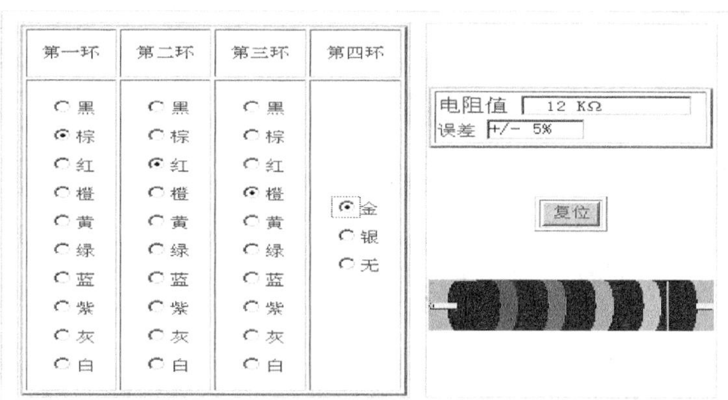

图 2-21　色环电阻计算器

电阻器种类很多，按外形结构可分为固定式和可变式两大类；按制造材料可分为膜式（碳膜、金属膜等）和线绕式两类。膜式电阻的阻值范围大，功率一般为几瓦，金属线绕式电阻器正好与之相反。图 1-22 所示为几种常用电阻外形图。

电阻器阻值的大小用万用表的欧姆挡测量。对阻值特别大的（如电器的绝缘电阻）采用绝缘电阻表（也叫兆欧表或摇表）来测量。

电阻器的选用主要是依据电路和设备的实际要求，从电气性能到经济价值等方面综合考虑。一般是考虑阻值、额定功率和允许偏差。即电阻的标称阻值应和电路要求相符合，额定功率应该是电阻器在电路中实际消耗功率的 1.5 ~2 倍，允许偏差在要求的范围内。

a) 普通电阻　b) 光敏电阻　c) 帖片电阻　d) 金属丝电阻片

图 2-22　几种常用电阻外形图

2.1.6　电能与电功率

1. 电能

在电路中，电源则将其他形式的能转化为电能，而负载将电能转化成其他形式的能，如机械能、光能、热能等。常见用电设备如图 2-23 所示。

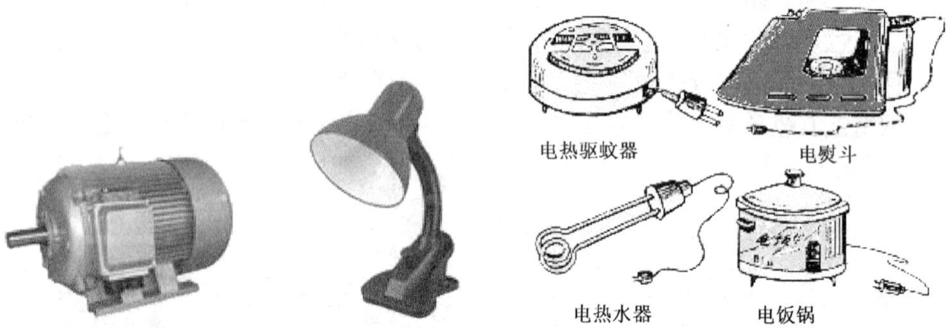

a) 电能转化为机械能　b) 电能转化为光能　c) 电能转化为热能

图 2-23　常见用电设备实物图

电能的转化通过电流做功实现，电流做了多少功就有多少电能转化。电流做功（简称电功）计算式：

$$W = UIt \tag{2-9}$$

电功的基本单位是焦耳（J）。电能表（俗称电度表）就是测量电能的消耗量的仪表。

若是纯电阻电路（如电炉、电饭煲、电熨斗或白炽灯等），则

$$W = I^2Rt = \frac{U^2}{R}t \tag{2-10}$$

2. 电功率

单位时间内电能转化为其他能的多少称为电功率。定义式：

$$p = \frac{\mathrm{d}w}{\mathrm{d}t} \tag{2-11}$$

对于交流电路：$p = ui$

对于直流电路：$P = UI$

电功率的基本单位是瓦特（W），1J/s = 1W。常用单位千瓦（kW），$1\text{kW} = 10^3\text{W}$；非法定计量单位马力（俗称匹）是空调、电动机功率的常用单位，1 马力 = 735.499W。

在计算电功率时，若 U 与 I 为关联参考方向，则用 $P = UI$；当 U 与 I 为非关联参考方向时，则用 $P = -UI$。

注意：1）无论是关联参考方向还是非关联参考方向，只要功率 $P > 0$，则此电气设备消耗电功率，为负载；$P < 0$ 时，则电气设备输出电功率，为电源。

2）有些电气设备有时为负载，有时为电源，如手机电池，充电时为负载，用电时为电源。

例 2-6 （1）在图 2-24 中，若电流均为 2A，$U_1 = 1\text{V}$，$U_2 = -1\text{V}$，求该两元件消耗或产生的功率。（2）在图 2-24b 中，若元件产生的功率为 4W，求电流 I。

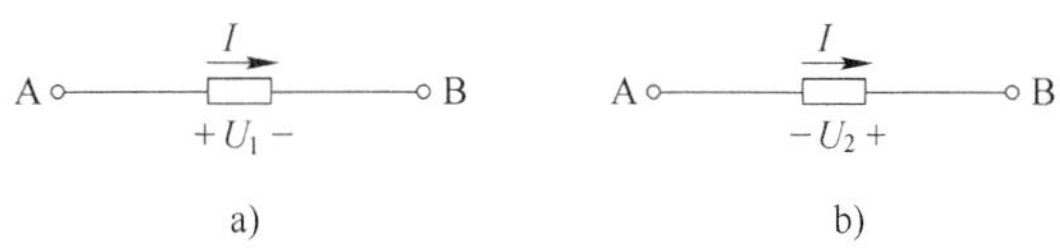

图 2-24 例 2-6 图

解：（1）对于图 2-24a，电流、电压为关联参考方向，元件的电功率为

$$P = U_1 I = 1\text{V} \times 2\text{A} = 2\text{W} > 0$$

表明元件消耗功率，为负载。

对于图 2-24b，电流、电压为非关联参考方向，元件的电功率为

$$P = -U_2 I = -(-1\text{V}) \times 2\text{A} = 2\text{W} > 0$$

表明元件消耗功率，为负载。

（2）在图 2-24b 中，电流、电压为非关联参考方向，且是产生功率，故

$$P = -U_2 I = -4\text{W}$$

$$I = \frac{4\text{W}}{U_2} = \frac{4\text{W}}{-1\text{V}} = -4\text{A}$$

即电流大小为 4A，方向与图中参考方向相反。

例 2-7 有一盏“220V，60W”的电灯接到 220V 电压下工作。试求：（1）电灯的电阻；（2）工作时的电流；（3）如果每晚用 3 小时，问一个月（按 30 天计算）能消耗多少电能？

解：由题意：

（1）根据 $P = \frac{U^2}{R}$，得电灯电阻为

$$R = \frac{U^2}{P} = \frac{220^2}{60}\Omega = 807\Omega$$

（2）根据 $I = \frac{U}{R}$ 或 $P = UI$，得工作电流为

$$I = \frac{P}{U} = \frac{60\text{W}}{220\text{V}} = 0.273\text{A}$$

（3）由 $W = Pt$，得用电为

$$W = Pt = 60 \times 3 \times 30 \times 3600\text{J} = 1.944 \times 10^7\text{J}$$

在实际生活中，电量常以“度”为单位，即“千瓦时”。

对60W的电灯，每天使用3小时，一个月（30天）的用电量为

$$W = (60/1000) \times 3 \times 30\text{kW} \cdot \text{h} = 5.4(\text{kW} \cdot \text{h}) = 5.4\text{度。}$$

2.2 全电路欧姆定律及电路的三种状态

2.2.1 全电路欧姆定律

全电路是指电源（内电路）和电源以外的电路（外电路）之总和。设某电源电动势为E，内电阻为r，外接负载电阻R，如图2-25所示，则流过电路的电流I与电源的电动势成正比，与外电路的电阻及电源内电阻之和成反比。这就是全电路欧姆定律，公式如下：

$$I = \frac{E}{R + r} \tag{2-12}$$

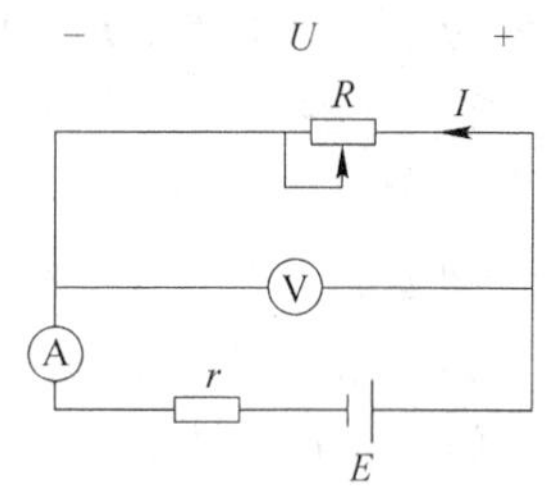

图2-25　全电路模型图

在图2-25所示电路中，电源的端电压U为

$$U = E - Ir = IR$$

负载电阻获得的输出功率：

$$P = UI = EI - I^2 r$$

式中，EI为电源产生的功率，$I^2 r$为电源内阻上消耗的功率，$P = UI$为电源向外电路输出的功率，即负载获得的功率，其与负载电阻R的大小有关。

$$P = UI = I^2 R = \left(\frac{E}{R + r}\right)^2 R = \frac{E^2}{(R - r)^2 + 4Rr} R$$

当$R = r$时，P有最大值，即

$$P = \frac{E^2}{4R} = \frac{E^2}{4r}$$

可见，电源的输出功率并非始终随负载的增大而增大，只有当负载电阻与电源内阻相等时，电源输出最大功率，这称为最大功率输出定理。

最大输出功率也叫瞬间功率，或者峰值功率。

一般来说最大输出功率是额定输出功率的5～8倍。特别需要注意的是，设备是不能长时间工作在最大输出功率状态下的，否则会损坏设备。

求电源的电动势和内阻，可用图2-25所示电路。改变外电阻R的阻值，读出每次电流表A和电压表V的数值，利用全电路欧姆定律来建立方程组

$$\begin{cases} E = U_1 + I_1 r \\ E = U_2 + I_2 r \end{cases}$$

解方程组求出电源的电动势和内阻的值。多次测量求解，然后求电动势与内阻的平均值。

例2-8　在图2-26中，已知电源的电动势$E = 10\text{V}$，内电阻$r = 1\Omega$，定值电阻$R_0 = 4\Omega$，电位器的总阻值$R = 10\Omega$，求：（1）电源的最大输出功率为多大？（2）滑动变阻器上消耗的功率的最大值是多大？

解：（1）电源的最大输出功率应出现在外电阻和内电阻相等的时候，但现在有定值电

阻在，这个条件已不可能满足，只有在滑动变阻器的电阻 R 为 0 时，输出功率才最大，即

$$P_{出max} = \left(\frac{E}{R_0 + r}\right)^2 R_0 = 16\text{W}$$

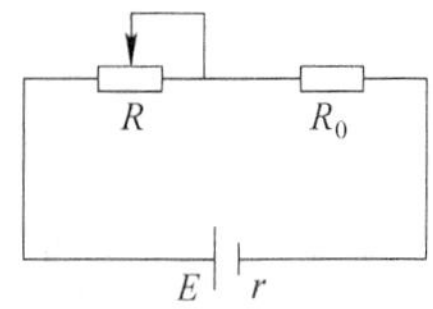

图 2-26 例 2-8 图

（2）滑动变阻器 R 的阻值改变时，通过它的电流、两端电压都在改变，可以将定值电阻 R_0 合并到电源内阻中，即当电阻 $R = r + R_0 = 5\Omega$ 时，滑动变阻器 R 上消耗最大功率：

$$P_{R\max} = \left(\frac{E}{R_0 + r + R}\right)^2 R = \frac{E^2}{4R} = \frac{10^2}{4 \times 5}\text{W} = 5\text{W}$$

2.2.2 电气设备的额定值

电气设备的额定值，通常有如下几项：

（1）额定电流（I_N） 在额定环境条件（环境温度、日照、海拔和安装条件等）下，电气设备长期连续工作时允许的最大电流。

（2）额定电压（U_N） 额定电压是用电器长时间工作时适用的最佳电压。若高于这个电压，用电器容易烧坏；低于这个电压，用电器不能正常工作；对有的用电器，若低于额定电压太多，还可能造成用电器的损坏。

额定电压主要据电气设备所允许的电流和材料的绝缘性能等因素决定。

（3）额定功率（P_N） 电气设备在额定工作状态下所消耗的功率。在直流电路中，额定电压与额定电流的乘积就是额定功率，即

$$P_N = U_N \cdot I_N$$

电气设备的额定值都标在铭牌上，使用时必须遵守。

例 2-9 把一个“10V，2W”的用电器 A（纯电阻 R_1）接到某一电动势和内阻都不变的电源上，用电器 A 实际消耗的功率是 2W；换上另一个“10V，5W”的用电器 B（纯电阻 R_2）接到这一电源上。问：用电器 B 实际消耗的功率有没有可能反而小于 2W？什么条件下可能？（设电阻不随温度改变）

解： 有可能的。若用电器 A 的电阻刚好等于电源内阻，这时电源输出功率最大。电器 B 的电阻不等于电源内阻，则其实际消耗功率小于 2W。

2.2.3 电路的三种状态

电路在工作时有三种工作状态，分别是通路、断路（或开路）和短路，如图 2-27 所示。

1. 通路

1）如图 2-27a 所示，当开关闭合，使电源与负载接成闭合回路，电路便处于通路状态，也称为有载工作状态。

注意：

1）在实际电路中，负载都是并联的，所谓负载增大，是指并联的电气设备增多或电源输出电流增大，而不是增大负载电阻；负载减小也同理。

2）根据负载大小，电路在通路时又分为三种工作状态：当电气设备的电流等于额定电流时，称为满载工作状态；当电气设备的电流小于额定电流时，称为轻载工作状态；当电气

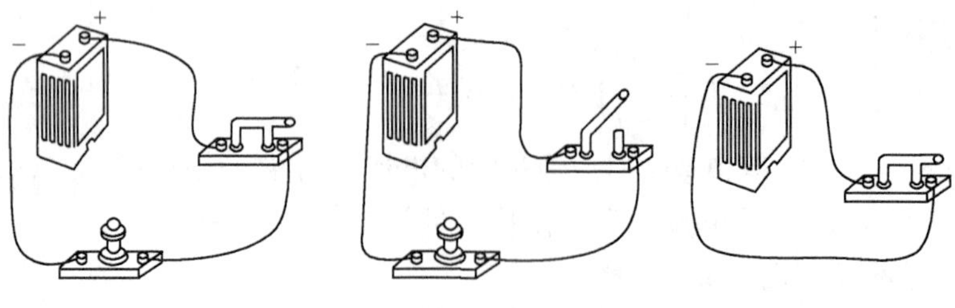

图 2-27　电路三种工作状态实物图

设备的电流大于额定电流时，称为过载工作状态。

2. 断路

如图 2-27b 所示，电源与负载未接成闭合电路，电路中没有电流通过，又称为开路状态。外电路电阻对电源来说是无穷大（$R\to\infty$）。

此时，$I=0$；电路端电压 $U=E$；电源内阻消耗功率 $P_E=0$；负载消耗功率 $P_L=0$。

此种情况也称为电源的空载。

3. 短路

如图 2-27c 所示，电源未经负载而直接由导线（导体）构成通路，称为短路状态。短路时，电路中电流比正常工作时大许多倍，可烧坏电源和其他设备，应严防电路发生短路。

此时：

$$I = I_{短} = \frac{E}{r}$$

$$U_{端} = 0 \quad P_{输出} = 0 \quad P_{电源} = EI$$

注意：为了防止发生短路事故，以免损坏电源，常在电路中串接熔断器。熔断器的符号、实物及在电路中的接法如图 2-28 所示。

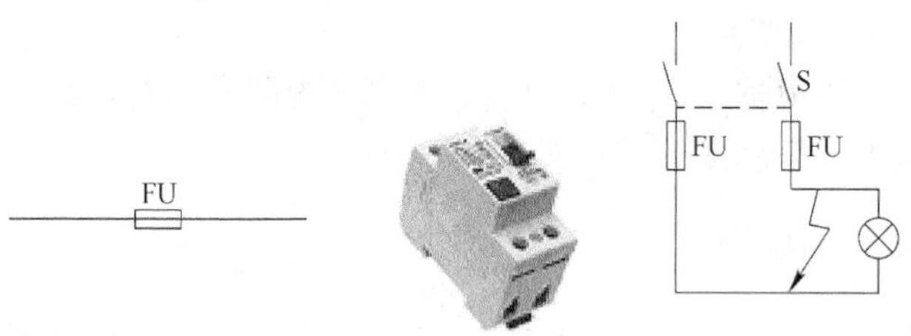

图 2-28　熔断器的符号、实物及在电路中的接法图

例 2-10　在图 2-29 所示的电路中，电源电压不变，闭合开关 S 后，灯 EL1、EL2 都发光，一段时间后，其中的一盏灯突然熄灭，而电压表 V1 的示数变大，电压表 V2 的示数变小，则产生这一现象的原因是什么？

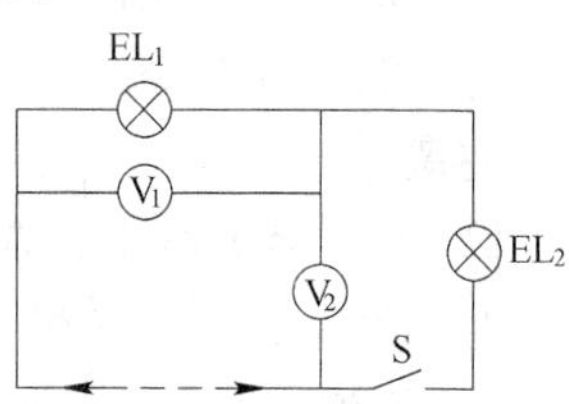

图 2-29　例 2-10 图

解：灯 EL1 与 EL2 是串联关系，从现象可以判断出，原因应该是 EL2 灯短路。

2.3 电阻的串联、并联与混联

电阻元件可按各种不同要求作各种不同方式的连接，主要有串联、并联和混联。

2.3.1 电阻的串联

在电路中，若干个电阻元件依次相连，在各连接点都无分支，这种连接方式称为串联。图 2-30a 是三个电阻的串联电路，图 2-30b 为其等效电路。

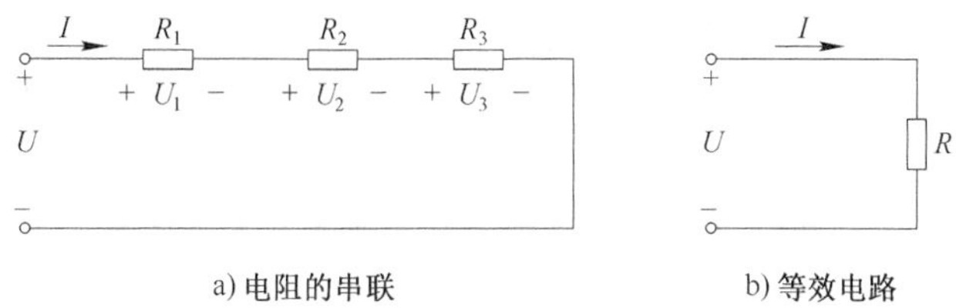

图 2-30 电阻的串联

电阻串联时有以下几个特点：

1）通过各电阻的电流相等。

2）总电压等于各电阻上电压之和，即

$$U = U_1 + U_2 + U_3$$

3）等效电阻（总电阻）等于各电阻之和，即

$$R = R_1 + R_2 + R_3 \tag{2-13}$$

所谓等效电阻是指如果用一个电阻 R 代替串联的所有电阻接到同一电源上，电路中的电流是相同的。

4）分压系数。在直流电路中，常用电阻的串联来达到分压的目的。各串联电阻两端的电压与总电压间的关系为

$$\begin{cases} U_1 = R_1 I = \dfrac{R_1}{R}U \\ U_2 = R_2 I = \dfrac{R_2}{R}U \\ U_3 = R_3 I = \dfrac{R_3}{R}U \end{cases} \tag{2-14}$$

式中，$\frac{R_1}{R}$、$\frac{R_2}{R}$和$\frac{R_3}{R}$称为分压系数，由分压系数可直接求得各串联电阻两端的电压。

由式（2-14）还可知

$$U_1 : U_2 : U_3 = R_1 : R_2 : R_3$$

即电阻串联时，各电阻两端的电压与电阻的大小成正比。

5）各电阻消耗的功率与电阻成正比，即

$$P_1 : P_2 : P_3 = R_1 : R_2 : R_3$$

例 2-11 多量程直流电压表是由表头、分压电阻和多位开关连接而成的，如图 2-31 所示。如果表头满偏电流 $I_g = 100\mu A$，表头电阻 $R_g = 1000\Omega$，现在要制成量程为 10V、50V、

100V 的三量程电压表，试确定分压电阻值。

解：当 $I_g=100\mu A$ 流过表头时，表头两端的电压为

$$U_g = R_g I_g = 1000\Omega \times 100 \times 10^{-6}A = 0.1V$$

当量程 $U_1=10V$ 时，串联电阻 R_1，根据串联电路分压公式：

$$\frac{U_1}{U_g} = \frac{R_1 + R_g}{R_g}$$

得

$$\frac{10V}{0.1V} = \frac{R_1 + 1000\Omega}{1000\Omega}$$

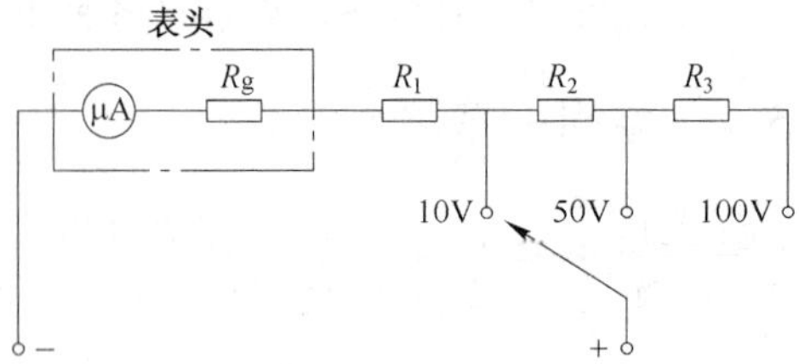

图 2-31　例 2-11 图

$$R_1 = 99k\Omega$$

当量程 $U_2=50V$ 时，串联电阻 R_2，根据串联电路分压公式：

$$\frac{U_2}{U_1} = \frac{R_2 + (R_g + R_1)}{(R_g + R_1)}$$

$$\frac{50V}{10V} = \frac{R_2 + 100k\Omega}{100k\Omega}$$

得

$$R_2 = 400k\Omega$$

当量程 $U_3=100V$ 时，串联电阻 R_3 用上述方法可得 $R_3=500k\Omega$。

例 2-12　在图 2-32 所示的电路中，已知电池 A 电动势 $E_A=24V$，内电阻 $R_{iA}=2\Omega$，电池 B 电动势 $E_B=12V$，内电阻 $R_{iB}=1\Omega$，外电阻 $R=3\Omega$。试计算：

（1）电路中的电流；（2）电池 A 的端电压 U_{12}；（3）电池 B 的端电压 U_{34}；（4）电池 A 消耗的电功率及所输出的电功率；（5）输入电池 B 的电功率及内阻消耗的电功率；（6）电阻 R 所消耗的电功率。

解：

$$I = \frac{E_A - E_B}{R + R_{iA} + R_{iB}} = \frac{24V - 12V}{3\Omega + 2\Omega + 1\Omega} = 2A$$

$$U_{12} = E_A - IR_{iA} = 24V - 2A \times 2\Omega = 20V$$

$$U_{34} = E_B + IR_{iB} = 12V + 2A \times 1\Omega = 14V$$

$$P_{A消} = I^2 R_{iA} = 2^2 \times 2W = 8W$$

$$P_{A输出} = U_{12} I = 20V \times 2A = 40W$$

$$P_{B输入} = U_{34} I = 14V \times 2A = 28W$$

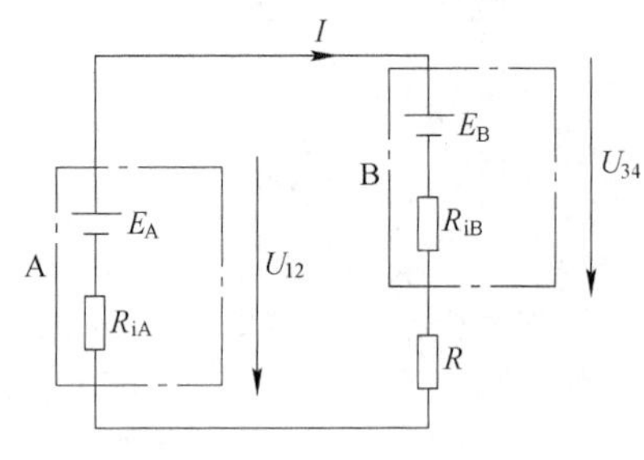

图 2-32　例 2-12 图

$$P_{B消} = I^2 R_{iB} = 2^2 \times 1W = 2W$$

$$P_R = I^2 R = 2^2 \times 3W = 12W$$

从上述计算可以看出：电源 A 输出功率，电源 B 吸收功率（相当于负载）。电源 A 输出的功率等于电源 B 吸收的功率与电阻 R 消耗的电功率之和。

2.3.2　电阻的并联

在电路中，若干个电阻一端连在一起，另一端也连在一起，使电阻所承受的电压相同，

这种连接方式称为电阻的并联。图 2-33a 所示为三个电阻的并联电路，图 2-33b 所示为其等效电路。

电路并联时有以下几个特点：

1）各并联电阻两端的电压相等。

2）总电流等于各电阻支路的电流之和，即

$$I=I_1+I_2+I_3$$

3）等效电阻 R 的倒数等于各并联电阻倒数之和，即

$$\frac{1}{R}=\frac{1}{R_1}+\frac{1}{R_2}+\frac{1}{R_3}$$

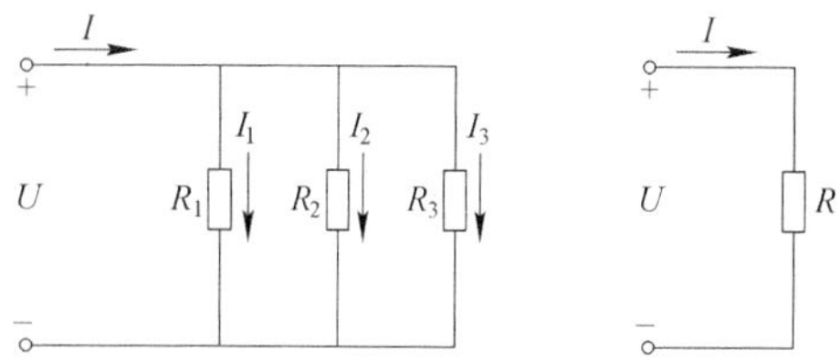

a) 电阻的并联　　b) 等效电路

图 2-33　电路的并联

上式也可写成

$$G=G_1+G_2+G_3 \tag{2-15}$$

式（2-15）表明，并联电路的电导 G 等于各支路电导 G_1、G_2、G_3 之和。

对于只有两个电阻 R_1 及 R_2 的并联电路，等效电阻为

$$R=\frac{R_1R_2}{R_1+R_2}$$

4）分流系数。在电路中，常用电阻的并联来达到分流的目的。各并联电阻支路的电流与总电流的关系为

$$\begin{cases}I_1=G_1U=\dfrac{G_1}{G}I\\ I_2=G_2U=\dfrac{G_2}{G}I\\ I_3=G_3U=\dfrac{G_3}{G}I\end{cases} \tag{2-16}$$

式中，$\frac{G_1}{G}$、$\frac{G_2}{G}$、$\frac{G_3}{G}$称为分流系数，由分流系数可直接求得各并联电阻支路的电流。

由式（2-16）还可知

$$I_1:I_2:I_3=G_1:G_2:G_3$$

即电阻并联时，各电阻支路的电流与电导的大小成正比。也就是说电阻越大，分流作用就越小。

当两个电阻并联时，有

$$I_1=\frac{R_2}{R_1+R_2}I \qquad I_2=\frac{R_1}{R_1+R_2}I$$

5）各电阻消耗的功率与电导成正比，即

$$P_1:P_2:P_3=G_1:G_2:G_3$$

例 2-13　将例 2-11 的表头制成量程为 10mA 的电流表。

解：要将表头改制成量程较大的电流表，可将电阻 R_F 与表头并联，如图 2-34 所示。

并联电阻 R_F 支路的电流 I_F 为

$$I_F=I-I_g=10\times10^{3}\text{A}-100\times10^{-6}\text{A}=9.9\times10^{-3}\text{A}$$

因为

$$I_F R_F = I_g R_g$$

所以

$$R_F = \frac{I_g R_g}{I_F} = \frac{100 \times 10^{-6}}{9.9 \times 10^{-3}}\Omega = 10.1\Omega$$

即用一个 10.1Ω 的电阻与该表头并联，即可得到一个量程为 10mA 的电流表。

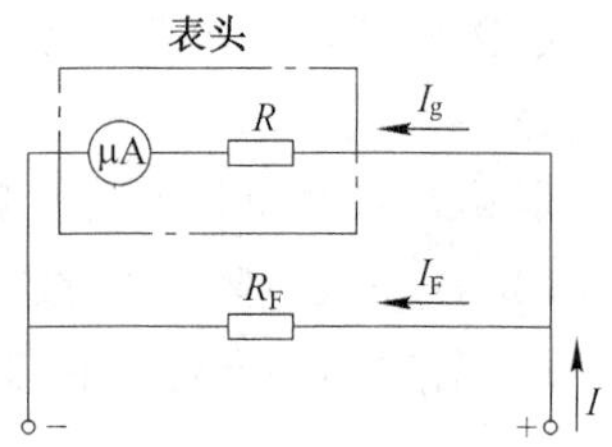

图 2-34 例 2-13 图

2.3.3 电阻的混联

在实际应用中经常会遇到既有电阻串联又有电阻并联的电路，称为电阻的混联电路，如图 2-35 所示。

求解电阻的混联电路时，首先应从电路结构入手，根据电阻串、并联的特征，分清哪些电阻是串联的，哪些电阻是并联的，然后应用欧姆定律、分压和分流的关系求解。

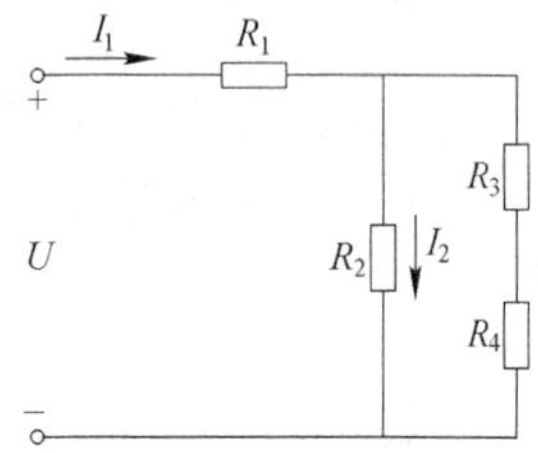

图 2-35 电阻的混联

由图 2-35 可知，R_3 与 R_4 串联，然后与 R_2 并联，再与 R_1 串联，其等效电阻为

$$R = R_1 + R_2//(R_3 + R_4)$$

式中，符号“//”表示并联。

则有

$$I = I_1 = \frac{U}{R} \qquad I_2 = \frac{R_3 + R_4}{R_2 + R_3 + R_4}I \qquad I_3 = \frac{R_2}{R_2 + R_3 + R_4}I$$

各电阻两端的电压的计算请读者自行完成。

2.4 电阻Y-△联结的等效变换

如图 2-36 所示，电路的各电阻之间既非串联连接又非并联连接，若求 ab 间的等效电阻，则无法再利用电阻串联、并联的计算方法得到简单求解，怎么办呢？

当三个电阻首尾相连，并且三个连接点又分别与电路的其他部分相连时，这三个电阻的连接关系称为三角形（△）联结。图 2-36 所示电路中电阻 R_1、R_2、R_5 和 R_3、R_4、R_5 均为三角形（△）联结。

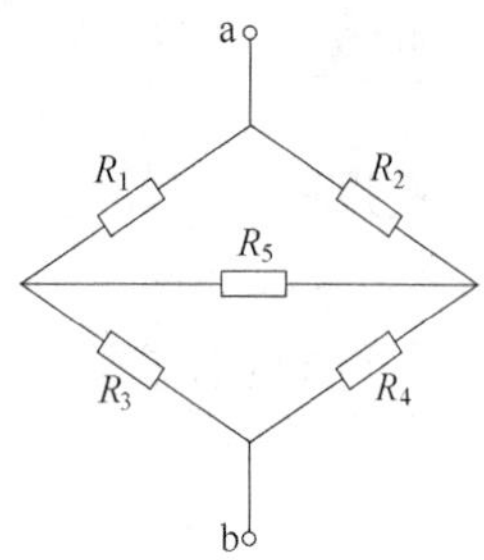

图 2-36 电阻的星形、三角形联结

当三个电阻的一端接在公共节点上，而另一端分别接在电路的其他三个节点上时，这三个电阻的连接关系称为星形（Y）联结。图 2-36 所示电路中电阻 R_1、R_5、R_3 和 R_2、R_5、R_4 的连接形式都是星形（Y）联结。

2.4.1 电阻Y-△联结的等效变换

在电路分析中，有些时候将电阻Y联结（见图 2-37a）等效为△联结（见图 2-43b），或

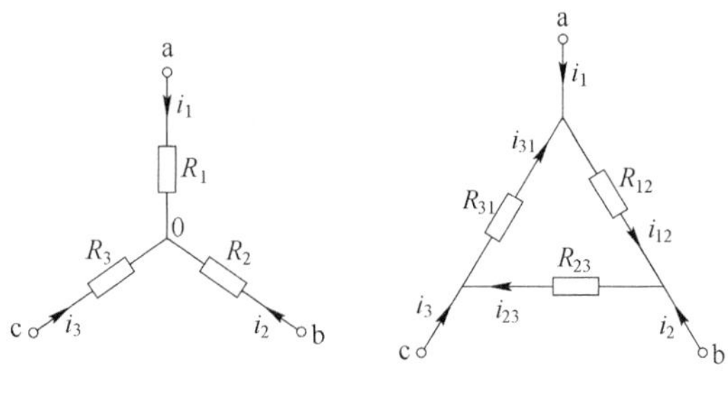

a) 星形联结　　b) 三角形联结

图 2-37　电阻的星形-三角形联结变换

者将△联结等效为Y联结，就会使电路变得简单而易于分析。

变换原则：电阻的Y联结与△联结等效变换前后，对应端钮间的电压不变，流入对应端钮的电流也不变，即必须保持外部特性相同。

应用基尔霍夫定律列电流、电压方程，可以求得电阻Y-△等效变换规律。

Y→△变换中各电阻的关系式：

$$\begin{cases} R_{12} = \dfrac{R_1R_2 + R_2R_3 + R_3R_1}{R_3} = R_1 + R_2 + \dfrac{R_1R_2}{R_3} \\ R_{23} = \dfrac{R_1R_2 + R_2R_3 + R_3R_1}{R_1} = R_2 + R_3 + \dfrac{R_2R_3}{R_1} \\ R_{31} = \dfrac{R_1R_2 + R_2R_3 + R_3R_1}{R_2} = R_1 + R_3 + \dfrac{R_3R_1}{R_2} \end{cases} \tag{2-17}$$

△→Y变换中各电阻的关系式：

$$\left.\begin{aligned} R_1 &= \frac{R_{31} \cdot R_{12}}{R_{12} + R_{23} + R_{31}} \\ R_2 &= \frac{R_{12} \cdot R_{23}}{R_{12} + R_{23} + R_{31}} \\ R_3 &= \frac{R_{23} \cdot R_{31}}{R_{12} + R_{23} + R_{31}} \end{aligned}\right\} \tag{2-18}$$

互换公式的规律性：

$$\text{Y联结电阻} = \frac{\triangle\text{联结相邻电阻的乘积}}{\triangle\text{联结电阻之和}}$$

$$\triangle\text{联结电阻} = \frac{\text{Y联结电阻两两乘积之和}}{\text{Y联结不相邻电阻}}$$

当△联结的三个电阻相等，都等于 $R_\triangle$ 时，那么由上式可知，等效为Y联结的三个电阻也必然相等，记为 R_Y，反之亦然，并有 $R_Y = \frac{1}{3}R_\triangle$。

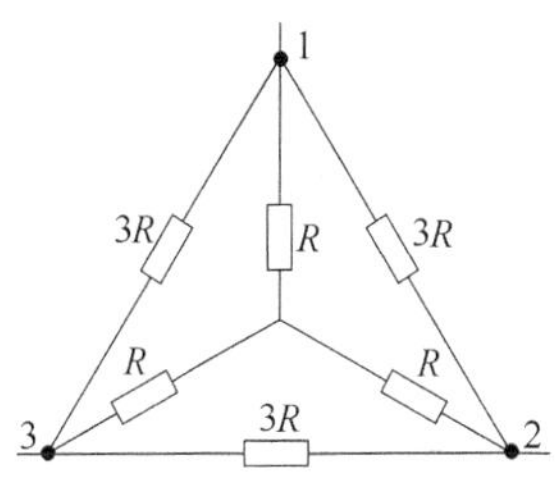

图 2-38　相等电阻的Y-△变换

相等电阻的Y-△变换如图 2-38 所示。

例 2-14　求图 2-39 a 所示电路的等值电阻 R_{ab}。

解法一：将图 2-39a 所示电路上面的△联结部分等效为Y联结，如图 2-39b 所示。

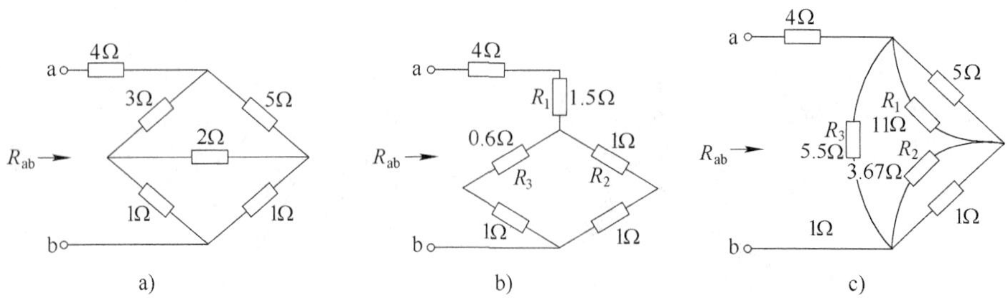

图 2-39　例 2-14 图

其中：

$$R_1 = \frac{3 \times 5}{3 + 5 + 2}\Omega = 1.5\Omega$$

$$R_2 = \frac{2 \times 5}{3 + 5 + 2}\Omega = 1\Omega$$

$$R_3 = \frac{2 \times 3}{3 + 5 + 2}\Omega = 0.6\Omega$$

可得
$$R_{ab} = 4\Omega + 1.5\Omega + \frac{2 \times 1.6}{2 + 1.6}\Omega = 5.5\Omega + 0.89\Omega = 6.39\Omega$$

解法二： 也可以将原电路图 2-39a 中 1Ω、2Ω 和 3Ω 三个丫联结的电阻变换成△联结，如图 2-39c 所示。其中：

$$R_1 = \frac{1 \times 2 + 2 \times 3 + 3 \times 1}{1}\Omega = 11\Omega$$

$$R_2 = \frac{1 \times 2 + 2 \times 3 + 3 \times 1}{3}\Omega = 3.67\Omega$$

$$R_3 = \frac{1 \times 2 + 2 \times 3 + 3 \times 1}{2}\Omega = 5.5\Omega$$

可得
$$R_{ab} = 4\Omega + \frac{5.5 \times 4.224}{5.5 + 4.224}\Omega = 6.39\Omega$$

两种方法求出的结果完全相等。

例 2-15　电路如图 2-40a 所示，已知输入电压 $U_S = 32V$，求电压 U_0。

解： 先将图 2-40a 所示电路中点画线框内 1Ω、1Ω 和 2Ω 三个星形联结的电阻等效变换为 R_1、R_2 和 R_3 三个三角形联结的电阻，如图 2-40b 所示，其中

$$R_1 = 1\Omega + 1\Omega + \frac{1 \times 1}{2}\Omega = \frac{5}{2}\Omega \qquad R_2 = 1\Omega + 2\Omega + \frac{1 \times 2}{1}\Omega = 5\Omega$$

$$R_3 = 1\Omega + 2\Omega + \frac{1 \times 2}{1}\Omega = 5\Omega$$

再将图 2-40b 中点画线框内部等效成图 2-40c 中点线框部分，得：

$$R = R_1 \parallel [R_2 \parallel 5\Omega + R_3 \parallel 15\Omega] = \frac{25}{14}\Omega$$

再将图 2-40c 等效成图 2-40d 所示电路，得：

$$U_0 = \frac{32}{1 + 25/39} \times \frac{25}{39}V = 12.5V$$

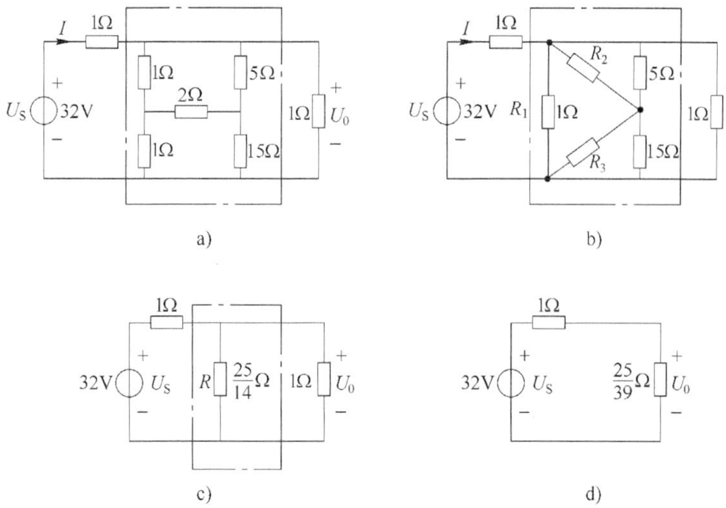

图 2-40　例 2-15 图

2.4.2　电阻丫-△联结的应用——电桥电路

电桥是一种用比较法进行测量的仪器。电桥法测量通常用于在平衡态下将待测量与同种标准量进行比较，从而确定待测量的数值。

测量电阻常用的方法是伏安法和电桥法，用伏安法测电阻时，由于所用电表的准确度不够高以及电表内阻等因素的影响，会带来不可避免的系统误差。而用电桥法测电阻时，从测量的方法、线路的设计和仪器的选择上均能消除伏安法测电阻时诸因素造成的误差，测量结果的准确度较伏安法有很大提高。电桥测试灵敏，准确度高，使用方便，已被广泛用于电工技术、电磁测量和自动控制技术中。

根据电源的不同，电桥可分为直流电桥和交流电桥。直流电桥主要用来测电阻，交流电桥主要用来测交流等效电阻、电感和电容等物理量。根据其测量电阻范围的不同，直流电桥又可分为单臂电桥（惠斯顿电桥）和双臂电桥（开尔文电桥）。前者适用于测中值电阻（1 ~ 106Ω），后者适用于测低值电阻（$1\sim10^{-3}$ Ω）。

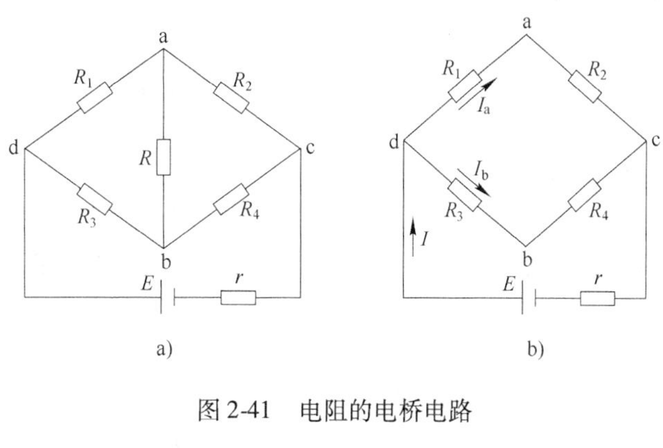

图 2-41　电阻的电桥电路

如图 2-41a 所示，五个电阻 R_1、R_2、R_3、R_4 和 R 既非串联又非并联，组成一个桥式结构，再与外电源相连接。电阻 R_1、R_2、R_3、R_4 是电桥的四个桥臂，电桥的一组对角顶点 a、b 之间接电阻 R；电桥的另一组对角顶点 c、d 之间接电源 E。如果所接电源为直流电源，则这种电桥称为直流电桥。

1. 直流电桥平衡的条件

电桥电路的主要特点就是当四个桥臂电阻的阻值满足一定关系时，会使接在对角线a、b

间的电阻 R 中没有电流通过，这种情况称为电桥的平衡状态。显然，要使 R 中无电流，就必须满足 a、b 两点电位相同的条件。在平衡状态下，可以把 R 从电路中拿掉而不会影响电路的其他部分，这时电路就成为图 2-41b 所示电路。设这时总电流是 I，流过 R_1 及 R_2 的电流为 I_a，流过 R_3 及 R_4 的电流为 I_b，而各电阻两端的电压分别为

$$U_{da} = I_aR_1 \qquad U_{ac} = I_aR_2$$

$$U_{db} = I_bR_3 \qquad U_{bc} = I_bR_4$$

因为 a 点和 b 点等电位，所以有：

$$U_{da} = U_{db} \qquad U_{ac} = U_{bc}$$

即：

$$I_aR_1 = I_bR_3 \qquad I_aR_2 = I_bR_4$$

将以上两式相除后可得：

$$\frac{R_1}{R_2} = \frac{R_3}{R_4} \text{或} R_1R_4 = R_2R_3$$

从上式可知，电桥平衡条件是：对臂电阻的乘积相等。

2. 直流电桥电路应用举例

电桥电路有多种应用，现以直流电桥测量电阻为例，说明用电桥测量元件参数的原理。

图 2-42 所示的直流电桥由 R_1、R_2、R_3、R_X 组成四臂，桥路上接灵敏度较高的零中心检流计。

R_X 为被测电阻，当电桥不平衡时，有电流通过检流计，表针偏离零点。调整 R_1、R_2 和 R_3，使检流计表针指零，电桥平衡。此时有 $R_1R_3 = R_2R_X$，即

$$R_X = \frac{R_1}{R_2}R_3$$

R_1、R_2 称为比例臂，借此可调整各挡已知比例值。R_3 称为比较臂，为直读的可变电阻。利用电桥原理能够方便、精确地计算出被测电阻 R_X 的数值。

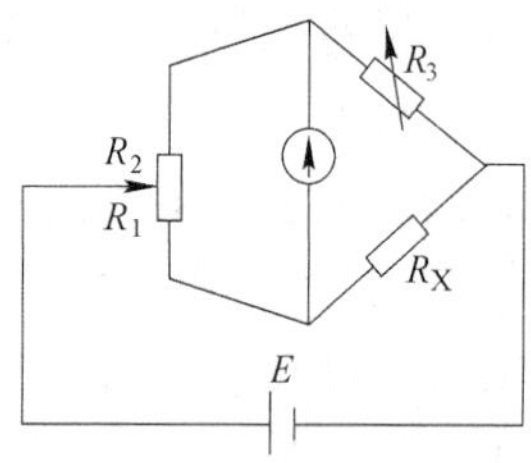

图 2-42　电桥法测量电阻

项目小结

1. 电路与电路模型

电流的通路称为电路。最简单的电路由三大部分组成：电源、连接导线和负载。由理想元件组成的足以表征实际电路物理性质的电路称为电路模型。

2. 电路的基本物理量

电路的基本物理量有电流、电压、电位、电动势、电功和电功率等。

3. 全电路欧姆定律

（1）全电路欧姆定律：电路中的电流与电路的电动势成正比，与内外电阻之和成反比。即：

$$I = \frac{E}{R + r}$$

电源的端电压：

$$U = E - Ir = IR$$

（2）电路的三种状态：通路、短路和断路。

4. 电阻串、并联的应用

电阻串联时每个电阻上分得的电压与电阻大小成正比：

$$U_i = \frac{R_i}{R}U$$

其应用是做分压器或扩大电压表量程。

电阻并联时每个电阻上流过的电流与电阻的大小成反比：

$$I_i = \frac{U}{R_i}$$

其应用是做分流器或扩大电流表量程。

5. 电阻的星形-三角形联结等效变换

互换公式的规律性：

$$\text{Y联结电阻} = \frac{\triangle\ \text{联结相邻电阻的乘积}}{\triangle\ \text{联结电阻之和}}$$

$$\triangle\ \text{联结电阻} = \frac{\text{Y联结电阻两两乘积之和}}{\text{Y联结不相邻电阻}}$$

项目任务实施

任务一　全电路欧姆定律与电路三种状态特点的研究

场地：机房或多媒体教室。

器材：计算机、EWB 仿真软件。

资讯：2.1 电路的基本物理量；2.2 全电路欧姆定律。

在 EWB 中搭建最简单的直流电路——手电筒电路，测量电路中的电流、各元件上的电压及各点电位，得出电源端电压与电动势的关系；验证全电路欧姆定律；了解电路的三种状态特点；验证电位与电压的关系。

1. 搭建电阻串、并联仿真电路，测量电流电压

在 EWB 中搭建最简单直流电路（手电筒电路）如图 2-43 所示，设置元件性质与参数

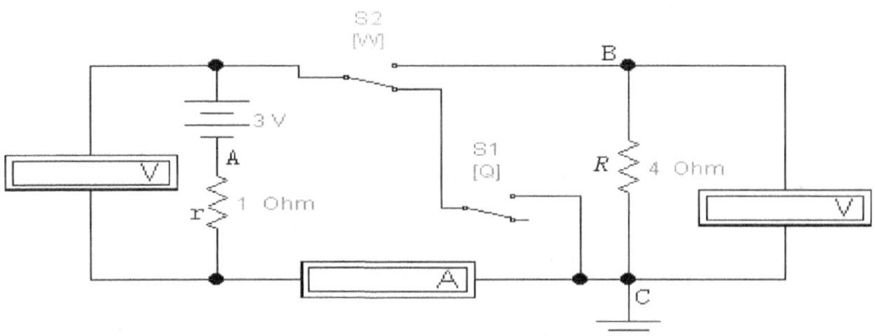

图 2-43　手电筒电路仿真图

（假设电源内阻为 $r=1\Omega$），用两只开关 S1、S2 切换电路的通路、断路或短路状态，注意电压表与电流表的极性，测量表 2-2 中各物理量，分析计算且总结规律。

表 2-2　电压与电位的测量

电路状态 \ 测量值及计算值	零电位选择	I	计算 $E/(R+r)$	电源端电压 U	负载电压 U_R	V_B	V_C	U_{BC}
开路（相当于 $R=\infty$）	$V_C=0$						0	
通路（取 $R=4\Omega$）	$V_C=0$						0	
	$V_A=0$							
短路（相当于 $R=0$）	$V_C=0$							

2. 分析总结简单电路的规律与特点

分析总结电源电动势的测量方法；电路中电流的计算公式（全电路欧姆定律）；电路在三种状态下的特点；电压与电位的关系。

任务二　研究电源端电压、输出功率与负载的关系

场地： 机房或多媒体教室。

器材： 计算机、EWB 仿真软件。

资讯： 2.2 全电路欧姆定律。

改变上面电路中负载大小，测量不同负载时电路中的物理量，得出电源端电压随负载变化关系；分析电源输出最大功率的条件及此时功率传输效率。

1. 仿真测量电源端电压与电路电流

在图 2-43 所示电路通路状态下，改变负载电阻 R（见表 2-3 中的负载取值），测量不同 R 时电路中的电流、电源端电压及负载电压等，并填入表 2-3，计算电源输出功率 P 和电源功率传输效率 η。

表 2-3　不同负载时的电流、电压

负载取值 \ 测量值及计算值	I	电源端电压 U	负载电压 U_R	计算负载功率 P	计算效率 $\eta=P_{载}/EI$
$R=500\Omega$					
$R=100\Omega$					
$R=4\Omega$					
$R=r=1\Omega$					
$R=0.5\Omega$					
$R=0.1\Omega$					

2. 分析与总结电源端电压、输出功率与负载的关系

分析与总结电源最大输出功率定理；电源端电压随负载变化关系（用图线表示）；电源输出功率最大时负载条件及此时功率传输效率 η。

任务三　研究电阻串联、并联电路的特点

场地： 机房或多媒体教室。

器材：计算机、EWB 仿真软件。

资讯：2.3 电阻的串联、并联和混联。

在 EWB 中分别搭建电阻串联、并联电路，仿真测量电路中的总电阻，研究其与各分电阻的关系；仿真测量电路的电流，研究各支路电流相互间关系；仿真测量电路的总电压，研究其与各电阻上的电压关系。

1. 仿真测量、研究电阻串联电路特点

在 EWB 中搭建电阻串联电路，如图 2-44 所示，设置好元件性质与参数（包括电流表和电压表量程），研究电阻串联电路的特点。

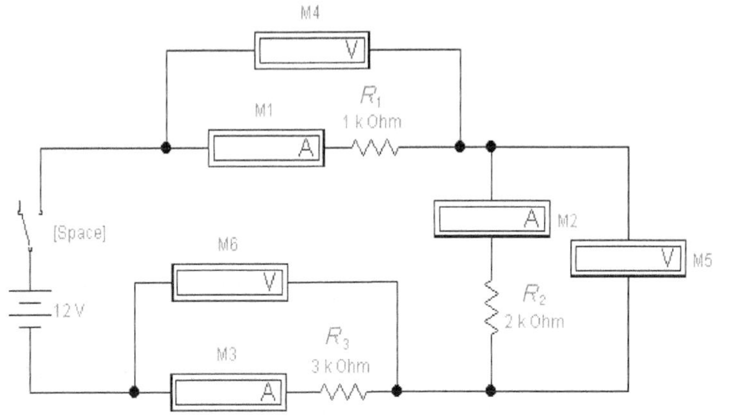

图 2-44 电阻串联电路仿真图

1）测量分析电阻串联时总电流与流过各电阻电流的关系；总电压与各元件上电压的关系。

2）将电路的电源断开，用 EWB 软件中的数字万用表欧姆挡（如图 2-45 所示为数字万用表面板）测量总电阻大小，得出电阻串联时总电阻与各电阻之和的关系。

3）分析以上数据并填入表 2-4 中，总结电阻串联时总电阻与分电阻的关系；总电流与各电阻电流的关系；总电压与各电阻上电压的关系。重复测量几次，验证结果的正确性。

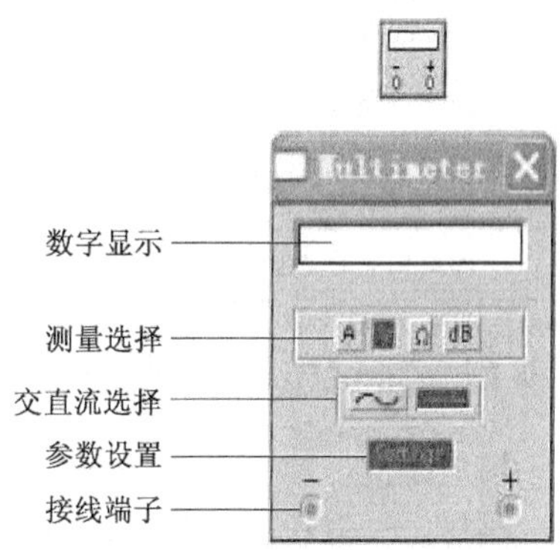

图 2-45 EWB 数字万用表面板图

2. 仿真测量、研究电阻并联电路特点

在 EWB 中搭建电阻并联电路，如图 2-46 所示，设置好元件性质与参数（包括电流表和电压表量程），研究电阻并联电路的特点。

表 2-4 研究电阻串联时的规律

串联时	R_1	R_2	R_3	总电阻或总电流或总电压
测量电阻				
测量相应的电流				
测量相应的电压				

1）分析电阻并联时总电流与各电阻电流的关系；总电压与各电阻电压的关系。

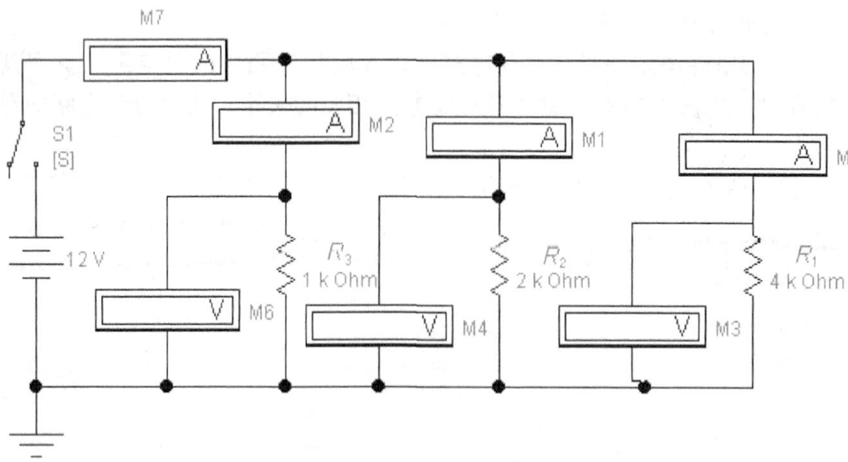

图 2-46　电阻并联电路仿真图

2）将上面电路的电源断开，用 EWB 软件中的数字万用表欧姆挡测量总电阻大小，得出电阻并联时总电阻与各分电阻倒数之和的关系。

3）分析以上数据并填入表 2-5 中，总结电阻并联时总电阻与分电阻的关系；总电流与各电阻电流的关系；总电压与各电阻上电压的关系。重复测量几次，验证结果的正确性。

表 2-5　研究电阻并联时的规律

串联时	R_1	R_2	R_3	总电阻或总电流或总电压
测量电阻				
测量相应的电流				
测量相应的电压				

任务四　研究电阻丫-△等效变换条件与变换规律

场地： 机房或多媒体教室

器材： 计算机、EWB 仿真软件

资讯： 2.4 电阻丫-△联结的等效变换。

在 EWB 中搭建电阻丫联结电路与对应的△联结电路，仿真测量各对应点的电位、各对应支路的电流，研究电阻丫-△等效变换条件与变换规律。

1. 搭建电阻三角形联结电路，仿真测量电流、电压

在 EWB 中搭建电路（见图 2-47），使节点 1、2、3 间电阻 R_{12}、R_{23}、R_{31} 为△联结，设置元件性质与参数；测出这些节点的电位；测量电流 I_1、I_4 和 I_5，填入表 2-6。

2. 搭建电阻星形联结电路，仿真测量电流、电压

根据电阻丫-△等效变换公式，算出图 2-47 中节点 1、2、3 间电阻改接为丫联结时的三个电阻值 R_1、R_2、R_3。在 EWB 中搭建图 2-48 所示电路。测量节点 1、2、3 点的电位；测量电流 I_1、I_4、I_5，填入表 2-6 中。

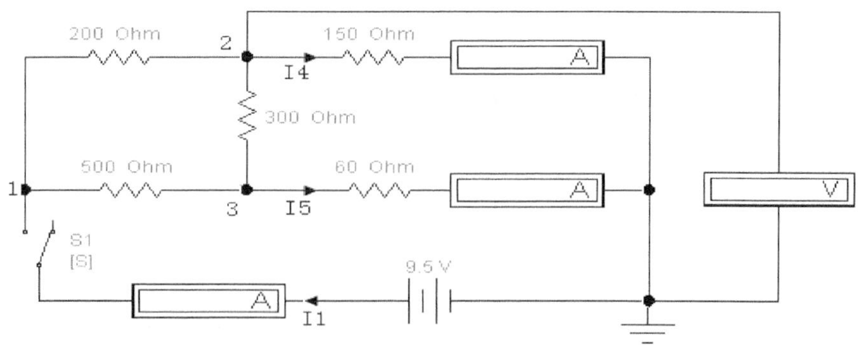

图 2-47　电阻三角形联结电路仿真图

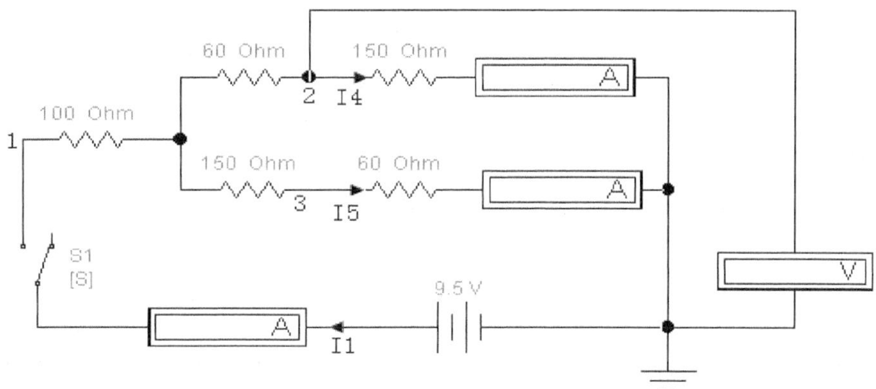

图 2-48　电阻Y联结电路仿真电路图

表 2-6　电阻Y-△联结变换时电路中的电位与电流

节点 1、2、3 间电阻连接方式	测量数据					
	V_1	V_2	V_3	I_1	I_4	I_5
△联结						
Y联结						

3. 分析总结电阻星形-三角形变换条件与规律

分析表 2-6 中的数据及实验过程中的现象，总结电阻Y-△等效变换的条件是什么？变换公式是怎样的？重复测量几次，验证结果的正确性。

任务五　研究电桥法测量电阻的原理

场地：机房或多媒体教室。

器材：计算机、EWB 仿真软件。

资讯：2.4 电阻Y-△联结的等效变换。

1. 搭建电桥电路

在 EWB 中搭建电路，如图 2-49 所示，设置好元件参数和性质。**注意：**设置电位器阻值为 300Ω，增量选项“Increment”设为 1%，即每按动键盘上的“R”键一下，阻值减小 1%；同时按“Shift + R”键一下，阻值增加 1%。

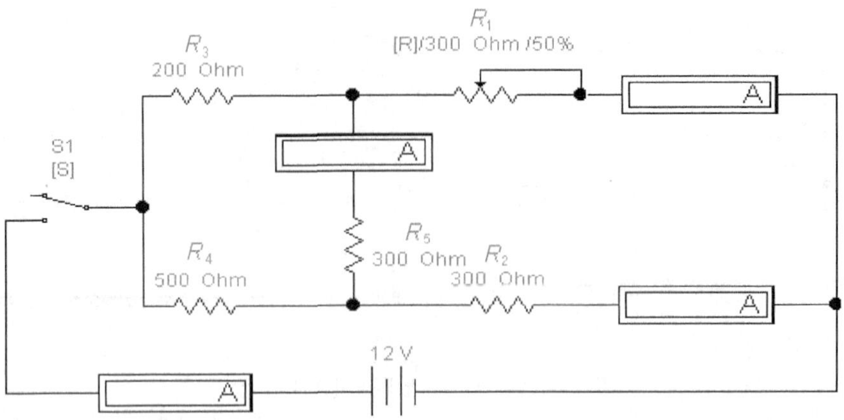

图 2-49　电桥法测量电阻电路仿真图

2. 调节电阻，使电桥平衡，记录数据

合上开关，进行仿真，通过调节电位器阻值，使流过 R_5 的电流为零或接近为零，此时电桥达平衡状态。将电桥平衡时各电阻值记录到表 2-7 中。

表 2-7　电桥平衡条件与现象研究

次数	R_1	R_4	R_1R_4	R_2	R_3	R_2R_3
1						
2						
3						

3. 分析电桥平衡条件

分析表 2-7 中 R_1R_4 与 R_2R_3 的关系，总结电桥平衡条件与平衡时的现象，总结电桥法测量电阻原理。

思考与习题

2-1　已知在非关联参考方向下，某个元件的端电压为 5V，流过该元件的电流为 2mA，计算得知 $P>0$，则该元件功率表示为（　　）。

A. 吸收 10W　　B. 发出 10W　　C. 吸收 10mW　　D. 发出 10mW

2-2　若流过某电阻的电流为 $I=5\text{A}$，且该电阻吸收的功率为 $P=2.5\text{kW}$，则该电阻 $R=$（　　）Ω。

2-3　在图 2-50 所示电路中元件 P 产生功率为 10W，则电流 I 应为多少？

2-4　在图 2-51 所示电路图中，若 $U=10\text{V}$，$I=-2\text{A}$。试问哪个元件是吸收功率？哪个元件是输出功率？为什么？

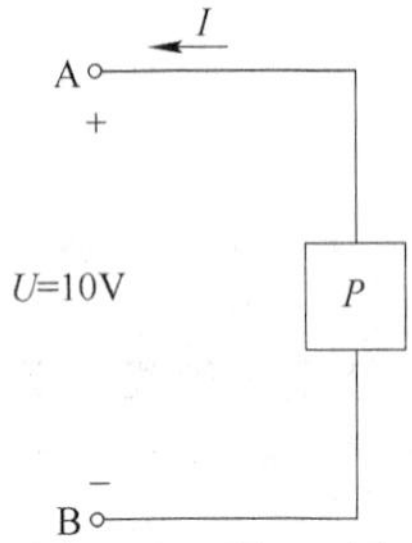

图 2-50　题 2-3 图

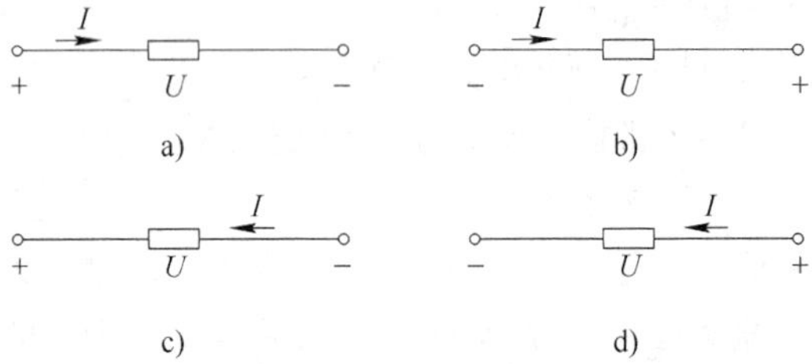

图 2-51　题 2-4 图

2-5 求图 2-52 所示各支路的未知量。

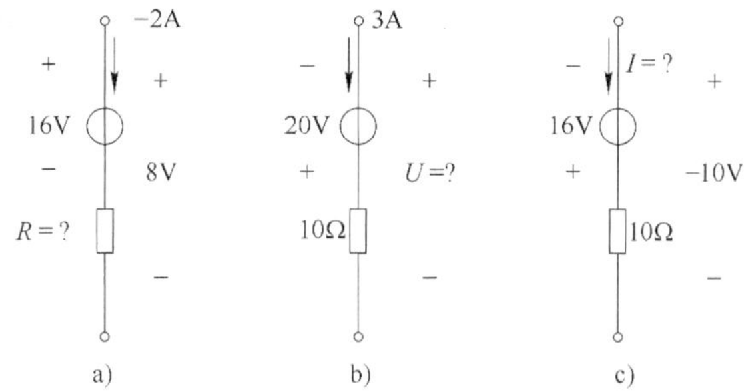

图 2-52 题 2-5 图

2-6 电路如图 2-53 所示，A 点的电位 V_A = ________ V。

2-7 电路如图 2-54 所示，求 A 点的电位。

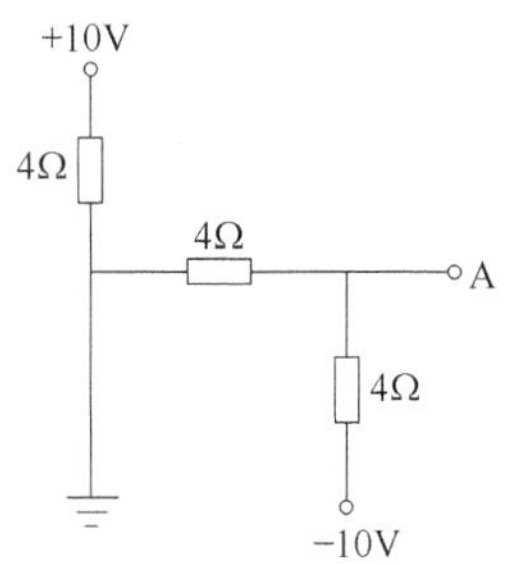

图 2-53 题 2-6 图

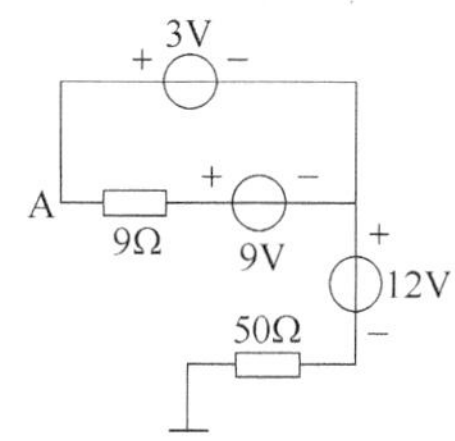

图 2-54 题 2-7 图

2-8 电路如图 2-55 所示，D 点是参考点，各电源的极性和 I 的方向如图所示，求点 A 的电位的表达式。

2-9 有一表头（见图 2-56），它的满刻度电流 I_g 是 50μA（即允许通过的最大电流），内阻 r_g 是 3kΩ。若改装成量程（即测量范围）为 10V 的电压表，应串联多大的电阻？

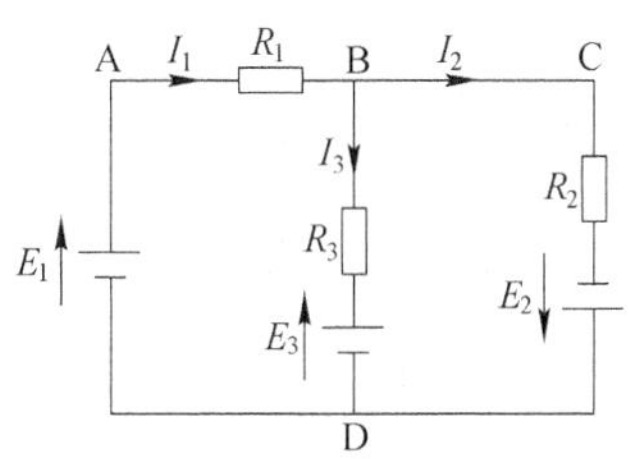

图 2-55 题 2-8 图

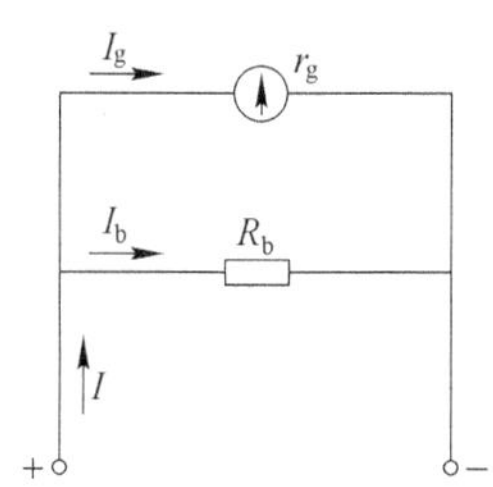

图 2-56 题 2-9 图

2-10 在题 2-9 中，若把表头改装成量程为 550μA 的电流表，问应并联多大的电阻？

2-11 有一磁电式电压表，最大量程是 500mV，内阻为 200Ω，要制成 50V 量程的电压表，问应串联多大的分压电阻？

2-12 已知电阻 $R_1=3\Omega$ 与电阻 $R_2=6\Omega$ 相并联，当并联电路的端口电流 $I=9A$ 时，电阻 R_2 中的电流 $|I_2|$ = (   )

2-13 有三盏电灯并联接在 110V 电源上，铭牌数据分别为“110V、100W”，“110V、60W”，“110V、40W”，求：(1) 各灯泡电阻、通过的电流。(2) 电路等效电阻，电路总功率和总电流。

2-14 在图 2-57 所示电阻电路中，已知 $R_1=60\Omega$，$R_2=40\Omega$，$R_3=40\Omega$，$U=80V$。求电路总电阻，电

流 I_1、I_2、I_3 和电压 U_1、U_2？

2-15　如图 2-58 所示，$U_{AB}=6V$，$R_1=1\Omega$，$R_2=2\Omega$，$R_3=3\Omega$，当开关 S_1、S_2 同时打开时或同时闭合时，求总电阻 R_Σ 和总电流 I_Σ？

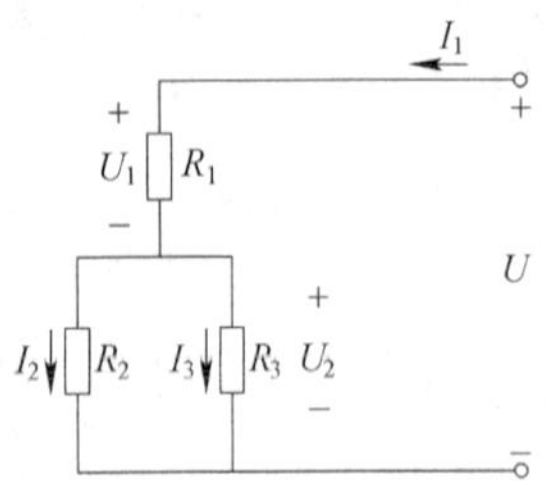

图 2-57　题 2-14 图

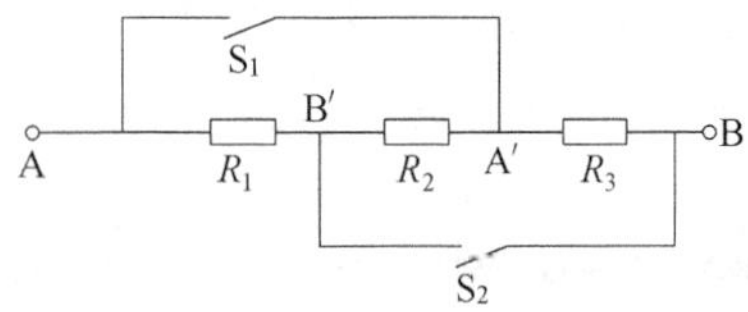

图 2-58　题 2-15 图

2-16　在图 2-59 所示三个电路中，已知电灯 EL 的额定值都是 6V、50mA，试问哪个电灯能正常发光？

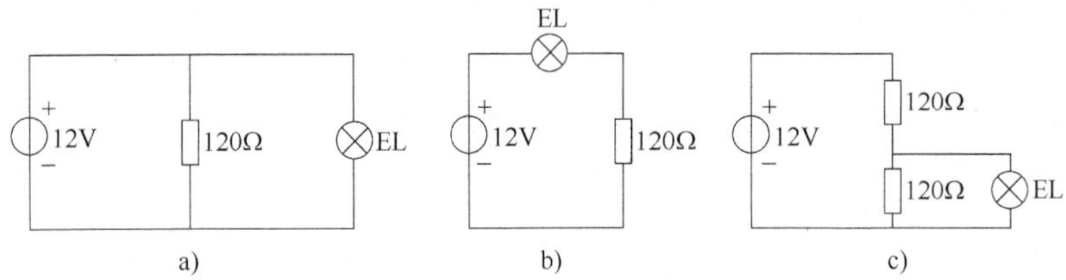

图 2-59　题 2-16 图

2-17　在图 2-60 所示的电路中，已知电压 $U_1=U_2=U_4=5V$，求 U_3 和 U_{CA}。

2-18　在图 2-61 所示的电路中，电源电压不变，闭合开关 S 后，灯 EL_1、EL_2 都发光，一段时间后，其中的一盏灯突然熄灭，而电压表 V_1 的示数变大，电压表 V_2 的示数变小，则产生这一现象的原因是（　　）。

A. 灯 EL_1 断路　　B. 灯 EL_2 断路　　C. 灯 EL_1 短路　　D. 灯 EL_2 短路

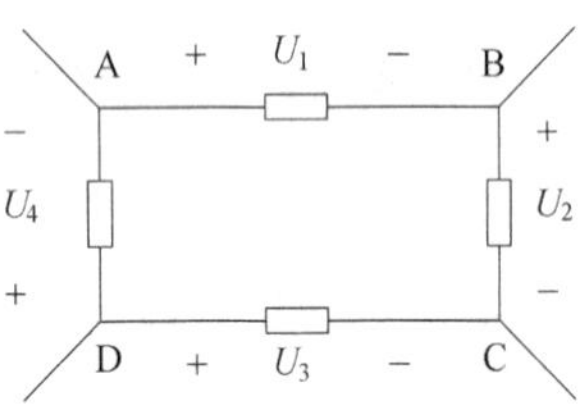

图 2-60　题 2-17 图

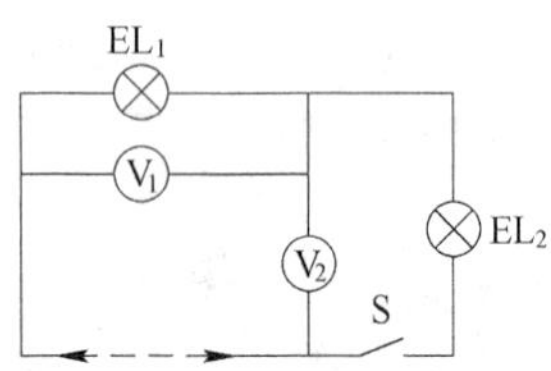

图 2-61　题 2-18 图

2-19　现有两个功率不同的灯泡，使用两个开关来分别控制灯泡的通与断，如图 2-62 所示。计算以下三种情况下总电功率的大小？

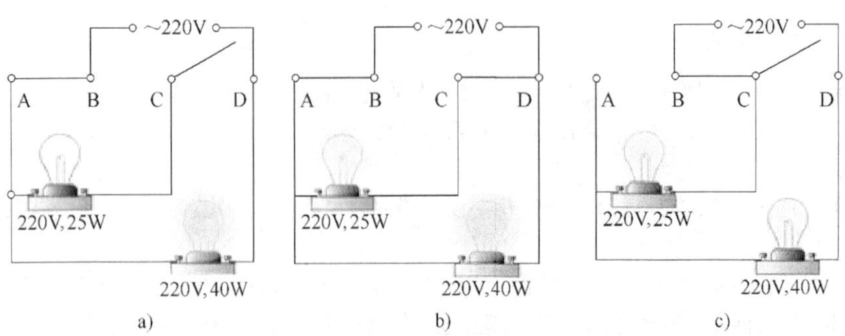

图 2-62　题 2-19 图

2-20　某电路中的电流表和电压表的示数如图 2-63 所示，如果该电流与电压值都作用于一个电阻器上，此是电阻器两端的电压是________，电流是________，电功率是________。

2-21　用一只标有 3000R/kW · h 的电能表测量一盏灯泡的功率值，发现在 3min 时间内电能表的转盘（盘的边缘有个红点）转了 15 圈，所测灯泡的功率值为多大?

2-22　甲家中的电能表 8 月初的示数如图 2-64a 所示，9 月份交了 48. 8 元电费，若每度电费为 0. 8 元，则甲家 9 月底的示数为____________；乙家中的电能表 8 月初的示数如图 2-64b 所示，9 月份交了 40 元电费（峰电 25 元，谷电 15 元），若每度峰电费为 0. 8 元，谷电费为 0. 4 元，则乙家 9 月底的峰电示数为________，谷电示数为____________。(原电表示数峰电为 1000kW · h，谷电为 800 kW · h)。

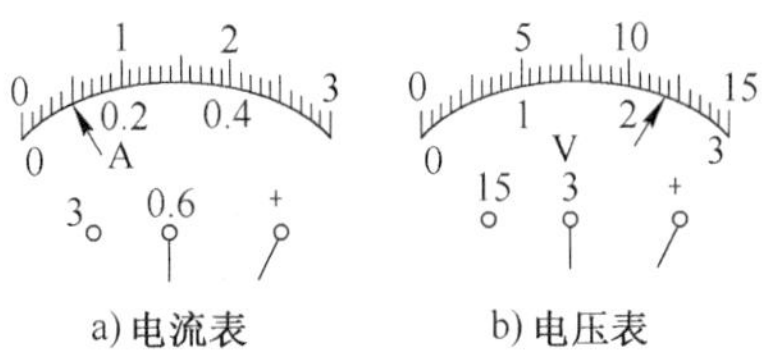

图 2-63　题 2-20 图

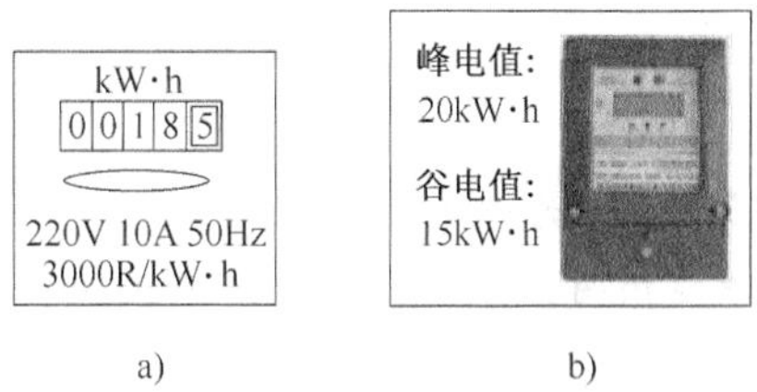

图 2-64　题 2-21 图

2-23　直流电源的额定功率为 200W，额定电压为 50V，内阻为 0. 5Ω，负载电阻可以调节，求：(1) 额定状态下的电流及负载电阻；(2) 空载状态下的电压；(3) 短路状态下的电流。

2-24　求图示 2-65 所示电路的等效电阻。

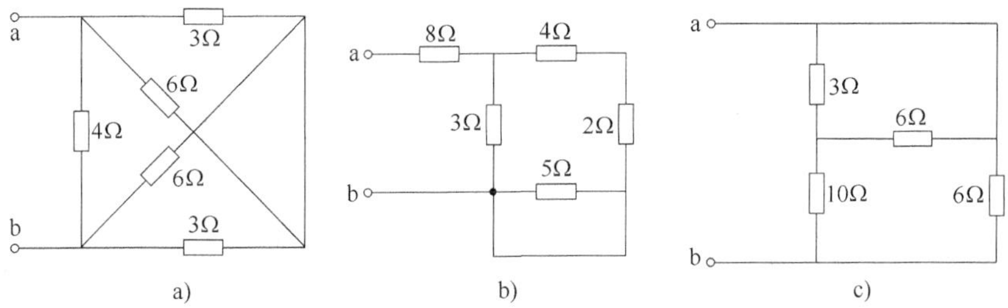

图 2-65　题 2-24 图

2-25　求图 2-66 所示电路的等效电阻。

2-26　计算图 2-67 所示电路中的电流 I_1。

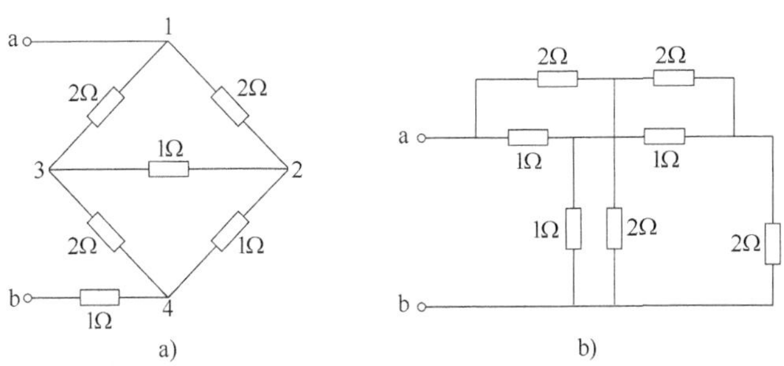

图 2-66　题 2-25 图

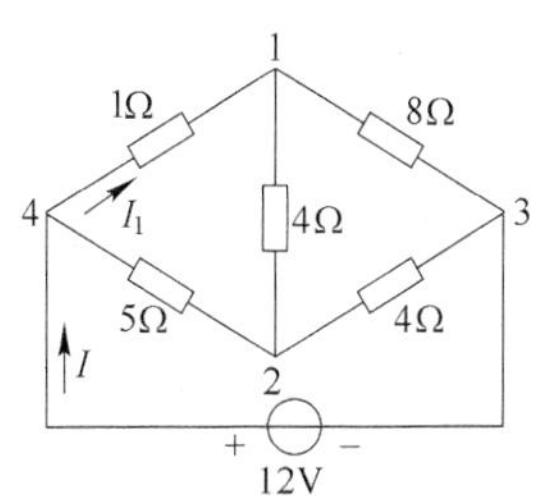

图 2-67　题 2-26 图

项目 3

复杂直流电路

典型问题

图 3-1 所示为一个较基本也较典型的复杂电路，在已知电源与电阻值时，各支路电流怎么求解？有哪几种方法？

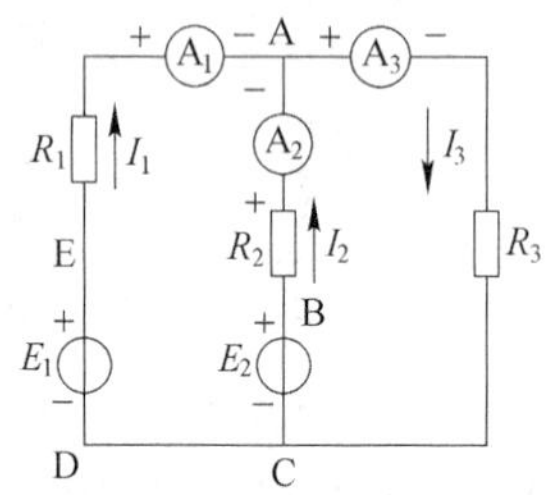

图 3-1　典型复杂电路

知识能力目标

1. 掌握求解复杂直流电路的最基本的两个定律：KCL、KVL。且能将此定律运用到支路电流法、节点电压法中，对电路进行分析求解。

2. 掌握叠加定理在线性电路中的应用；体会叠加思维的科学性。

3. 掌握戴维南定理在电路中的应用；理解等效的含义。

4. 掌握理想电压源与理想电流源的特点，熟练掌握实际电压源与实际电流源的等效变换。

5. 了解四种类型受控源的特点，了解含受控源电路的等效变换。

学习任务

任务一　研究基尔霍夫定律

任务二　探索叠加定理

任务三　探索节点电压法

任务四　探索戴维南定理

3.1　基尔霍夫定律

本节将介绍基尔霍夫电流定律（KCL）与电压定律（KVL），它们分别反映了电路中连接于同一节点的各支路的电流及处于同一回路各段电压之间的关系。同时介绍用支路电流法求解复杂电路。

3.1.1　几个相关的电路名词

1）支路：电路中通过同一个电流的每一个分支。如图 3-2 所示电路有三条支路，分别是 BAF、BCD 和 BE。支路 BAF、BCD 中含有电源，称为含源支路。支路 BE 中不含电源，称为无源支路。

2）节点：电路中三条或三条以上支路的汇交点。如图 3-2 中，B、E（F、D）为两个节点。

3）回路：电路中的任一闭合路径。如图 3-2 所示电路有三个回路，分别是 ABEFA、BCDEB 和 ABCDEFA。

4）网孔：内部不含支路的回路，也称独立回路。如图 3-2 中 ABEFA 和 BCDEB 都是网孔，而 ABCDEFA 则不是网孔。

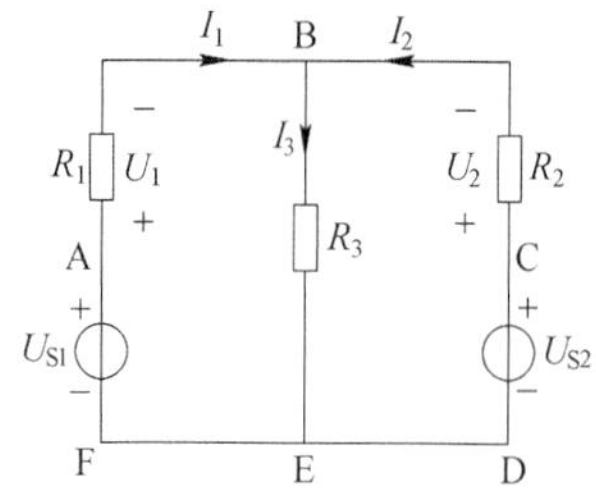

图 3-2 复杂电路

3.1.2 基尔霍夫电流定律

基尔霍夫电流定律（KCL）指出：任一时刻，流入电路中任一节点的电流之和等于流出该节点的电流之和。基尔霍夫电流定律简称 KCL，反映了连接于同一节点上的各支路电流之间的关系。

在图 3-2 所示电路中，对于节点 B 可以写出

$$I_1 + I_2 = I_3$$

或改写为

$$I_1 + I_2 - I_3 = 0$$

即

$$\sum I = 0 \tag{3-1}$$

由此，基尔霍夫电流定律也可表述为：任一时刻，流入电路中任一节点电流的代数和恒等于零。这里讲代数和是因为式（3-1）中有的电流是流入节点，而有的是流出节点的。在应用式（3-1）列 KCL 电流方程时，如果规定参考方向指向节点的电流取“+”号，则背离的电流取“-”号。

注意：

1）基尔霍夫电流定律不但适用于直流电路，也适用于交流电路，只是电流要用瞬时式或相量式。

2）KCL 不仅适用于节点，也可推广应用到广义的节点。在图 3-3 所示的电路中，可以把晶体管看做广义的节点，用 KCL 可列出

$$I_b + I_c = I_e$$

或

$$I_b + I_c + (-I_e) = 0 \tag{3-2}$$

可见，在任一时刻，流过任一闭合面电流的代数和恒等于零。

例 3-1 如图 3-4 所示电路，电流的参考方向已标明。若已知 $I_1 = 2A$，$I_2 = -4A$，$I_3 = -8A$，试求 I_4。

解： 根据 KCL 可得

$$I_1 - I_2 + I_3 - I_4 = 0$$

$$I_4 = I_1 - I_2 + I_3 = 2A - (-4A) + (-8A) = -2A$$

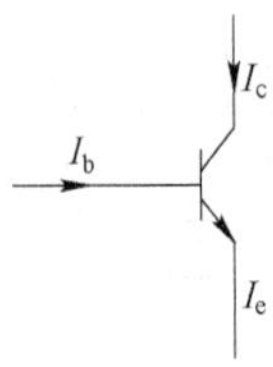

图 3-3　KCL 的推广

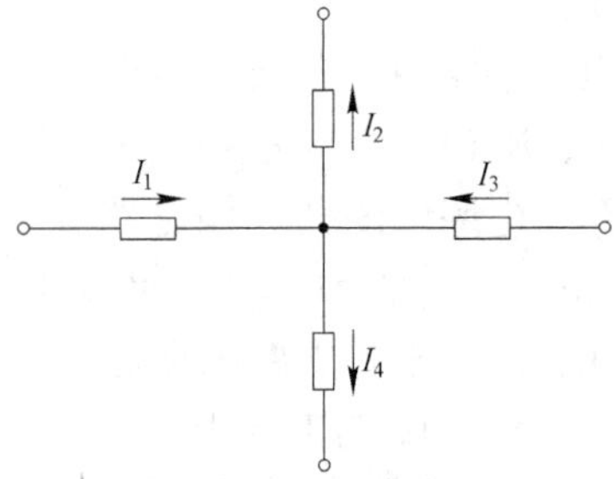

图 3-4　例 3-1 图

3.1.3　基尔霍夫电压定律

基尔霍夫电压定律（KVL）指出：在任何时刻，沿电路中任一闭合回路，各段电压的代数和恒等于零。基尔霍夫电压定律简称 KVL，反映了处于同一回路中的各段电压之间的关系。其一般表达式为

$$\sum U = 0 \tag{3-3}$$

应用上式列电压方程时，应首先假定回路的绕行方向，然后选择各部分电压的参考方向，凡参考方向与回路绕行方向一致者，该电压前取“+”号；凡参考方向与回路绕行方向相反者，该电压前取“-”号。

在图 3-2 中，对于回路 ABCDEFA，若按顺时针绕行方向，根据 KVL 可得

$$U_1 - U_2 + U_{S2} - U_{S1} = 0$$

根据欧姆定律，上式还可表示为

$$I_1R_1 - I_2R_2 + U_{S2} - U_{S1} = 0$$

即

$$\sum U_S = \sum IR \tag{3-4}$$

式（3-4）表示，沿回路绕行方向，各电源电动势升的代数和等于各电阻电压降的代数和。

注意：

1）基尔霍夫电压定律不但适用于直流电路，也适用于交流电路，只是电压要用瞬时式或相量式。

2）KVL 不仅应用于回路，也可推广应用于一段不闭合电路。如图 3-5 所示电路中，A、B 两端未闭合，若设 A、B 两点之间的电压为 U_{AB}，据式（3-3）按逆时针绕行方向可得

$$U_{AB} - U_S - U_R = 0$$

则

$$U_{AB} = U_S + RI$$

上式表明，开口电路两端的电压等于该两端点之间各段电压降之和。

例 3-2　求图 3-6 所示电路中 U 及 U_R。

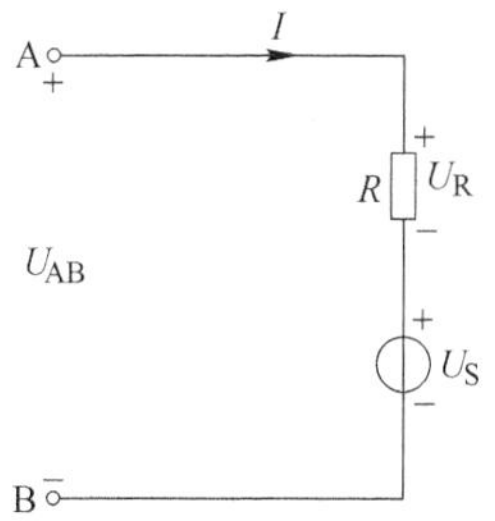

图 3-5 KVL 的推广

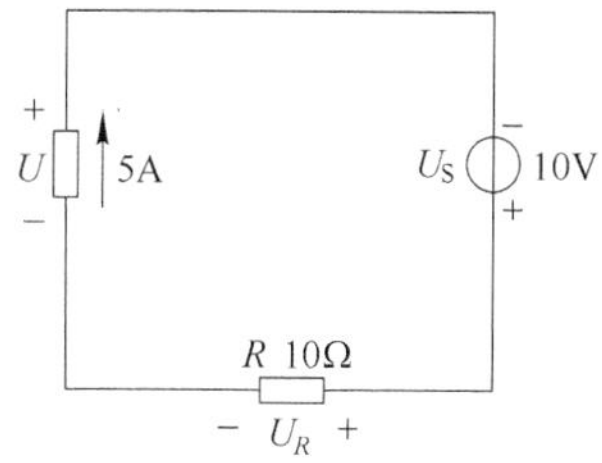

图 3-6 例 3-2 图

解：据欧姆定律可得 10Ω 电阻上的电压：

$$U_R = 5\text{A} \times 10\Omega = 50\text{V}$$

按顺时针绕行方向，对回路列 KVL 方程

$$-U_S + U_R - U = 0$$

得

$$U = -U_S + U_R = -10\text{V} + 50\text{V} = 40\text{V}$$

例 3-3 在图 3-7 中，已知 $R_1 = 4\Omega$，$R_2 = 6\Omega$，$U_{S1} = 10\text{V}$，$U_{S2} = 20\text{V}$，试求 U_{AC}。

解：选回路绕行方向为顺时针方向，列 KVL 方程得

$$IR_1 + U_{S2} + IR_2 - U_{S1} = 0$$

解得

$$I = \frac{U_{S1} - U_{S2}}{R_1 + R_2} = \frac{-10\text{V}}{10\Omega} = -1\text{A}$$

由 KVL 的推广形式得

$$U_{AC} = IR_1 + U_{S2} = -4\text{V} + 20\text{V} = 16\text{V}$$

或

$$U_{AC} = U_{S1} - IR_2 = 10\text{V} - (-6)\text{V} = 16\text{V}$$

由本例可见，电路中某段电压和计算选择的路径无关。因此，计算时应尽量选择较短或方便计算的路径。

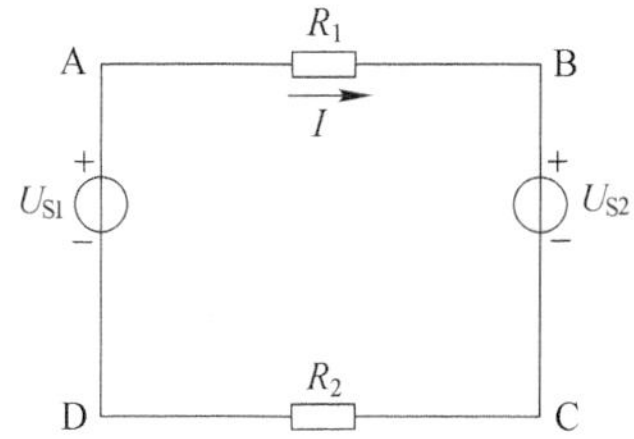

图 3-7 例 3-3 图

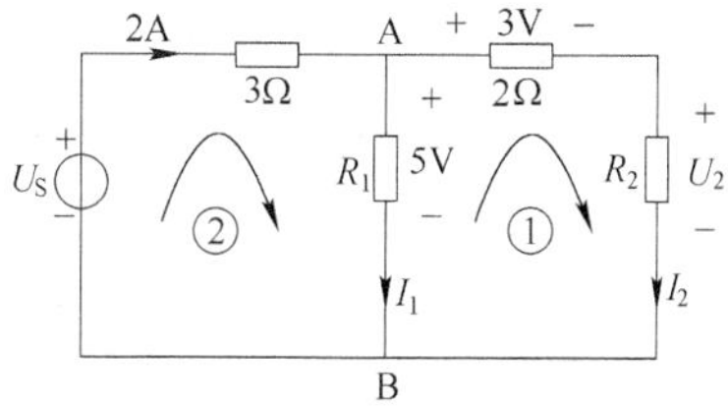

图 3-8 例 3-4 图

例 3-4 求图 3-8 所示电路中的 U_2、I_2、R_1、R_2 及 U_S。

解：对 2Ω 电阻应用欧姆定律，求得电流

$$I_2 = \frac{3V}{2\Omega} = 1.5A$$

对回路①按顺时针绕行方向，应用由 KVL

$$U_2 - 5V + 3V = 0$$

可得

$$U_2 = 2V$$

对电阻 R_2 应用欧姆定律，得

$$R_2 = \frac{U_2}{I_2} = \frac{2V}{1.5A} = 1.33\Omega$$

对节点 A 处列 KCL 方程：

$$I_1 + I_2 = 2A$$

解得

$$I_1 = 2A - 1.5A = 0.5A$$

在 R_1 上应用欧姆定律，得

$$R_1 = \frac{5V}{0.5A} = 10\Omega$$

选回路②的绕行方向为顺时针，列 KVL 方程：

$$3\Omega \times 2A + 5V - U_S = 0$$

可得

$$U_S = 11V$$

3.2 支路电流法

支路电流法是以支路电流为未知量，应用 KCL 和 KVL 分别对节点和回路列出所需方程，组成方程组，然后求解出各支路电流的方法。

一般来说，具有 n 个节点的电路，只能列出（$n-1$）个独立的 KCL 方程；具有 m 个独立回路，能列出 m 个独立的 KVL 方程。如图 3-2 所示电路，有 2 个节点，2 个独立回路，则可列独立电流方程 1 个，独立电压方程 2 个，组成方程组刚好可以求出 3 条支路电流。

支路电流法求解电路的步骤：

1）标出支路电流参考方向和回路绕行方向。

2）根据 KCL 列写节点的电流方程式。

3）根据 KVL 列写回路的电压方程式。

4）解联立方程组，求取未知量。

例 3-5 如图 3-9 所示，两台发电机并联运行共同向负载 R_L 供电。已知 $E_1 = 130V$，$E_2 = 117V$，$R_1 = 1\Omega$，$R_2 = 0.6\Omega$，$R_L = 24\Omega$，求各支路的电流及负载两端的电压。

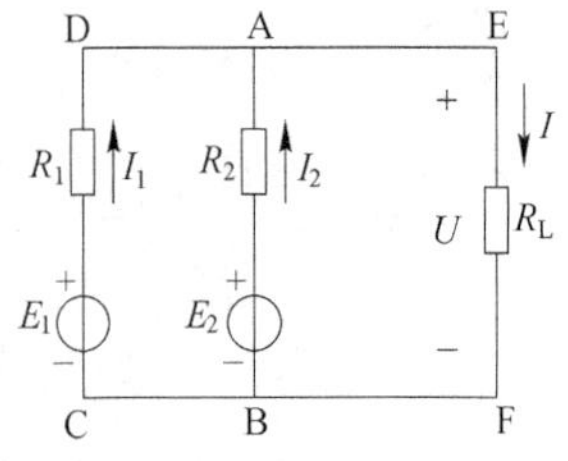

图 3-9 例 3-5 图

解：

（1）选各支路电流参考方向如图所示，回路绕行方向均为顺时针方向。

（2）对节点 A 列写 KCL 方程，得：

$$I_1 + I_2 = I$$

（3）对 ABCDA 回路、AEFBA 回路分别列 KVL 方程，得：

$$E_1 - E_2 = R_1 I_1 - R_2 I_2$$

$$E_2 = R_2 I_2 + R_L I$$

将上面三个方程联立，得方程组：

$$\begin{cases} I_1 + I_2 = I \\ E_1 - E_2 = R_1 I_1 - R_2 I_2 \\ E_2 = R_2 I_2 + R_L I \end{cases}$$

将数据代入上述方程组，得

$$\begin{cases} I_1 + I_2 = I \\ 130\text{V} - 117\text{V} = 1\Omega \times I_1 - 0.6\Omega \times I_2 \\ 117\text{V} = 0.6\Omega \times I_2 + 24\Omega \times I \end{cases}$$

解此联立方程组，得

$$I_1 = 10\text{A} \quad I_2 = -5\text{A} \quad I = 5\text{A}$$

负载两端电压 U 为

$$U = R_L I = 24\Omega \times 5\text{A} = 120\text{V}$$

从该例的计算数据可知，I_2 为负值，表示电流的实际方向与参考方向相反。由此可得，第一台发电机产生功率，第二台发电机消耗（或吸收）功率。

例 3-6 如图 3-10 所示电路，列出用支路电流法列写出求解各支路电流的方程组。

解： 支路数为 6 条⇒方程数为 6 个，节点数为 3 个⇒独立的节点电流方程数为 2 个，网孔数为 4 个⇒独立的 KVL 方程数为 4 个。

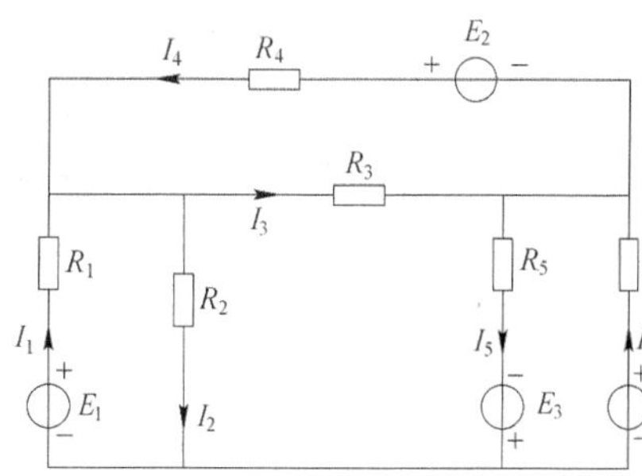

图 3-10 例 3-6 图

设各支路电流及其方向如图 3-10 所示，对电路节点、独立回路列 KCL、KVL 方程（此处略去详细过程），最后可得方程组为

$$I_1 + I_4 = I_2 + I_3$$

$$I_3 + I_6 = I_4 + I_5$$

$$E_1 = I_1 R_1 + I_2 R_2$$

$$E_2 = I_4 R_4 + I_3 R_3$$

$$E_3 = I_3 R_3 + I_5 R_5 - I_2 R_2$$

$$E_3 + E_4 = I_5 R_5 + I_6 R_6$$

3.3 实际电源模型及其等效变换

电源是电路中提供能量的元件。实际使用的电源种类繁多，但是分析、归纳所有这些电

源的共性，按照它们的特点可以将一个电源用两种不同的电路模型来表示，一种是用电压的形式来表示，称为电压源；一种是用电流的形式来表示，称为电流源。

3.3.1 实际电压源模型

任何一个电源，例如发电机、电池或各种信号源，都含有电动势 U_S 和内阻 R_S。在分析与计算电路时，往往把它们分开，看成由 U_S 和 R_S 串联的电源电路模型，此即电压源，如图 3-11a 所示。

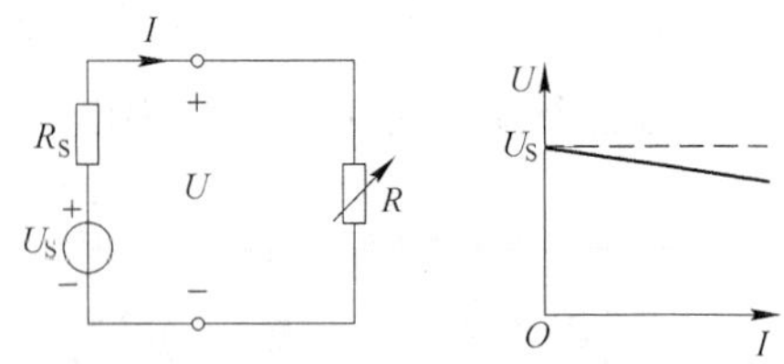

a) 实际电压源模型　　b) 伏安特性曲线

图 3-11　实际电压源及其伏安特性曲线

1. 电路模型

实际电压源模型可等效为一个理想电压源 U_S 和电阻 R_S 的串联组合，如图 3-11a 所示，其中 R_S 称为实际电压源的内阻，U_S 是电压源的开路电压，在数值上等于电源电动势，极性与电动势相反。

2. 伏安关系

实际电压源的伏安关系为

$$U = U_S - IR_S \tag{3-5}$$

实际电压源的伏安特性曲线如图 3-11b 所示，其中 R_S 是直线的斜率。

注意：

1）实际电压源内阻很小，当外电路短路时产生很大的短路电流，易烧坏电源，所以不允许将电源两输出端直接短接。

2）两个实际电压源顺向串联等效于一个实际电压源：$U_S = U_{S1} + U_{S2}$，$R = R_1 + R_2$。

3）内阻为零或接近于零的实际电压源，称为理想电压源，其伏安特性曲线是平行于电流轴的一条直线，如图 3-11b 中虚线所示。

3.3.2 实际电流源模型

在实际电路中，有些电源可以看成是电流源，如晶体管集电极输出电流，某些集成电路中的电流等。

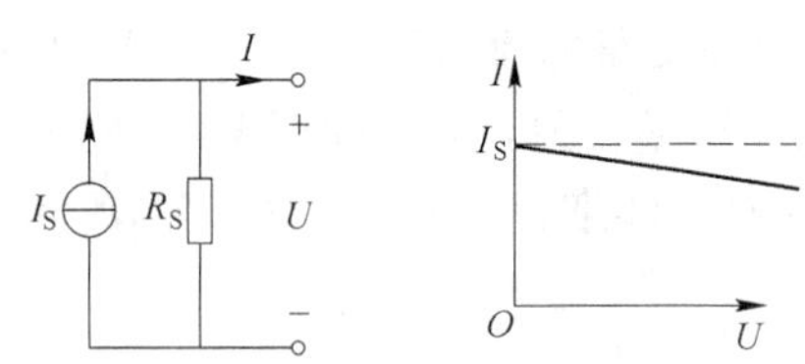

a) 实际电流源模型　　b) 伏安特性曲线

图 3-12　实际电流源及其伏安特性曲线

1. 电路模型

实际电流源模型可等效为一个理想电流源 I_S 和电阻 R_S 的并联组合，如图 3-12a 所示，其中 R_S 称为实际电流源的内阻。

2. 伏安关系

实际电流源的伏安关系为

$$I = I_S - \frac{U}{R_S} = I_S - UG_S \tag{3-6}$$

实际电流源的伏安特性曲线如图 3-12b 所示。式（3-6）中，G_S 是电阻的倒数，称为电导，等于直线的斜率。

注意：

1）两实际电流源同向并联时，等效于一个电流方向与两电流源同向的实际电流源：$I_S = I_{S1} + I_{S2}$，其内电导为 $G = G_1 + G_2$。

2）实际电流源与电阻串联时，由于电阻对电流源的电流不会产生任何影响，所以在分析电流源对外电路的电流效应时，该电阻是多余的，应舍弃。在分析电流源与电阻串联的电压效应时，则该电阻上的电压降不能遗忘，该电阻不能舍弃。

3）当实际电流源的内阻为无穷大或非常大时，可以作为理想电流源，其伏安特性曲线是平行于电压轴的一条直线，如图 3-19b 中虚线所示。

4）晶体管也可近似地认为是一个理想电流源。因为从它的输出特性曲线可见，当基极电流 I_B 为某个常数且 U_{CE} 在一定范围内变化时，其集电极电流 I_C 可以近似地认为不随电压 U_{CE} 而变，是一个恒流源。

3.3.3 实际电源的等效变换

实际电压源与实际电流源等效变换条件：保持端口伏安关系相同，如图 3-13 所示。

图 3-13a 所示伏安关系：$U = U_S - IR_S$

图 3-13b 所示伏安关系：$U = (I_S - I)R'_S = I_S R'_S - IR'_S$

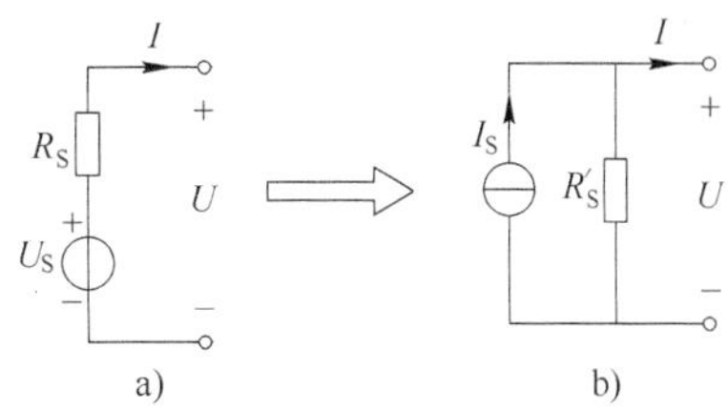

图 3-13 实际电压源与电流源变换图

等效变换关系：

$$U_S = I_S R'_S \qquad R_S = R'_S$$

即

$$I_S = \frac{U_S}{R_S} \quad R'_S = R_S \tag{3-7}$$

注意：

1）“等效”是指对外电路而言是等效的（等效互换前后对外伏安特性一致）。即这两种模型具有相同的外特性，它们向外电路提供的电压和电流是相同的，对外吸收或发出的功率总是一样的。但对内部不等效，如开路时，电压源与电阻串联这个整体的内部，电压源不发出功率，电阻也不吸收功率。而电流源与电导的并联这个整体的内部，电流源发出功率，且全部为电导所吸收。但在开路时，这两种组合对外都既不发出功率，也不吸收功率。

2）一般来说，电压源与电流源在电路中是作为提供功率的元件出现的，但是，有时也可能以吸收功率而作为负载出现在电路中。我们可以根据电压源、电流源的电压和电流的参考方向，应用功率计算公式，由算得功率的正负值来判定它是吸收功率还是产生功率。

例 3-7 已知电压源的电压电流参考方向如图 3-14 所示，求各电压源的功率，说明是产生功率还是消耗功率。

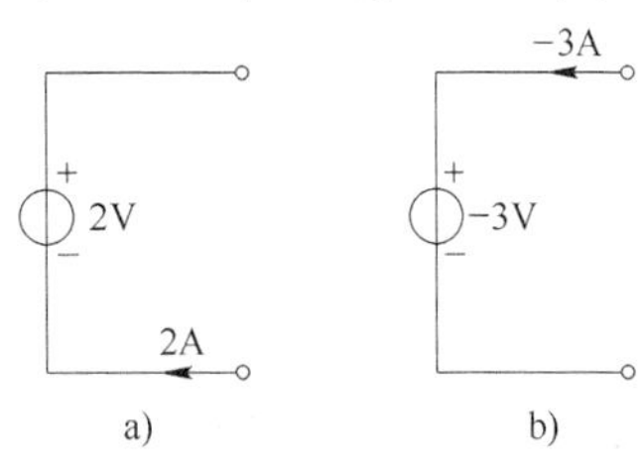

图 3-14 例 3-7 图

解： 如图 3-14a 所示，电流从电源负极性端流入，从正极性端流出，电压、电流为非关联参考方向，应用 $P = -UI$ 可得

$$P = -UI = -2\text{V} \times 2\text{A} = -4\text{W}$$

可见 $P<0$，故电压源产生功率。

如图 3-14b 所示，电压电流为关联参考方向，故有

$$P=UI=-3\text{V}\times(-3\text{A})=9\text{W}$$

可见 $P>0$，故电源消耗功率。

例 3-8 将图 3-15a 所示电压源转化为等效电流源；将图 3-15c 所示电流源转化为等效的电压源。

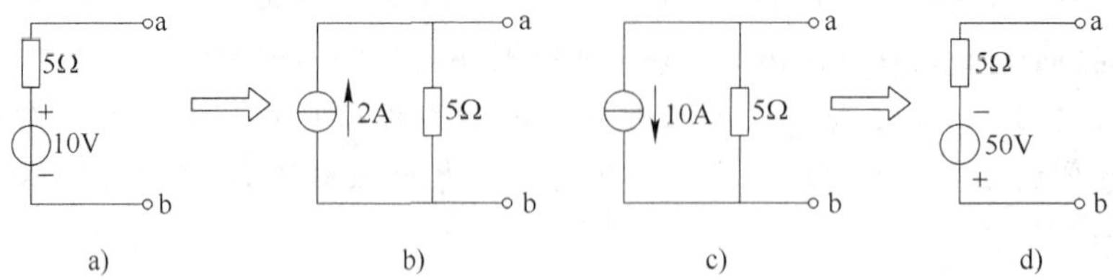

图 3-15 例 3-8 图

解：根据式（3-7）有

$$I_{S1}=\frac{U_{S1}}{R_S}=\frac{10\text{V}}{5\Omega}=2\text{A}$$

$$U_{S2}=I_{S2}R_S=10\text{A}\times5\Omega=50\text{V}$$

故可把图 3-15a 所示的电压源等效成图 3-15b 所示的电流源。同理，可把图 3-15c 所示的电流源等效成图 3-15d 所示的电压源。

例 3-9 如图 3-16a 所示，在二端网络中，已知 $U_S=6\text{V}$，$I_S=2\text{A}$，$R_1=2\Omega$，$R_2=3\Omega$，求二端网络的 VCR 方程（电压电流关系方程），并画出二端的等效电路。

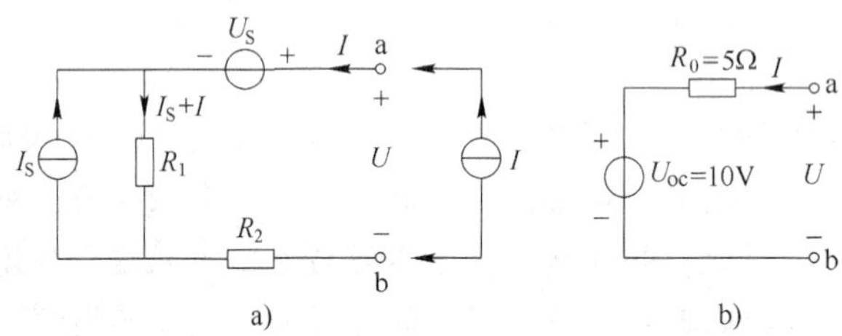

图 3-16 例 3-9 图

解：在图 3-16a 端口外加电流源 I，写出端口电压的表达式

$$U=U_S+R_1(I_S+I)+R_2I=(R_1+R_2)I+U_S+R_1I_S=R_0I+U_{oc}$$

其中

$$U_{oc}=U_S+R_1I_S=6\text{V}+2\Omega\times2\text{A}=10\text{V}$$

$$R_o=R_1+R_2=2\Omega+3\Omega=5\Omega$$

故 VCR 方程为

$$U=5I+10$$

等效电路如图 3-16b 所示。

3.4 叠加定理及其应用

3.4.1 叠加定理

实践证明，在线性电路中，若有几个电源共同作用时，任何一条支路的电流（或电压）等于各个电源单独作用时在该支路中所产生的电流（或电压）的代数和，这个定理叫叠加定理。

使用叠加定理时应注意以下几点：

1）叠加定理只适用于线性电路。

2）所谓某个电源单独作用，是指电路中只有这个电源作用，其他电源不作用。不作用的理想电压源用短路线代替，不作用的理想电流源用开路代替。

3）将各个电源单独作用所产生的电流（或电压）叠加时，必须注意各电流（或电压）的方向。当分量的参考方向和总量的参考方向一致时，该分量取“+”，反之则取“-”。

4）在线性电路中，叠加定理只能用来计算电路中的电压和电流，不能用来计算功率。这是因为功率与电压、电流之间不是线性关系。

3.4.2 叠加定理的应用

叠加定理可以把一个含有多电源的复杂电路分解为只含单个电源的简单电路进行计算，简化了计算过程。

特别是电路中有不同频率电流同时作用时，把电路的分析简化为不同频率电源单独作用时的电路分析，使问题简化。例如在电子线路中，由直流电源向晶体管提供静态工作点，在静态工作点的基础上放大交流信号，就是交、直流同时存在的电路。用直流通路和交流通路分别分析直流、交流分别作用时的情况，依据的就是叠加定理。为了满足叠加定理对电路的线性要求，规定交流信号必须是小信号，而且晶体管用微变等效电路来代替。

例 3-10 电路如图 3-17a 所示，已知 $U_{S1}=24V$，$I_{S2}=1.5A$，$R_1=200\Omega$，$R_2=100\Omega$。应用叠加定理计算各支路电流。

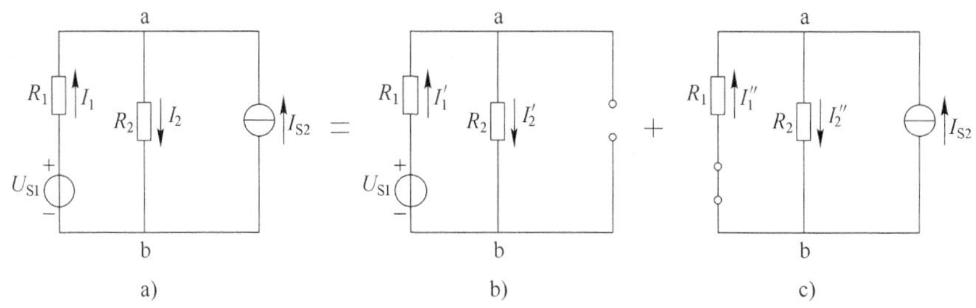

图 3-17 例 3-10 图

解： 图 3-17 所示电路中含有两个电源，故可以采用叠加定理进行计算。

（1）当电压源 U_{S1}单独作用时。电流源 I_{S2}不作用，以开路替代，如图 3-17b 所示。则

$$I'_1 = I'_2 = \frac{U_{S1}}{R_1 + R_2} = \frac{24\text{V}}{200\Omega + 100\Omega} = 0.08\text{A}$$

（2）当电流源 I_{S2} 单独作用时。电压源 U_{S1} 不作用，以短路线替代，如图 3-17c 所示，则

$$I''_1 = -\frac{R_2}{R_1 + R_2} I_{S2} = -\frac{100\Omega}{200\Omega + 100\Omega} \times 1.5\text{A} = -0.5\text{A}$$

$$I''_2 = \frac{R_1}{R_1 + R_2} I_{S2} = \frac{200\Omega}{200\Omega + 100\Omega} \times 1.5\text{A} = 1\text{A}$$

（3）应用叠加定理，得各支路电流

$$I_1 = I'_1 + I''_1 = 0.08\text{A} - 0.5\text{A} = -0.42\text{A}$$

$$I_2 = I'_2 + I''_2 = 0.08\text{A} + 1\text{A} = 1.08\text{A}$$

例 3-11 用叠加定理重求例 3-5。

解：（1）当电压源 E_1 单独作用时。电压源 E_2 不作用，以短路线替代，如图 3-18a 所示，则

$$I'_1 = \frac{E_1}{R_2 \parallel R_L + R_1} = \frac{130\text{V}}{0.6\Omega \parallel 24\Omega + 1\Omega} = 82\text{A}$$

$$I'_2 = -\frac{R_L}{R_2 + R_L} I'_1 = -\frac{24\Omega}{24.6\Omega} \times 82\text{A} = -80\text{A}$$

$$I' = \frac{R_2}{R_2 + R_L} I'_1 = \frac{0.6\Omega}{24.6\Omega} \times 82\text{A} = 2\text{A}$$

$$U' = I' R_L = 2\text{A} \times 24\Omega = 48\text{V}$$

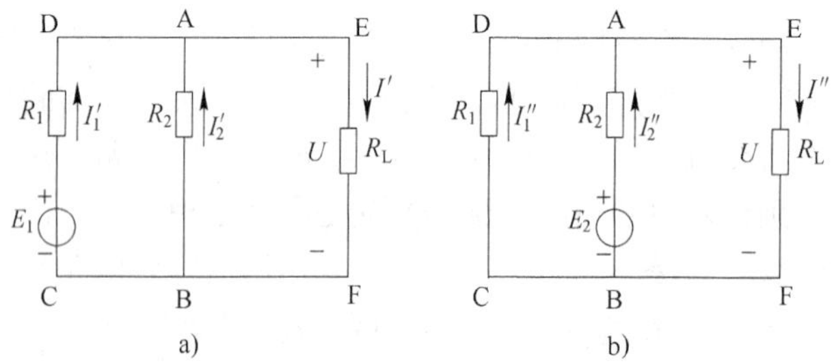

图 3-18 例 3-11 图

（2）当电压源 E_2 单独作用时。电压源 E_1 不作用，以短路线替代，如图 3-18b 所示，则

$$I''_2 = \frac{E_2}{R_1 \parallel R_L + R_2} = \frac{117\text{V}}{1\Omega \parallel 24\Omega + 0.6\Omega} = 75\text{A}$$

$$I''_1 = -\frac{R_L}{R_1 + R_L} I''_2 = -\frac{24\Omega}{25\Omega} \times 75\text{A} = -72\text{A}$$

$$I'' = \frac{R_1}{R_1 + R_L} I''_2 = \frac{1\Omega}{25\Omega} \times 75\text{A} = 3\text{A}$$

$$U'' = I'' R_L = 3\text{A} \times 24\Omega = 72\text{V}$$

（3）采用叠加定理，得

$$I_1 = I'_1 + I''_1 = 82\text{A} + (-72\text{A}) = 10\text{A}$$

$$I_2 = I'_2 + I''_2 = -80\text{A} + 75\text{A} = -5\text{A}$$

$$I = I' + I'' = 2A + 3A = 5A$$

$$U = U' + U'' = 48V + 72V = 120V$$

从结果可知，采用叠加定理算得的结果与采用支路电流法算得的结果一致。

3.5 节点电压法

当电路中的独立节点数少而支路数较多时，采用节点电压法来求解电路的各支路电流及其他物理量比较简单。

（1）定义　以电路中各节点对参考点的电压（称为节点电压）为未知量，列 KCL 方程求解电路的方法，称为节点电压法。

（2）解题步骤　以图 3-19 所示电路为例，用节点电压法求解电路的步骤为：

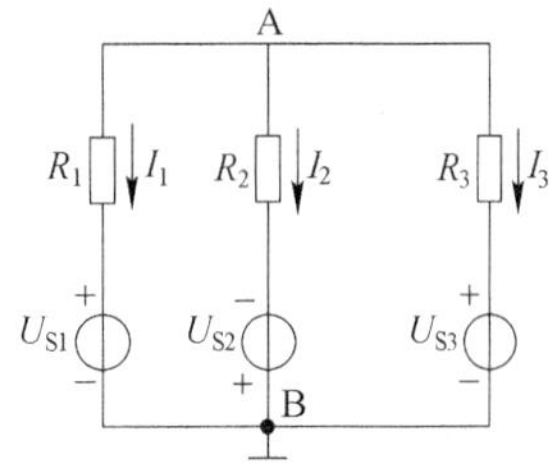

图 3-19　多支路少节点复杂电路

1）选定一个节点为参考点（零电位点），如图 3-19 中 B 点，并标上符号“⊥”。节点 A 与参考点之间电压 U_A 作为未知量。

2）设各支路电流方向如图 3-19 所示，据 KCL 列出节点电流方程：$I_1 + I_2 + I_3 = 0$。

3）利用欧姆定律和 KVL 列写支路电流表达式，代入电流方程，求出节点电压 U_A。

$$I_1 = \frac{U_A - U_{S1}}{R_1}\quad,\quad I_2 = \frac{U_A - (-U_{S2})}{R_2}\quad,\quad I_3 = \frac{U_A - U_{S3}}{R_3}$$

将各支路电流表达式代入节点电流方程：

$$\frac{U_A - U_{S1}}{R_1} + \frac{U_A - (-U_{S2})}{R_2} + \frac{U_A - U_{S3}}{R_3} = 0$$

整理后得节点电压方程：

$$\left(\frac{1}{R_1} + \frac{1}{R_2} + \frac{1}{R_3}\right)U_A = \frac{U_{S1}}{R_1} + \frac{-U_{S2}}{R_2} + \frac{U_{S3}}{R_3}$$

4）由上面求出的节点电压 U_A，据电流表达式，求出各支路电流。

上面公式适用于所有只有一个独立节点的电路，其节点电压方程一般式为

$$U_{A0} = \frac{\Sigma\ (U_S G)}{\Sigma G}$$

上式也称为弥尔曼定理。分母为各支路电导之和；分子为各支路电源电压与本支路电导积之代数和。**注意**：“代数和”是指当电源电压与节点电压同方向时，取“+”；反之，取“-”。

例 3-12　在图 3-19 所示电路中，设 $U_{S1} = 10V$，$U_{S2} = 20V$，$U_{S3} = 30V$，$R_1 = 10\Omega$，$R_2 = 20\Omega$，$R_3 = 30\Omega$。采用节点电压法求各支路电流。

解：应用上面讨论得出的公式，可得节点电压：

$$U_{AB}=\frac{\sum U_{Si}G}{\sum G}=\frac{U_{S1}G_1+U_{S2}G_2+U_{S3}\times G_3}{G_1+G_2+G_3}$$

$$=\frac{10\times\frac{1}{10}-20\times\frac{1}{20}+30\times\frac{1}{30}}{\frac{1}{10}+\frac{1}{20}+\frac{1}{30}}\text{V}$$

$$=\frac{60}{11}\text{V}$$

各支路电流：

$$I_1=\frac{-U_{S1}+U_{AB}}{R_1}=\frac{-10+\frac{60}{11}}{10}\text{A}=-\frac{5}{11}\text{A}$$

$$I_2=\frac{U_{S2}+U_{AB}}{R_2}=\frac{20+\frac{60}{11}}{20}\text{A}=\frac{14}{11}\text{A}$$

$$I_3=\frac{-U_{S3}+U_{AB}}{R_3}=\frac{-30+\frac{60}{11}}{30}\text{A}=-\frac{9}{11}\text{A}$$

例 3-13 采用节电压法，重求例 3-5。

解： 节点电压 U_{AB} 为

$$U_{AB}=\frac{\sum U_S G}{\sum G}=\frac{E_1G_1+E_1G_2+0\times G_3}{G_1+G_2+G_3}$$

$$=\frac{130\times\frac{1}{1}+117\times\frac{1}{0.6}+0\times\frac{1}{24}}{\frac{1}{1}+\frac{1}{0.6}+\frac{1}{24}}$$

$$=120\text{V}$$

各支路电流：

$$I_1=\frac{E_1-U_{AB}}{R_1}=\frac{130-120}{1}\text{A}=10\text{A}$$

$$I_2=\frac{E_2-U_{AB}}{R_2}=\frac{117-120}{0.6}\text{A}=-5\text{A}$$

$$I_3=\frac{0+U_{AB}}{R_3}=\frac{120}{24}\text{A}=5\text{A}$$

负载两端电压：

$$U=IR_L=5\times24\text{V}=120\text{V}$$

求得的各支路电流大小、电压 U 与前面采用支路电流法和叠加定理求得的结果一致。

3.6 戴维南定理及其应用

3.6.1 戴维南定理

戴维南定理：任何一个线性有源二端网络，对外电路来说，总可以用一个电压源与电阻的串联模型来替代。电压源的电压等于该有源二端网络的开路电压 U_{oc}，与电压相串联的电阻则等于该有源二端网络中所有电压源短路、电流源开路时的等效电阻 R_{eq}。

戴维南定理可用图 3-20 所示框图表示。图中电压源串电阻支路称戴维南等效电路，所串电阻则称为戴维南等效内阻，也称输出电阻。

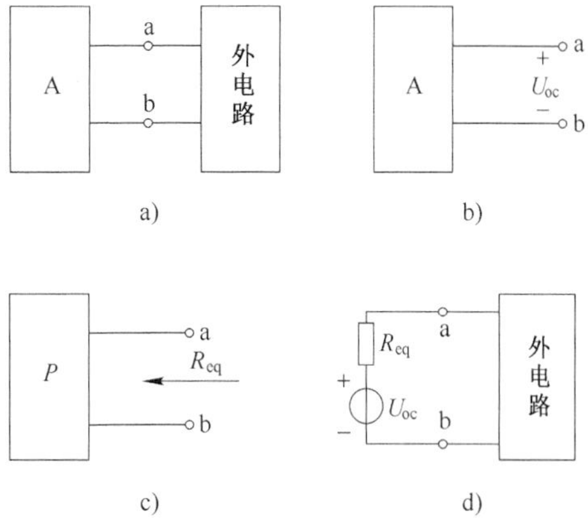

图 3-20　戴维南定理

3.6.2 戴维南定理的应用

应用一：将复杂的有源二端网络化为最简形式。

例 3-14　用戴维南定理化简图 3-21a 所示电路。

解：(1) 求开路端电压 U_{oc}。在图 3-21a 所示电路中应用 KVL 可得：

$$(3\Omega+6\Omega)\ I+9\text{V}-18\text{V}=0$$

$$I=1\text{A}$$

$$U_{oc}=U_{ab}=6\Omega\times I+9\text{V}=(6\times1+9)\ \text{V}=15\text{V}$$

或

$$U_{oc}=U_{ab}=-3\Omega\times I+18\text{V}=(-3\times1+18)\ \text{V}=15\text{V}$$

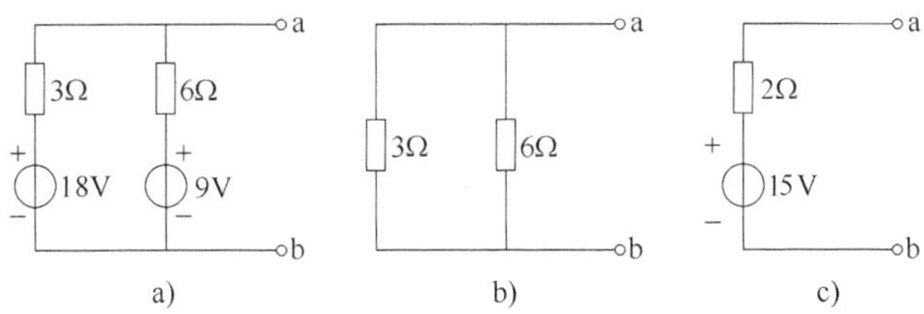

图 3-21　例 3-14 图

(2) 求等效电阻 R_{eq}。将电路中的电压源短路，得无源二端网络，如图 3-21b 所示。可得

$$R_{eq}=R_{ab}=\frac{3\times6}{3+6}\Omega=2\Omega$$

(3) 作等效电压源模型。作图时，应注意使等效电源电压的极性与原二端网络开路端电压的极性一致，电路如图 3-21c 所示。

应用二：计算电路中某一支路的电压或电流。

当计算复杂电路中某一支路的电压或电流时，采用戴维南定理比较方便。

例 3-15　用戴维南定理计算图 3-22a 所示电路中电阻 R_L 上的电流。

解：(1) 把电路分为待求支路和有源二端网络两个部分。断开待求支路，得有源二端网络，如图 3-22b 所示。

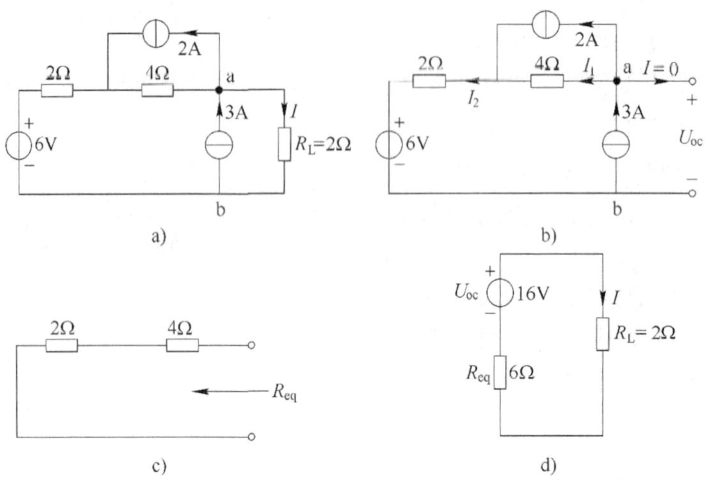

图 3-22　例 3-15 图

(2) 求有源二端网络的开路端电压 U_{oc}。因为此时 $I=0$，由图 3-22b 可得

$$I_1 = 3A - 2A = 1A$$

$$I_2 = 2A + 1A = 3A$$

$$U_{oc} = (1 \times 4 + 3 \times 2 + 6)\ V = 16V$$

(3) 求等效电阻 R_{eq}。将有源二端网络中的电压源短路、电流源开路，可得无源二端网络，如图 3-22c 所示，则

$$R_{eq} = 2\Omega + 4\Omega = 6\Omega$$

(4) 画出等效电压源模型，接上待求支路，电路如图 3-22d 所示。所求电流为

$$I = \frac{U_{oc}}{R_{eq} + R_L} = \frac{16V}{6\Omega + 2\Omega} = 2A$$

应用三：分析负载获得最大功率的条件。

例 3-16　试求例 3-15 中负载电阻 R_L 的功率。若 R_L 为可调电阻，问 R_L 为何值时获得的功率最大？其最大功率是多少？由此总结出负载获得最大功率的条件。

解：(1) 利用例 3-15 的计算结果可得

$$P_L = I^2 R_L = 2^2 \times 2W = 8W$$

(2) 若负载 R_L 是可变电阻，由图 3-22d 可得

$$I = \frac{U_{oc}}{R_{eq} + R_L}$$

则 R_L 从网络中所获得的功率为

$$P_L = \left(\frac{U_{oc}}{R_{eq} + R_L}\right)^2 R_L$$

上式说明：负载从电源中获得的功率取决于负载本身的情况。当负载开路（无穷大电阻）或短路（零电阻）时，功率皆为零。当负载电阻在 0 ~ ∞ 之间变化时负载可获得一个最大功率。这个功率最大值 P_{max} 应发生在 $\frac{dP_L}{dR_L}=0$ 的时刻，经计算得：

$$R_L = R_{eq} = 6\Omega$$

$$P_{Lm} = \left(\frac{U_{oc}}{2R_{eq}}\right)^2 R_{eq} = \frac{U_{oc}^2}{4R_{eq}} = \frac{16^2}{4\times 6}W = 10.7W$$

综上所述，负载获得最大功率的条件是负载电阻等于等效电源的内阻，即 $R_L = R_{eq}$。电路的这种工作状态称为电阻（或阻抗）匹配。电阻匹配的概念在电子技术中有着重要的应用，有关内容可参阅变压器中的相关内容。

3.7 含受控源电路的等效变换

在电子电路中广泛使用各种晶体管、运算放大器等多端器件。这些多端器件的某些端钮的电压或电流受到另一些端钮电压或电流的控制。为了模拟多端器件各电压、电流间的这种耦合关系，需要定义一些多端电路元件（模型）。

本节介绍的受控源是一种非常有用的电路元件，常用来模拟含晶体管、运算放大器等多端器件的电子电路。从事电子、通信类专业的工作人员，应掌握含受控源的电路分析方法。

3.7.1 受控源

受控源又称为非独立源。一般来说，一条支路的电压或电流受本支路以外的其他因素控制时统称为受控源。受控源由两条支路组成，其第一条支路是控制支路，呈开路或短路状态；第二条支路是受控支路，它是一个电压源或电流源，其电压或电流的量值受第一条支路电压或电流的控制。

受控源可以分成四种类型，分别称为电流控制的电压源（CCVS），电压控制的电流源（VCCS），电流控制的电流源（CCCS）和电压控制的电压源（VCVS），如图 3-23 所示。每种受控源由两个线性代数方程来描述：

CCVS：
$$\begin{cases} u_1 = 0 \\ u_2 = ri_1 \end{cases} \tag{3-8}$$

式中，r 具有电阻量纲，称为转移电阻。

VCCS：
$$\begin{cases} i_1 = 0 \\ i_2 = gu_1 \end{cases} \tag{3-9}$$

式中，g 具有电导量纲，称为转移电导。

CCCS：
$$\begin{cases} u_1 = 0 \\ i_2 = \alpha i_1 \end{cases} \tag{3-10}$$

式中，α 无量纲，称为转移电流比。

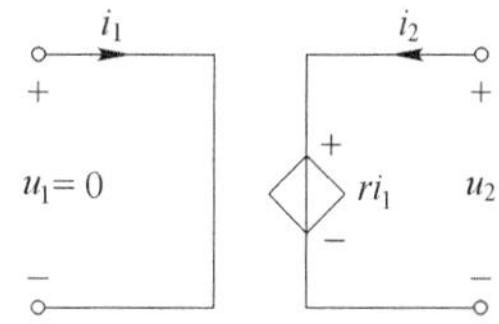

a) CCVS

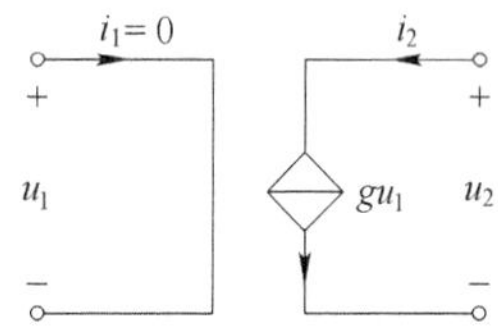

b) VCCS

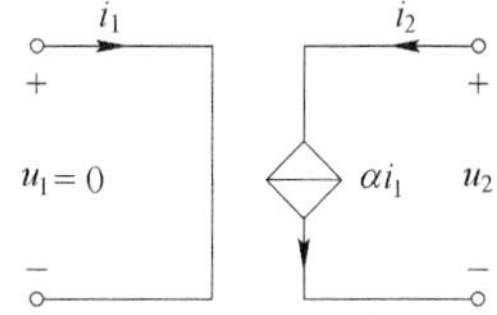

c) CCCS

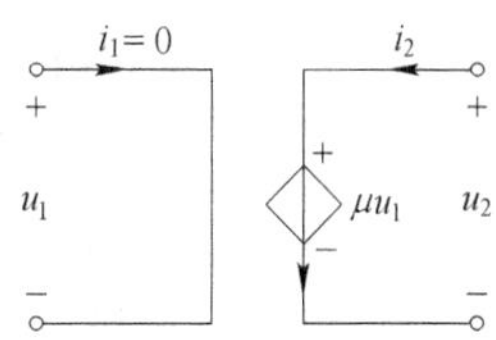

d) VCVS

图 3-23　受控源图

$$\text{VCVS:}\quad \begin{cases} i_1 = 0 \\ u_2 = \mu u_1 \end{cases} \tag{3-11}$$

式中，μ 亦无量纲，称为转移电压比。

当受控源的控制系数 r、g、α 和 μ 为常量时，它们是时不变双口电阻元件。本书只研究线性时不变受控源，并采用菱形符号来表示受控源（不画出控制支路），以便与独立电源相区别。

受控源与独立电源的特性完全不同，它们在电路中所起的作用也完全不同。独立电源是电路的输入或激励，它为电路提供按给定时间函数变化的电压和电流，从而在电路中产生电压和电流。受控源则描述电路中两条支路电压和电流间的一种约束关系，它的存在可以改变电路中的电压和电流，使电路特性发生变化。

图 3-24a 所示的晶体管在一定条件下可以用图 3-24b 所示的模型来表示。这个模型由一个受控源和一个电阻构成，这个受控源受与电阻 r_{be} 并联的开路电压的控制，控制电压是 u_{be}，受控源的控制系数是转移电导 g_m。

用图 3-24b 所示的晶体管模型代替图 3-24c 电路中的晶体管，得到电路模型如图 3-24d 所示。

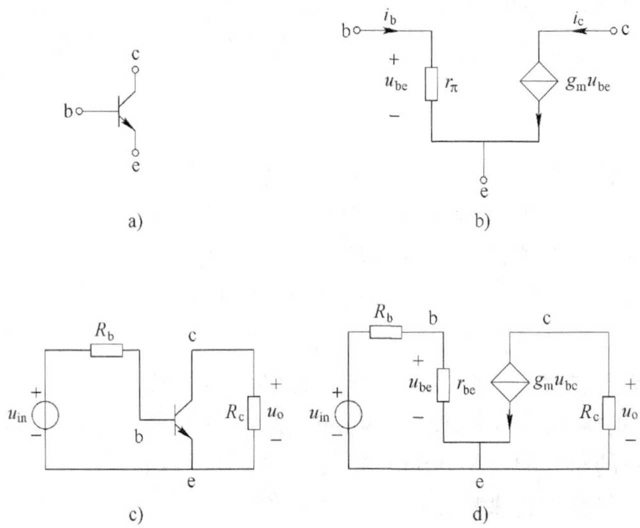

图 3-24　晶体管的受控源模型

3.7.2　含受控源二端网络的等效电路

由线性电阻和独立电源构成的二端网络，就端口特性而言，可以等效为一个线性电阻和电压源的串联二端网络；或等效为一个线性电阻和电流源的并联二端网络。同样，可用外加电源计算端口 VCR 方程的方法，求得含线性受控源电阻二端网络的等效电路，如图 3-25 所示。

电压源和电阻串联二端网络可以等效变换为电流源和电阻并联二端网络。与此相似，一个受控电压源（仅指其受控支路）和电阻串联二端网络，也可等效变换为一个受控电流源和电阻并联的二端网络，反之亦然，如图 3-26 所示。

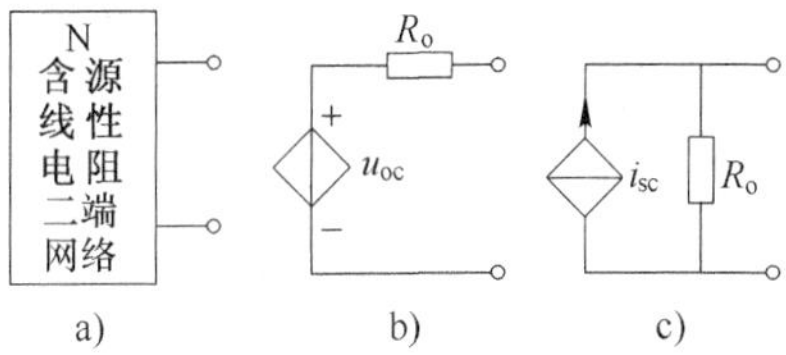

图 3-25　含受控源二端网络等效电路

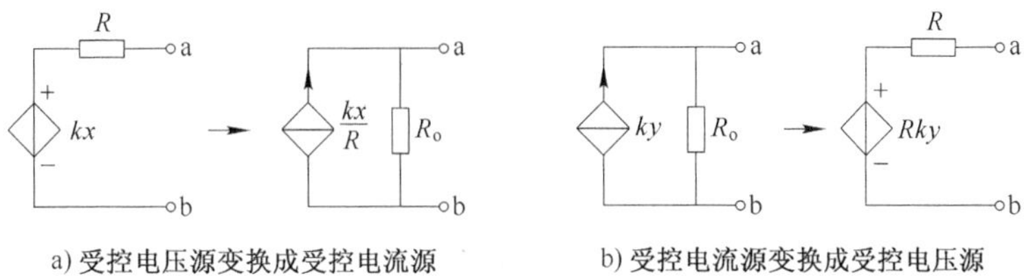

图 3-26　受控源等效互换

例 3-17　如图 3-27a 所示，已知转移电阻 $r=3\Omega$。求二端网络的等效电阻。

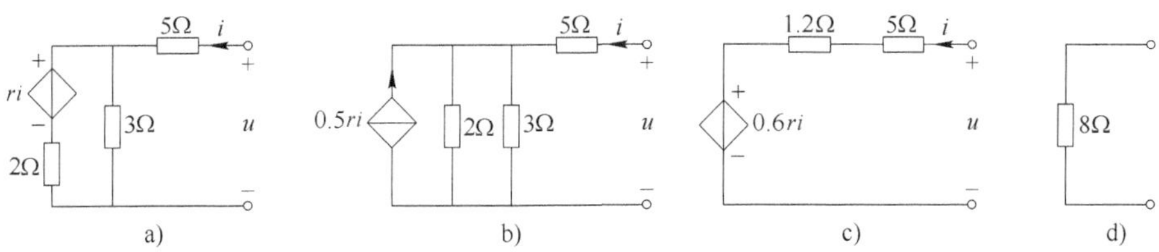

图 3-27　例 3-17 图

解： 先将受控电压源和 2Ω 电阻的串联二端网络等效变换为受控电流源 $0.5ri$ 和 2Ω 电阻并联的二端网络，如图 3-27b 所示。再将 2Ω 和 3Ω 电阻并联的等效电阻 1.2Ω 和受控电流源 $0.5ri$ 并联，等效变换为 1.2Ω 电阻和受控电压源 $0.6ri$ 的串联，如图 3-27c 所示。

由此求得

$$u=(5\Omega+1.2\Omega+0.6r)\ i=(8\Omega)\ i$$

端网络等效电阻为

$$R_o=\frac{u}{i}=8\Omega$$

得到图 3-27d 所示电路，等效电阻为 8Ω。

例 3-18　求图 3-28a 所示二端网络的等效电阻。

解： 设想在图 3-28a 端口外加电流源 i，写出端口电压 u 的表达式

$$u=\mu u_1+u_1=(\mu+1)\ u_1=(\mu+1)\ Ri=R_o i$$

求得端口的等效电阻

$$R_o=\frac{u}{i}=(\mu+1)\ R$$

等效电路如图 3-28b 所示。

由于受控电压源的存在，使端口电压增加了 $\mu u_1 = \mu R$，导致二端网络等效电阻增大到 $(\mu+1)$ 倍。若控制系数 $\mu=-2$，则二端网络等效电阻 $R_o=-R$，这表明该电路可将正电阻变换为一个负电阻。

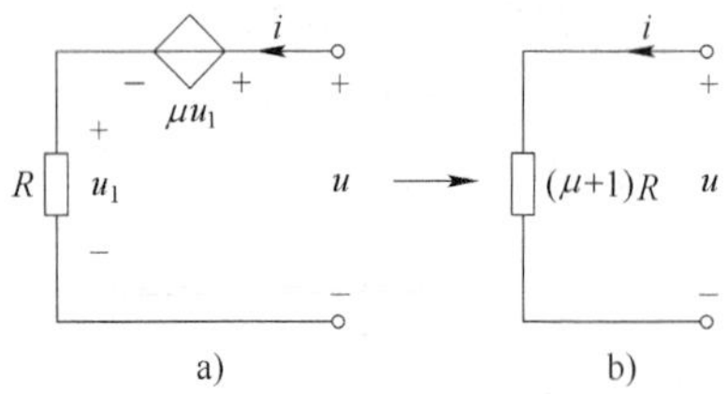

图 3-28　例 3-18 图

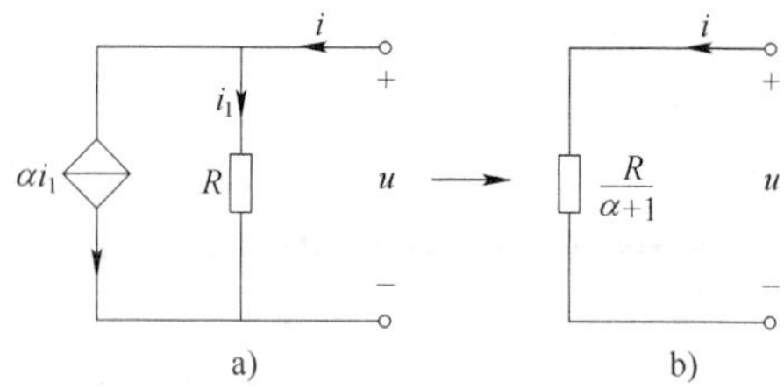

图 3-29　例 3-19 图

例 3-19　求图 3-29a 所示二端网络的等效电阻。

解： 设想在端口外加电压源 u，写出端口电流 i 的表达式为

$$i=\alpha i_1+i_1=(\alpha+1)\ i_1=\frac{\alpha+1}{R}u=G_o u$$

由此求得端口的等效电导为

$$G_o=\frac{i}{u}=(\alpha+1)\ G$$

等效电路图如图 3-29b 所示。

该电路将电导 G 增大到原值的 $(\alpha+1)$ 倍或将电阻 $R=1/G$ 变小到原值的 $1/(\alpha+1)$ 倍，若 $\alpha=-2$，则 $G_o=-G$ 或 $R_o=-R$，这表明该电路也可将一个正电阻变换为负电阻。

例 3-20　求图 3-30a 所示二端网络的等效电路。

解： 在图 3-30a 中用外加电源法，求得二端网络 VCR 方程为

$$u=4u_1+u_1=5u_1$$

其中

$$u_1=2\Omega\times(i+2\text{A})$$

得到

$$u=10\Omega\times i+20\text{V}$$

等效电路图如图 3-30b 所示。

或

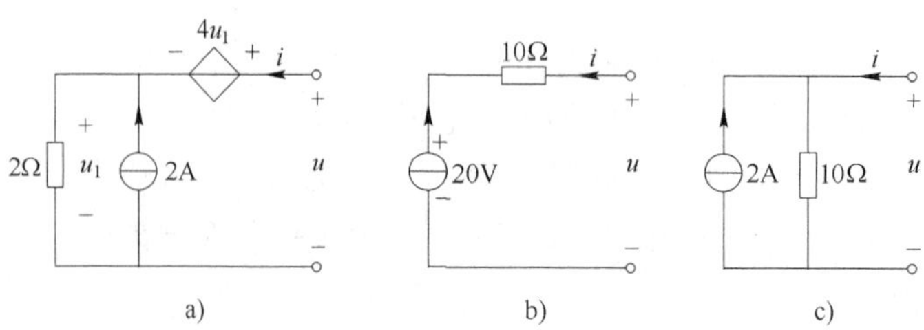

图 3-30　例 3-20 图

$$i = \frac{1}{10\Omega}u - 2\text{A}$$

等效电路图如图 3-30c 所示。

项 目 小 结

本项目主要研究了电路的几种分析方法，主要内容如下：

1. 基尔霍夫定律

包括基尔霍夫电流定律（KCL）和基尔霍夫电压定律（KVL）。

1）KCL：任一瞬间，通过电路中任一节点的各支路电流的代数和恒等于零。

2）KVL：任一瞬间，作用于电路中任一回路各段电压的代数和恒等于零。

2. 支路电流法

以电路中的支路电流为未知数，应用基尔霍夫定律列出电流、电压方程，通过解方程组得到各支路电流。

3. 叠加定理

在线性电路中，有几个电源共同作用时，在任一支路所产生的电流（或电压）等于各个电源单独作用时在该支路所产生的电流（电压）的代数和。

4. 节点电压法

以节点电压为未知量，据 KCL 列出节点电流方程，求出节点电压，进而求出各支路电流的方法。

5. 戴维南定理

任何一个有源二端线性网络，都可用一个电压源模型来等效代替。此电压源电压 U_S 等于有源二端网络的开路电压，内阻 R_o 等于有源二端网络中所有电源均除去后的等效内阻。

6. 电源模型

包括电压源模型和电流源模型。

1）电压源模型是理想电压源和电阻的串联组合。

2）电流源模型是理想电流源和电阻的并联组合。

3）电压源模型和电流源模型可以等效变换。

7. 含受控源电路的等效变换

含受控源电路等效变换的方法与独立电源模型等效变换的方法相同，但要注意保留控制量所在支路。

项目任务实施

任务一　研究基尔霍夫定律

场地：机房或多媒体教室。

器材：计算机、EWB 仿真软件。

资讯：3.1 基尔霍夫定律；3.2 支路电流法。

在 EWB 中搭建最简单的复杂直流电路（见图 3-1），调节电路中的电阻，测量各支路电流，比较相互之间的关系，得出 KCL 定律；按同一时针方向测量某个回路中的各段电压且求代数和，寻找规律，得出 KVL 定律。

1）测量与计算表 3-1 中各物理量。

表 3-1　电路中的电流关系及电压关系

物理量 / 测量次序	I_1	I_2	I_3	U_{AB}	U_{BC}	U_{DE}	U_{EA}	回路 1 中的各段电压之和（ΣU）
1（选取适当的 R_1、R_2、R_3）								
2（改变 R_3 值）								
3（改变 R_1 值）								

2）据表 3-1 数据，计算 $I_1+I_2+I_3$ 的和，总结基尔霍夫电流定律。

3）计算回路 1 中沿顺时针方向的各段电压之和，即 $\Sigma U = U_{AB}+U_{BC}+U_{DE}+U_{EA}$ 的和，总结基尔霍夫电压定律。

任务二　探索叠加定理

场地： 机房或多媒体教室。

器材： 计算机、EWB 仿真软件。

资讯： 3.4 叠加定理及其应用。

测量任务一的电路中只含一个电源时的各支路电流，再测量只含另一个电源时的各支路电流，将同一支路的各次测量电流值相加（按相同的参考方向），与任务一中测得的相应支路总电流值比较，得出叠加定理。

1）测量与计算表 3-2 中各物理量。

表 3-2　电路中的电流关系及电压关系

物理量 / 测量状态	I_1	I_2	I_3
所有电源均在时			
只含电源 E_1			
只含电源 E_2			

2）计算分析表 3-2 中的数据，总结叠加定理的主要思想。思考叠加定理对某段电路上的电压是否适用？

任务三　探索节点电压法

场地： 机房或多媒体教室。

器材： 计算机、EWB 仿真软件。

资讯： 3.5 节点电压法。

在图 3-1 中，选择 A 或 C 作为电位参考点，测量另一节点电压，列 KVL 方程求解各支路电流；或将节点电压作为未知量，列 KCL 电流方程求解此未知量，再求出各支路电流。比较两种方法，掌握节点电压法。

1）测量与计算表 3-3 中各物理量。

表 3-3　电路中的电流关系及电压关系

物理量 / 测量情况	U_{AC}	用端电压 U_{AC} 计算 I_1	用端电压 U_{AC} 计算 I_2	用端电压 U_{AC} 计算 I_3
$V_c=0$ 时				
$V_A=0$ 时				
任务一中测得的各支路电压、电流				

2）分析计算表 3-3 中的数据，得出结论。节点电压法的内容是什么？节点电压要通过计算得出，如何计算？

任务四　探索戴维南定理

场地： 机房或多媒体教室。

器材： 计算机、EWB 仿真软件。

资讯： 3.6 戴维南定理及其应用。

将图 3-1 所示电路中的 R_3 支路断开，剩下一个二端网络，测量二端网络端电压 U_{oc} 与入端电阻 R_{eq}，再将它们组成的等效电源与 R_3 接成回路，测量或计算 I_3。且将此值与表 3-1 中的 I_3 比较，寻找规律。

1）测量与计算表 3-4 中各物理量。

表 3-4　测量二端网络数据

物理量 / 次序	原电路的 I_3	二端网络端电压 U_{oc}	二端网络入端电阻 R_{eq}	将待求支路接入等效电源时的 I_3
1（选取适当的 R_1、R_2、R_3）				
2（改变 R_3 值）				
3（改变 R_1 值）				

2）计算分析表 3-4 中的数据，总结戴维南定理主要思想。

思考与习题

3-1　电路如图 3-31 所示，列写 KCL 方程求 I_2。

3-2　在图 3-32 所示电路中，选取顺时针方向为回路的绕行方向，试用 KVL 列写回路的电压方程式。

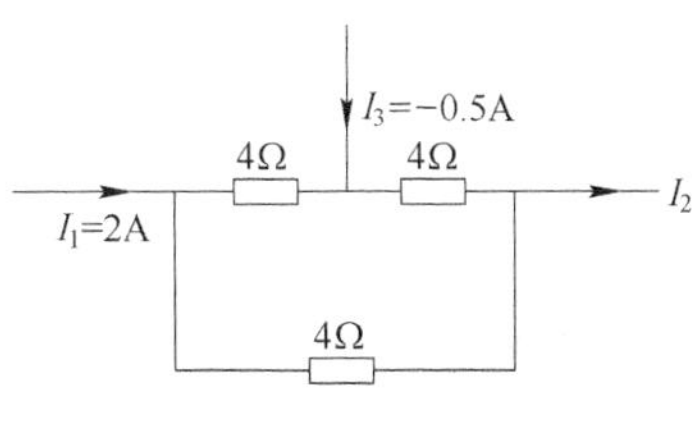

图 3-31　题 3-1 图

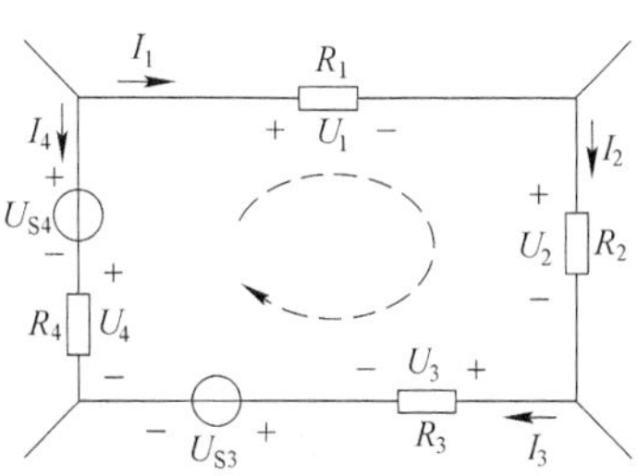

图 3-32　题 3-2 图

3-3　某支路用支路电流法求解的数值方程组如下：

$$I_1 + I_2 + I_3 = 0$$
$$5I_1 - 20I_2 - 20 = 0$$
$$10 + 20I_3 - 10I_2 = 0$$

则该电路有几个节点？几个网孔？

3-4　电路如图3-33所示，用支路电流法求各支路电流。

3-5　电路如图3-34所示，$U_{S1}=9V$，$U_{S2}=4V$，$R_1=1\Omega$，$R_2=2\Omega$，$R_3=3\Omega$，用支路电流法求各支路电流。

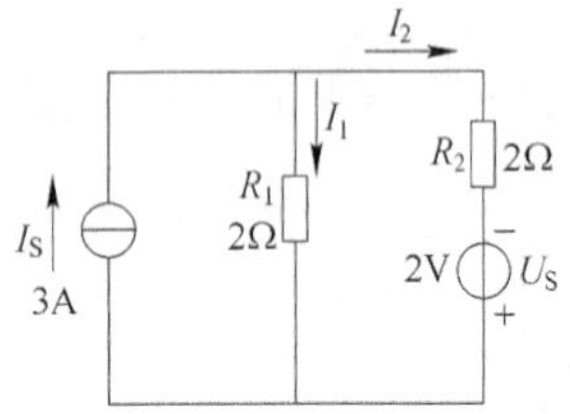

图3-33　题3-4图

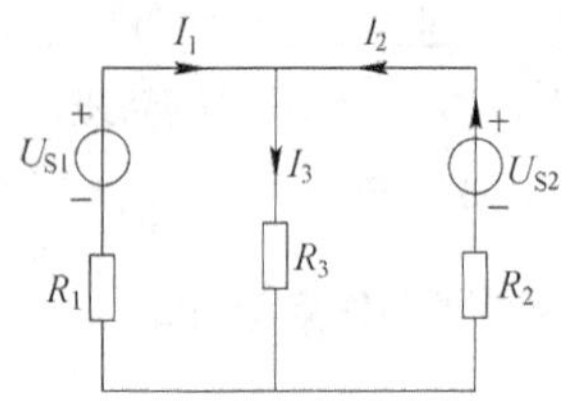

图3-34　题3-5图

3-6　用叠加定理重新计算题3-5中的各支路电流。

3-7　试用叠加定理计算图3-35所示电路中I和U。

3-8　用节点电压法重新求解题3-5中各支路电流。

3-9　图3-36所示电路中，试用节点电压法求I和U。

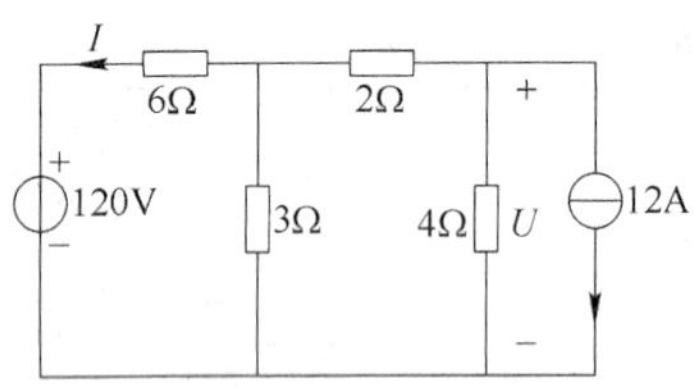

图3-35　题3-7图

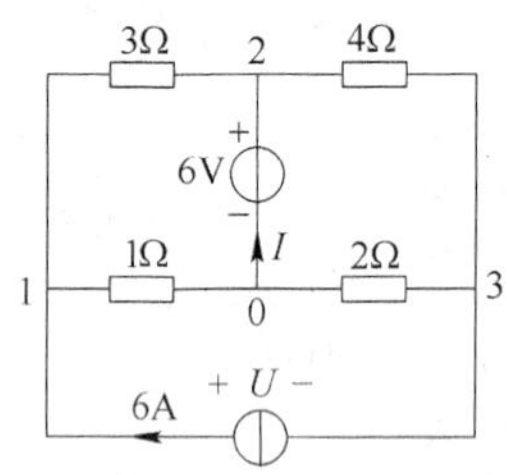

图3-36　题3-9图

3-10　在图3-37所示电路中，已知$U_A=12V$，$U_B=10V$，$U_C=8V$，$R_1=1\Omega$，$R=5\Omega$，试用节点电压法分析4条支路上的电流？

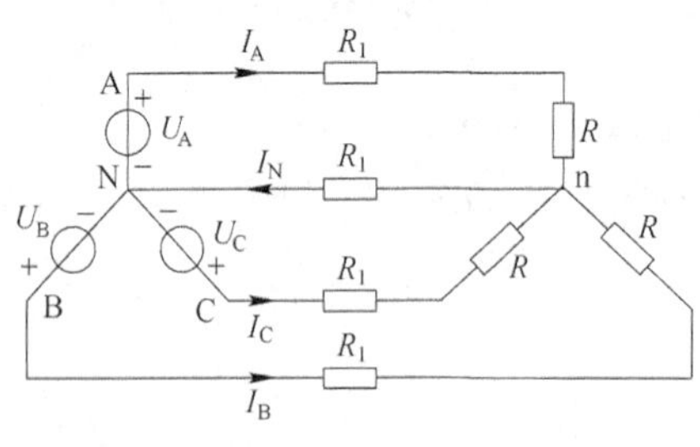

图3-37　题3-10图

3-11　一个$I_S=2A$、$R_S=2\Omega$的电流源，等效成一个电压源，画出其等效电路图。一个$U_S=2V$、$R_S=2\Omega$的电压源，等效成一个电流源，画出其等效电路图。

3-12　某电源的开路电压$U_{oc}=12V$，短路电流$I_{sc}=2A$，求该电源的电压源模型。

3-13　电路如图 3-38 所示，试求戴维南等效电路。

3-14　某含源二端网络的开路电压为 10V，如在网络两端接以 10Ω 的电阻，二端网络端电压为 8V，分析此网络的戴维南等效电路。

3-15　用戴维南定理重新求解题 3-5 中的各支路电流。

3-16　在图 3-39 所示电路中，R_2 为定值，R 可变，当 $R=2\Omega$ 时，R 上获得最大功率。试确定电阻 R_2 的值，并求 R 上获得的最大功率。根据戴维南定理对负载电路的分析，得出负载获得最大功率的条件是什么？

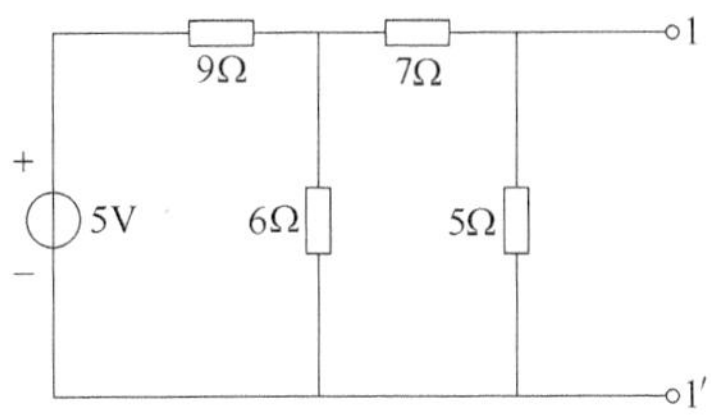

图 3-38　题 3-13 图

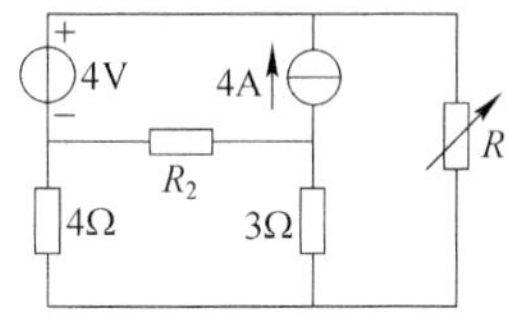

图 3-39　题 3-16 图

3-17　将图 3-40 中的电流源和电压源进行等效互换。

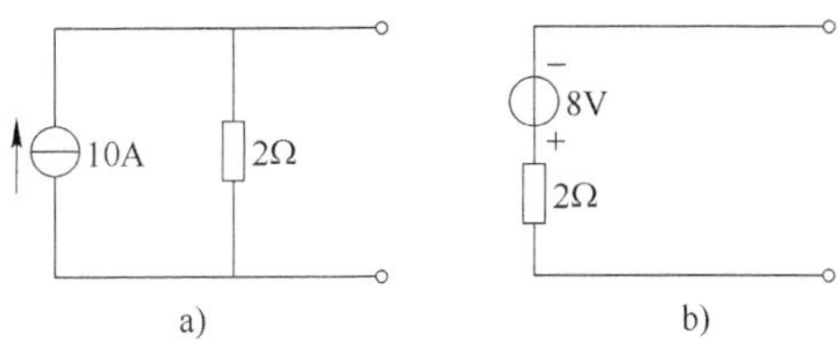

图 3-40　题 3-17 图

3-18　电路如图 3-41 所示，求端网络的 VCR 方程，并画出端网络的等效电路。

3-19　电路如图 3-42 所示，用多种方法求 U。

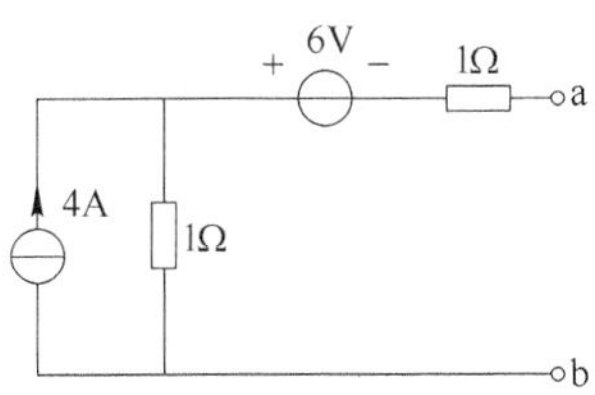

图 3-41　题 3-18 图

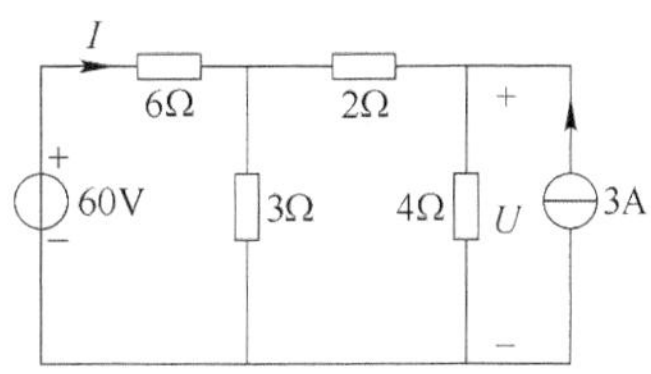

图 3-42　题 3-19 图

3-20　求出图 3-43 所示端网络的等效电阻 R_{ab}。

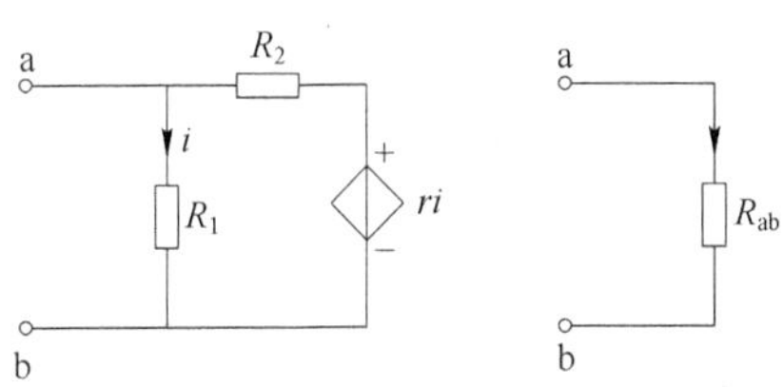

图 3-43　题 3-20 图

3-21　求图 3-44 所示端网络的等效电路。

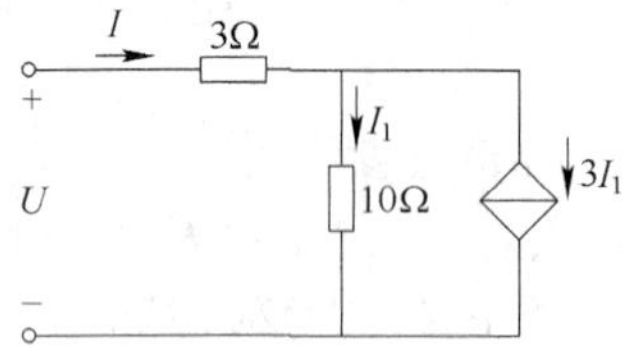

图 3-44　题 3-21 图

3-22　利用戴维南定理分析图 3-45 所示端网络的等效电路。

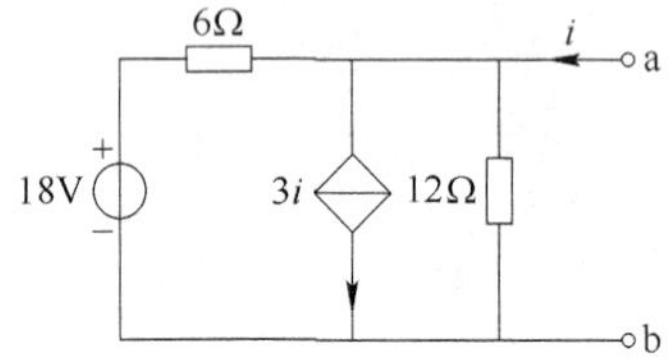

图 3-45　题 3-22 图

项目 4

线性动态电路

典型问题

图 4-1 所示为实际电感线圈用电感 L 与电阻 R 相串联所表示的电路模型。已知 $R=0.7\Omega$，$L=0.4\text{H}$，$U_S=35\text{V}$，电压表的内阻 $R_V=5\text{k}\Omega$，量程为 100V，开关 S 原来闭合，电路已稳定。在某一时刻将开关 S 突然打开，会发生什么现象？在实际情况下应如何解决？

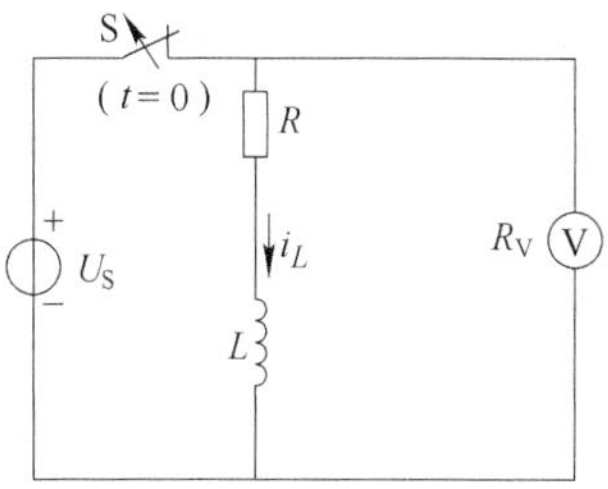

图 4-1　动态电路

知识能力目标

1. 熟悉换路定则与电压和电流初始值的确定，了解微分方程的建立。

2. 掌握 RC 电路、RL 电路的零输入响应和零状态响应规律。

3. 掌握分析一阶线性动态电路的三要素法。

学习任务

任务一　观察与分析含 R、L、C 元件的电路在零状态响应和零输入响应时的不同现象

任务二　研究 RC 电路在零状态响应和零输入响应时电容器电压 u_c 的变化规律及时间常数

任务三　研究 RL 电路在零状态响应和零输入响应时电感线圈上电压 u_L 的变化规律及时间常数

4.1　过渡过程的基本概念

4.1.1　稳态与暂态

如图 4-2a 所示电路，开关原已闭合，电路处于稳定状态(简称稳态)。此时，电容相当于开路，电感相当于短路，电路中的电流为 1A，称为稳态电流。对电路的稳定状态进行分析，叫做稳态分析，如项目一、项目二和项目三中的电路分析。

含有贮能元件(主要是电感、电容)的电路，当从一种稳定状态切换到另一种稳定状态时，电路会发生较明显的一种过渡过程，由于过渡过程比稳态过程短暂得多，所以也叫暂态过程。同时，由于过渡过程中电量在变化，所以此时的电路也称为动态电路。例如电风扇从静止到稳定转速或从稳定转速到静止也需要这个过程。

观察图 4-2b 所示的实验电路，三个相同的灯泡分别与电阻、电容和电感相串联。S 闭合前，三个灯泡都不亮，这是一种稳定状态。当 S 闭合后，A 灯立刻变亮；B 灯先闪亮一下，然后逐渐变暗，直至熄灭；而 C 灯则是逐渐变亮。实验表明，电阻支路的 A 灯，从一种稳态到达另一种稳态不需要过渡过程，而电容和电感支路的 B 灯和 C 灯则需要过渡过程。

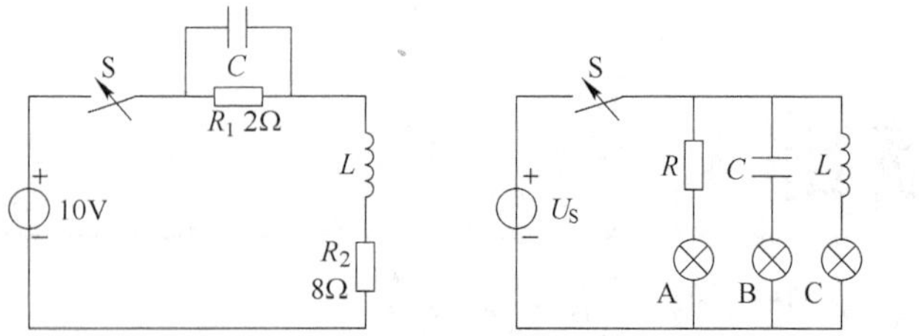

a) 电路的稳态　　b) R、L、C 元件在暂态时的不同表现

图 4-2　电路的稳态与暂态

通过以上分析可知，电路发生过渡过程的原因有两个：一是电路中含有储能元件电容或电感，由于其中的能量不能跃变，由一个稳态过渡到另一个稳态需要时间；二是换路，即电路的通断、改接和电路参数的突然变化。

4.1.2　换路定律与电路的初始值

1. 换路定律

由于储能元件的能量不能跃变，即电容的储能 $W_C=\dfrac{1}{2}Cu_C^2$ 和电感的储能 $W_L=\dfrac{1}{2}Li_L^2$，不能跃变。因此，当电路发生过渡过程时，由于 C、L 为常数时，则反映其能量的物理量 u_C 和 i_L 必然不能跃变。

若设 $t=0$ 时换路，用“0_-”表示换路前一瞬间，用“0_+”表示换路后一瞬间，则换路前后有：

$$\left.\begin{aligned} u_C(0_+) &= u_C(0_-) \\ i_L(0_+) &= i_L(0_-) \end{aligned}\right\} \tag{4-1}$$

称为换路定律。

2. 初始值的确定

根据换路定律可以确定换路后一瞬间电容电压、电感电流以及电路中其他各元件的电压和电流，统称为电路的初始值。

初始值也称初始条件，是研究过渡过程的重要依据。确定初始值的步骤如下：

1）按换路前($t=0_-$)的电路，计算 $u_C(0_-)$ 和 $i_L(0_-)$。

2）根据换路定律，确定 $u_C(0_+)$ 和 $i_L(0_+)$。

3）根据 $u_C(0_+)$ 和 $i_L(0_+)$ 的值，确定电容和电感的状态，并画出 $t=0_+$ 时的等效电路图。

电容和电感的状态有两种情况：一种为零初始状态，即 $u_C(0_+)=0$，$i_L(0_+)=0$，在等效电路图中，视电容为短路，电感为开路；另一种为非零初始状态，即 $u_C(0_+)=U_0$，$i_L(0_+)=I_0$，在等效电路图中，电容用 $U_S=U_0$ 的电压源替代，电感用 $I_S=I_0$ 的电流源替代。

4）按换路后的等效电路，应用电路的基本定律和基本分析方法，计算各元件的电压和电流的初始值。

例 4-1 图 4-3a 所示电路原处于稳态，$t=0$ 时换路。若 $R_1=2\Omega$，$R_2=3\Omega$，$R_3=6\Omega$，$U_S=18V$，求i_1、i_2、i_3、i、u_C 及 u_L 的初始值。

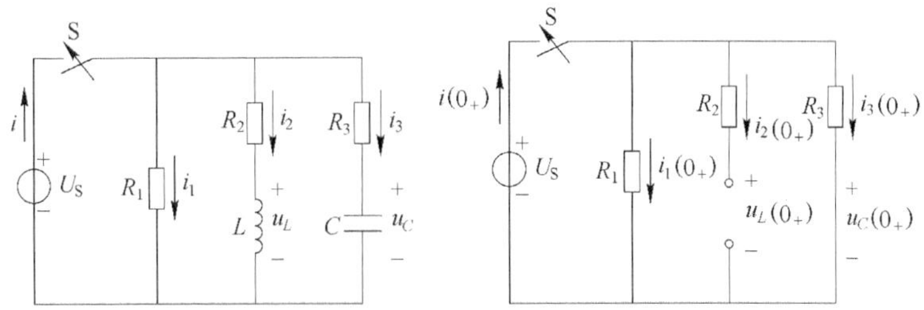

a) b)

图 4-3 例 4-1 图

解： 换路前，$u_C(0_-)=0$，$i_L(0_-)=0$，由换路定律得

$$u_C(0_+) = u_C(0_-) = 0$$

$$i_L(0_+) = i_L(0_-) = 0$$

在换路瞬间，将电容短路，电感开路，得 $t=0_+$时的等效电路如图 4-11b 所示，则有

$$i_1(0_+) = \frac{U_S}{R_1} = \frac{18V}{2\Omega} = 9A$$

$$i_2(0_+) = i_L(0_+) = 0$$

$$i_3(0_+) = \frac{U_S}{R_3} = \frac{18V}{6\Omega} = 3A$$

$$i(0_+) = i_1(0_+) + i_2(0_+) + i_3(0_+) = 12A$$

$$u_L(0_+) = U_S = 18V$$

例 4-2 如图 4-4a 所示电路，$R_1=3\Omega$，$R_2=9\Omega$，$U_S=24V$，换路前电路已处于稳态，$t=0$ 时开关 S 打开，求 u_C、u_{R_1}、u_{R_2}、i_C 及 i_{R_1}的初始值。

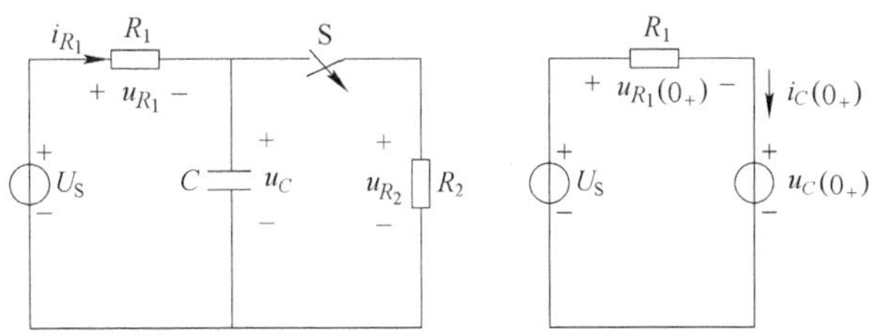

a) b)

图 4-4 例 4-2 图

解： 由于换路前电路已处于稳态，电容相当于开路，则

$$u_C(0_-) = u_{R_2}(0_-) = \frac{R_2}{R_1+R_2}U_S = \frac{9\Omega}{3\Omega+9\Omega}\times 24V = 18V$$

由换路定律可得：$u_C(0_+)=u_C(0_-)=18V$

将电容用 $U_S=u_C(0_+)=18V$ 的电压源代替。可得 $t=0_+$的等效电路如图 4-11b 所示，由图可求得

$$u_{R_1}(0_+) = U_S - u_C(0_+) = 24V - 18V = 6V$$

$$u_{R_2}(0_+) = 0$$

$$i_C(0_+) = i_{R_1}(0_+) = \frac{u_{R_1}(0_+)}{R_1} = \frac{6\text{V}}{3\Omega} = 2\text{A}$$

例 4-3 图 4-5a 所示电路，已知 $R_1 = 1.6\text{k}\Omega$，$R_2 = 6\text{k}\Omega$，$R_3 = 4\text{k}\Omega$，$U_S = 10\text{V}$，换路前电路已处于稳态，求 i_L、u_L 及 u_{R_2} 的初始值。

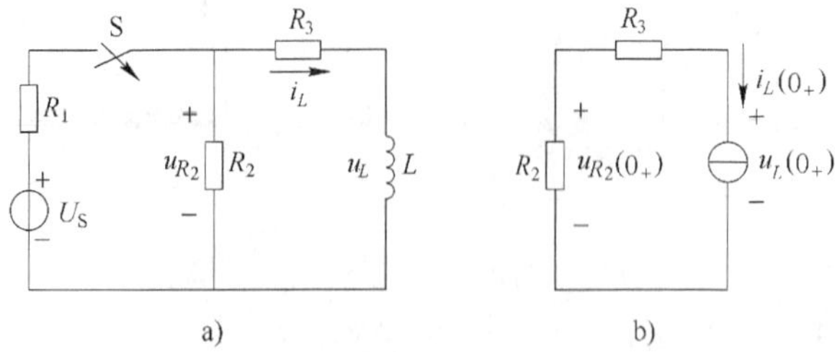

图 4-5 例 4-3 图

解：换路前电路已处于稳态，电感相当于短路，则

$$i_L(0_-) = \frac{U_S}{R_1 + \dfrac{R_2R_3}{R_2 + R_3}} \times \frac{R_2}{R_2 + R_3} = \frac{10\text{V}}{1.6\Omega + \dfrac{6\Omega \times 4\Omega}{6\Omega + 4\Omega}} \times \frac{6\Omega}{6\Omega + 4\Omega}\text{mA} = 1.5\text{mA}$$

由换路定律可得：$i_L(0_+) = i_L(0_-) = 1.5\text{mA}$

将电感用 $i_L(0_+) = 1.5\text{mA}$ 的电流源代替，可得 $t = 0_+$ 时的等效电路如图 4-5b 所示，由图可求得

$$u_L(0_+) = -i_L(0_+) \times (R_2 + R_3) = -1.5\text{A} \times (6 + 4)\Omega = -15\text{V}$$

$$u_{R_2}(0_+) = -i_L(0_+)R_2 = -1.5\text{A} \times 6\Omega = -9\text{V}$$

4.2 一阶电路的零输入响应

4.2.1 *RC* 电路的零输入响应

RC 电路的零输入响应，是指在输入信号为零时 *RC* 电路中的电压、电流随时间的变化规律。这个过程是电容元件的放电过程。

图 4-6 所示为 *RC* 串联电路。换路前，开关 S 置于“1”位，电源对电容充电。当电路达到稳态时，$u_C(0_-) = U_0 = U_S$。在 $t = 0$ 时，将开关 S 换到“2”，使电路脱离电源，电容则通过电阻放电，直到 $u_C = 0$，过渡过程结束。

1. 电压和电流的变化规律

在放电回路中，由 KVL 得

$$u_R + u_C = 0$$

将 $u_R = Ri$，$i = C\dfrac{\text{d}u_C}{\text{d}t}$ 代入上式得

$$RC\frac{\text{d}u_C}{\text{d}t} + u_C = 0 \tag{4-2}$$

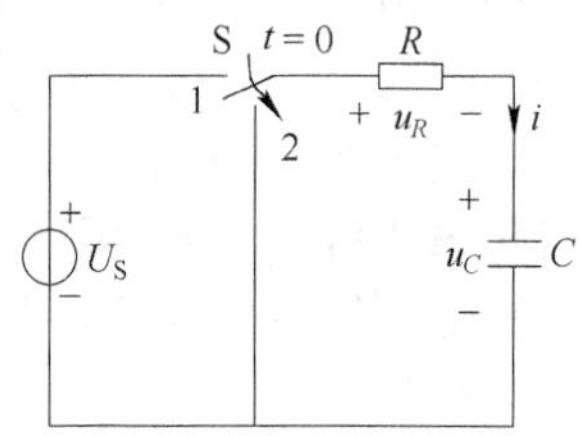

图 4-6 *RC* 放电电路

式(4-2)为一阶常系数线性齐次微分方程，解此方程，代入初始条件可得

$$u_C = U_0 e^{-\frac{1}{RC}t} = U_S e^{-\frac{1}{RC}t} \tag{4-3}$$

上式表明，电容放电时，电压 u_C 随时间按指数规律衰减，直至为零，其变化曲线如图 4-7 所示。

按图 4-6 所示参考方向可分别求得放电电流和电阻上的电压为

$$i = C\frac{du_C}{dt} = C\frac{d}{dt}(U_S e^{-\frac{t}{RC}}) = -\frac{U_S}{R}e^{-\frac{1}{RC}t} \tag{4-4}$$

$$u_R = R \cdot i = -U_S e^{-\frac{1}{RC}t} \tag{4-5}$$

上两式中的负号表示放电电流的实际方向与图中的参考方向相反。图 4-8 为 i、u_R 随时间变化的曲线。

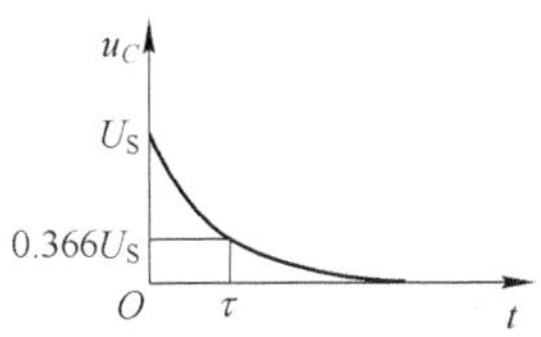

图 4-7 u_C 的变化曲线

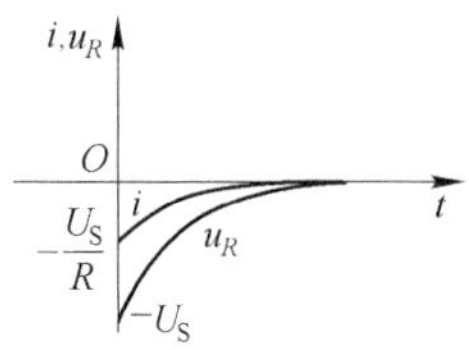

图 4-8 i 和 u_R 的变化曲线

2. 时间常数

式(4-3)中，若令

$$\tau_C = RC \tag{4-6}$$

则有

$$u_C = U_S e^{-\frac{t}{\tau_C}} \tag{4-7}$$

显而易见，τ_C 具有时间的量纲，且 τ_C 愈大，u_C 变化愈慢；反之，u_C 变化愈快。因此，τ_C 表征了过渡过程持续的时间，称为 RC 电路的时间常数。当 R 和 C 的单位分别为 Ω 和 F 时，τ_C 的单位为 s。

由式(4-7)可知，当 $t=\tau_C$ 时，电容电压为

$$u_C = U_S e^{-\frac{t}{\tau_C}} = U_S e^{-1} = 0.368U_S = 0.368u_C(0_+)$$

因此 τ_C 的值实际上是电容电压衰减到初始值的 0.368 倍时所需要的时间。表 4-1 给出了其余各时刻 u_C 的值。

由式(4-7)还可以看出，理论上需经过 $t\to\infty$ 的时间后放电过程才能结束，电路达到新的稳态。而由表 4-1 可知，经过 $5\tau_C$ 后，u_C 已下降到初始值的 0.7%，因此，工程上一般认为经过 $(4\sim5)\tau_C$ 的时间，过渡过程已基本结束。

表 4-1 电容器放电后端电压随时间下降

t	0	τ_C	$2\tau_C$	$3\tau_C$	$4\tau_C$	$5\tau_C$	$6\tau_C$
u_C	U	$0.368U$	$0.135U$	$0.050U$	$0.018U$	$0.007U$	$0.002U$

时间常数 τ_C 分别与电容 C 以及电阻 R 成正比，这是因为在一定的初始电压下，C 愈大，储存的电荷愈多，放电所需的时间就愈长。而 R 愈大，放电电流愈小，放电所需要的时间

也愈长。因此，改变 R 或 C，即改变电路的时间常数，也就改变了电容放电的速度。

例 4-4 在图 4-9a 所示电路中，开关 S 原置于"1"位，电路处于稳态。$t=0$ 时将开关 S 换到"2"。已知 $U_S=10V$，$R=1\Omega$，$R_1=R_2=2\Omega$，$C=5\mu F$。试求暂态时电容电压 u_C 和电流 i_C。

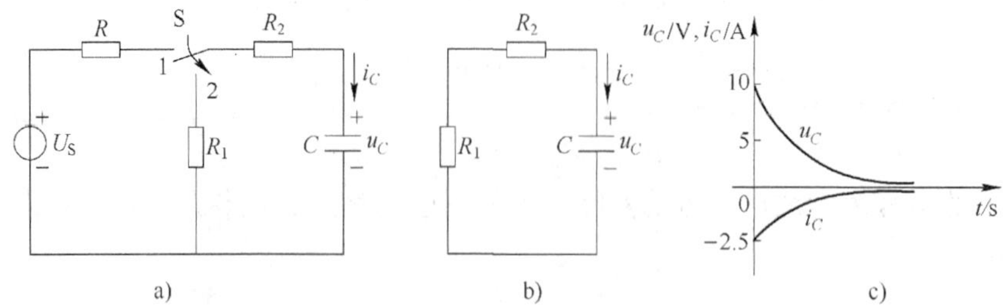

图 4-9 例 4-4 图

解： 此动态电路为 RC 电路的零输入响应。

图 4-9a 换路前电路已处于稳态，电容相当于开路，则

$$u_C(0_-) = U_S = 10V$$

$t=0$ 时，由换路定律可得

$$u_C(0_+) = u_C(0_-) = 10V$$

换路后电容经电阻 R_1、R_2 放电，如图 4-9b 所示，则电路的时间常数

$$\tau = RC = (R_1+R_2)C = (2+2)\times5\times10^{-6}s = 2\times10^{-5}s$$

由 RC 电路零输入响应公式即式(4-3)和(4-4)可得

$$u_C = U_S e^{-\frac{t}{\tau_C}} = 10e^{-\frac{t}{2\times10^{-5}}}V = 10e^{-5\times10^4 t}V$$

$$i_C = C\frac{du_C}{dt} = -\frac{U_S}{R_1+R_2}e^{-\frac{t}{\tau_C}} = -\frac{10}{2+2}e^{-5\times10^4 t}A = -2.5e^{-5\times10^4 t}A$$

波形图如图 4-9c 所示。

4.2.2 *RL* 电路的零输入响应

图 4-10 所示为 RL 串联电路。换路前，开关 S 置于"1"位，电感相当于短路，其电流 $i(0_-)=I_0=\dfrac{U_S}{R}$。在 $t=0$ 时将开关合到"2"，使电路脱离电源，RL 被短路。此时，电感 L 的能量便通过 R 逐步释放，直到 $i_L=0$，过渡过程结束。在放电回路中，由 KVL 得

$$u_R + u_L = 0$$

将 $u_R=Ri$ 和 $u_L=L\dfrac{di}{dt}$ 代入上式得

$$\frac{L}{R}\frac{di}{dt} + i = 0 \tag{4-8}$$

式(4-8)为一阶线性常系数齐次微分方程，解此方程，代入初始条件可得

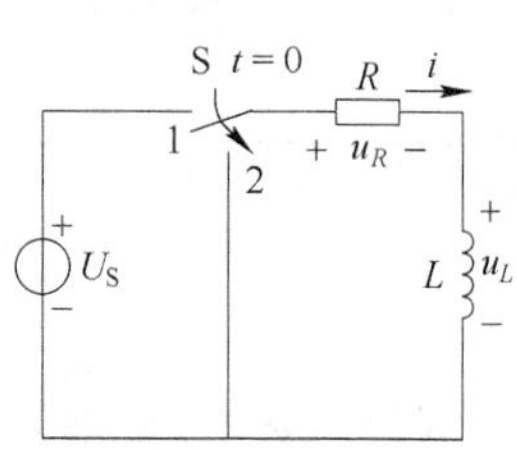

图 4-10 *RL* 电路的短接

$$i = I_0 e^{-\frac{R}{L}t} = \frac{U_S}{R} e^{-\frac{t}{\tau_L}} \tag{4-9}$$

式中，令

$$\tau_L = \frac{L}{R} \tag{4-10}$$

τ_L 也具有时间的量纲，其意义与 $\tau = RC$ 相同，称为 RL 电路的时间常数。由于 τ_L 正比于 L，反比于 R，故改变电路的 R 或 L 值，都可以改变过渡过程的速度。与 RC 电路相似，工程上认为经过 $(4\sim5)\tau_L$ 的时间，过渡过程已基本结束。

由式(4-9)可以分别求出 u_L、u_R 为

$$u_L = L\frac{di}{dt} = -U_S e^{-\frac{t}{\tau_L}} \tag{4-11}$$

$$u_R = R \cdot i = U_S e^{-\frac{t}{\tau_L}} \tag{4-12}$$

图 4-11 分别为 i、u_L 和 u_R 随时间变化的曲线。u_L 为负值表示此时电感电压的实际极性与参考极性相反。

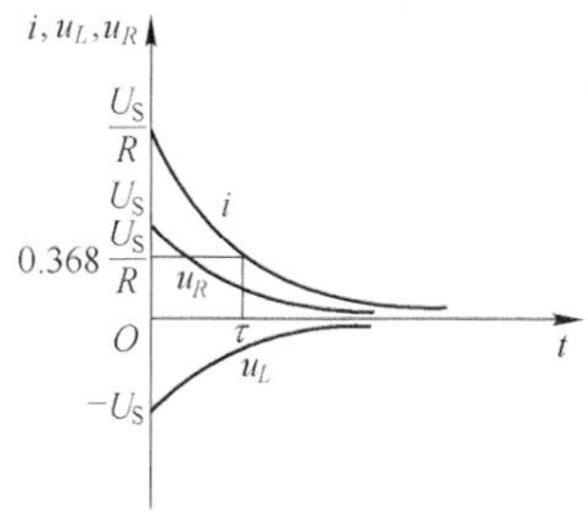

图 4-11 i、u_L 和 u_R 的变化曲线

例 4-5 在图 4-12a 所示测量电路中，换路前，电流表的读数为 4A，电压表的读数为 10V。已知电流表的内阻为 $R_A = 0.05\Omega$，电压表的内阻为 $R_V = 10k\Omega$，电感 $L = 5H$。若开关 S 在 $t = 0$ 打开，求：

(1) $i_L(0_+)$；

(2) $i_L(t)$ 的表达式，并画出其波形；

(3) 电压表上的电压 $U_V(0_+)$；

(4) $u_V(t)$ 的表达式，并画出其波形。

解： 图 4-12a 所示电路的动态过程为 RL 电路零输入响应。

(1) 根据换路定律

$$i_L(0_+) = i_L(0_-) = 4A$$

(2) 由 $u_V(0_-) = 10V$，得

$$R_L = \frac{10V}{4A} = 2.5\Omega$$

画 $t = 0_+$ 时的等效电路如图 4-12b 所示，此时电路的时间常数为

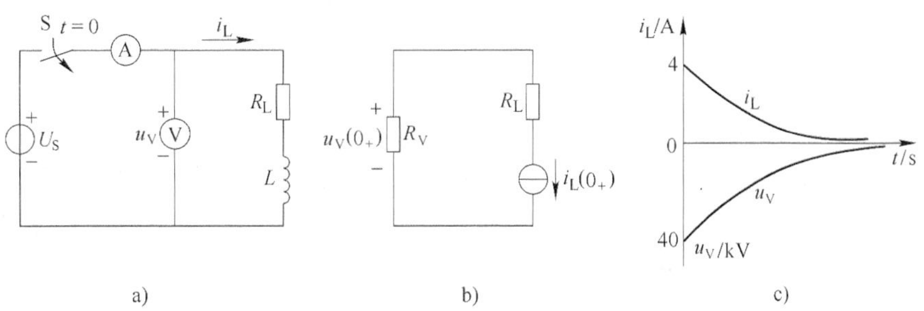

图 4-12 例 4-5 图

$$\tau_L = \frac{L}{R_L + R_V} = \frac{5}{2.5 + 10^4}\text{s} \approx 5 \times 10^{-4}\text{s}$$

据 *RL* 电路式(4-9)零输入响应公式得

$$i_L = i_L(0_+)\text{e}^{-\frac{t}{\tau_L}} = 4\text{e}^{-2\times10^3 t}\text{A}$$

其波形如图 4-12c 中 i_L 所示。

（3）由图 4-12b 得

$$u_V(0_+) = -R_V i_L(0_+) = -10^4\Omega \times 4\text{A} = -40\text{kV}$$

（4）据 i_L 可得 $u_V(t)$

$$u_V(t) = -R_V i_L = -10^4 \times 4\text{e}^{-2\times10^3 t}\text{V} = -4 \times 10^4\text{e}^{-2\times10^3 t}\text{V}$$

其波形如图 4-12c 中 u_V 所示。

由以上计算可见，在换路瞬间电压表的电压从 10V 突变到 40kV，这会造成电压表烧坏，因此，在这种情况下，应先拆除电压表，然后再断开电路。除此之外，电感两端产生的高压还会击穿开关的两个触头之间的空气，产生火花放电，烧坏开关触头；或者击穿线圈本身的绝缘层，使线圈匝间短路而损坏。所以在实际应用中需采取保护措施，例如采用防护罩，或增加保护环节等。

4.3 一阶电路的零状态响应

4.3.1 *RC* 电路的零状态响应

RC 电路的零状态响应，是指 *RC* 电路中的电容初始电压为零时，接通电源后电路中的电压、电流随时间的变化规律。这一过程是电容元件的充电过程。

在图 4-13 所示的 *RC* 串联电路中，若初始条件为零，则换路后，电源对电容充电。在充电电路中，由 KVL 得

$$u_R + u_C = U_S$$

将 $u_R = Ri$，$i = C\frac{\text{d}u_C}{\text{d}t}$代入上式得

$$RC\frac{\text{d}u_C}{\text{d}t} + u_C = U_S \tag{4-13}$$

式(4-13)为一阶常系数线性非齐次微分方程，解此方程，代入初始条件可得

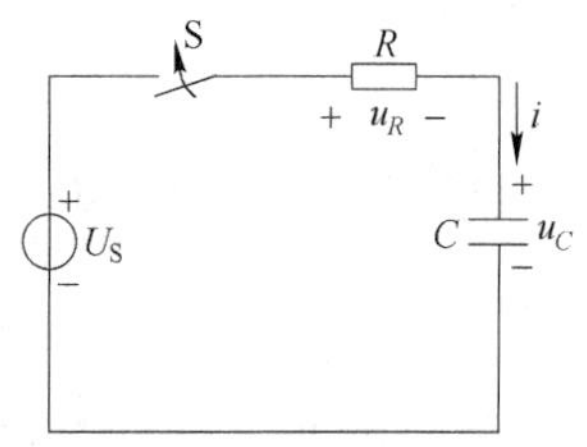

图 4-13　*RC* 充电电路

$$u_C = U_S - U_S\text{e}^{-\frac{t}{\tau_C}} = U_S(1 - \text{e}^{-\frac{t}{\tau_C}}) \tag{4-14}$$

u_C 随时间的变化曲线如图 4-14 所示。可见，u_C 从零初始值开始，随时间按指数规律逐渐增长，直至稳态值 U_S，充电过程结束。式中，$\tau_C = RC$ 为充电回路的时间常数，其值等于电路电压上升到 $0.63U_S$ 时所经历的时间。在充电过程中，u_C 增长的快慢和 τ_C 有关。

RC 电路的充电过程中，充电电流和电阻上的电压分别为

$$i = C\frac{\text{d}u_C}{\text{d}t} = \frac{U_S}{R}\text{e}^{-\frac{t}{\tau_C}} \tag{4-15}$$

$$u_R = R \cdot i = U_S e^{-\frac{t}{\tau_C}} \tag{4-16}$$

图 4-15 所示为 i、u_R 随时间变化的曲线。

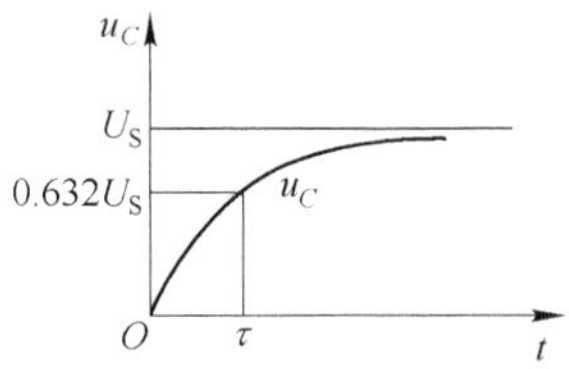

图 4-14 充电时 u_C 的变化曲线

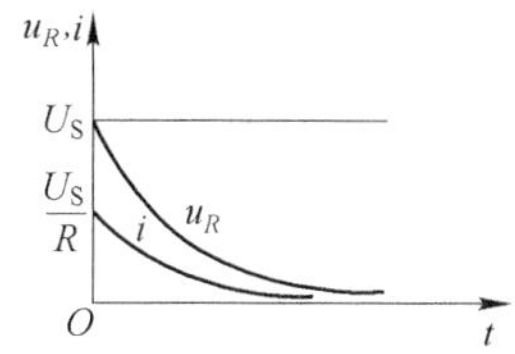

图 4-15 i、u_R 的变化曲线

例 4-6 图 4-16a 所示电路原处于稳态，已知 $U_S=6V$，$R_1=R_2=R_3=10k\Omega$，$C=20\mu F$，在 $t=0$ 时开关 S 闭合。试求闭合后动态过程中的电容电压 u_C。

解：此动态电路为 RC 电路的零状态响应。

换路后电容 C 的等效充电电阻为

$$R = R_1 + \frac{R_2R_3}{R_2+R_3}$$
$$= 10k\Omega + \frac{10\times10}{10+10}k\Omega$$
$$= 15k\Omega$$

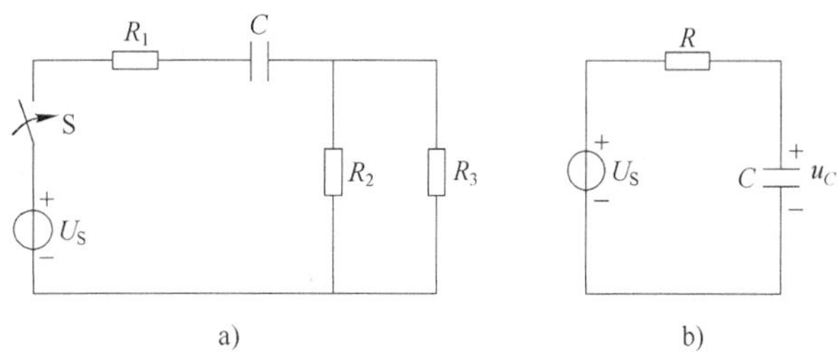

图 4-16 例 4-6 图

由等效电路图 4-16b 可得，电路的时间常数为

$$\tau_C = RC = 15\times10^3\times20\times10^{-6}s = 0.3s$$

据式(4-14)RC 电路零状态响应公式得

$$u_C = U_S(1-e^{-\frac{t}{\tau_C}}) = 6(1-e^{-\frac{t}{0.3}})V = 6(1-e^{-3.33t})V$$

4.3.2 *RL* 电路的零状态响应

在图 4-17 所示的 RL 串联电路中，电流 $i(0_-)=0$，换路后电路与直流电源接通，电感便获取电源能量，建立磁场并产生感应电压。由 KVL 得

$$u_R + u_L = U_S$$

将 $u_R=Ri$ 和 $u_L=L\frac{di}{dt}$代入上式得

$$\frac{L}{R}\frac{di}{dt} + i = \frac{U_S}{R} \tag{4-17}$$

式(4-17)为一阶常系数线性非齐次微分方程，解此方程，代入初始条件可得

$$i = \frac{U_S}{R}(1-e^{-\frac{t}{\tau_L}}) \tag{4-18}$$

由式(4-18)可以分别求出 u_L、u_R 为

$$u_L = L\frac{di}{dt} = U_S e^{-\frac{t}{\tau_L}} \tag{4-19}$$

$$u_R = R \cdot i = U_S(1 - e^{-\frac{t}{\tau_L}}) \tag{4-20}$$

图 4-18 所示为 i、u_L、u_R 随时间变化的曲线。

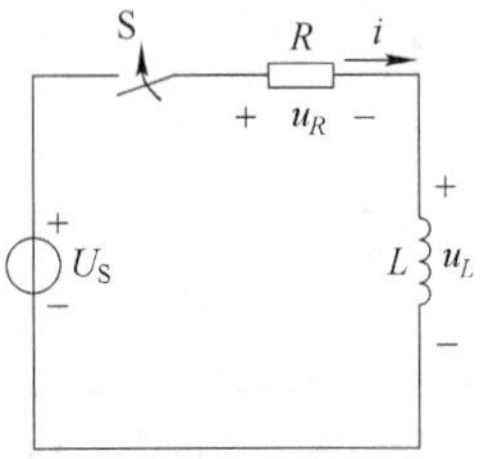

图 4-17　*RL* 与直流电源接通

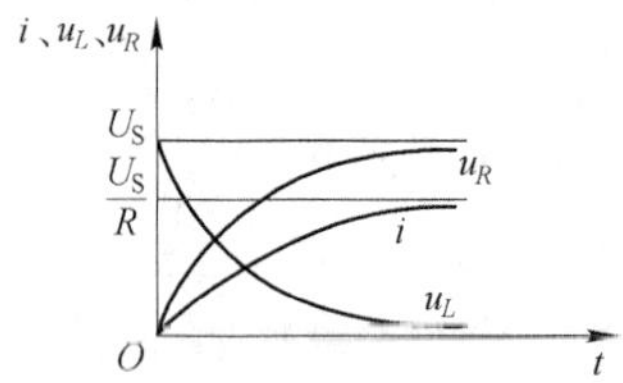

图 4-18　i、u_L、u_R 的曲线

例 4-7　图 4-19 所示电路为一直流发电机电路简图，已知励磁电阻 $R = 20\Omega$，励磁电感 $L = 20\text{H}$，外加电压为 $U_S = 200\text{V}$，试求：

（1）当 S 闭合后，励磁电流的变化规律和达到稳态值所需的时间；

（2）如果将电源电压提高到 250V，求励磁电流达到额定值的时间。

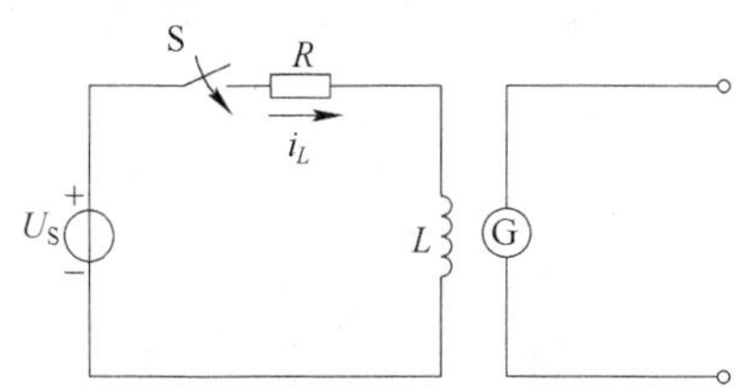

图 4-19　例 4-7 图

解： 此电路为 *RL* 电路零状态响应，时间常数：

$$\tau = \frac{L}{R} = \frac{20\text{H}}{20\Omega} = 1\text{s}$$

据式(4-18)可得励磁电流：

$$i_L = \frac{U_S}{R}(1 - e^{-\frac{t}{\tau_L}}) = \frac{200}{20}(1 - e^{-t})\text{A} = 10(1 - e^{-t})\text{A}$$

与 *RC* 电路相似，工程上认为经过$(4 \sim 5)\tau_L$ 的时间，过渡过程已基本结束。所以，励磁电流达到稳态所需时间为

$$t = 5\tau = 5\text{s}$$

当电源电压提高到 250V，励磁电流达到额定值的时间与上面同。

4.4　一阶电路的全响应及三要素法

4.4.1　一阶电路的全响应

前面分析了 *RC*、*RL* 电路的零输入响应和零状态响应，由于电路中分别只含有一个储能元件（*C* 或 *L*），在直流电源作用下，其电路方程均为一阶线性微分方程，故称为一阶电路。

由电路的初始储能和外加激励共同作用下，电路产生的响应称为一阶电路的全响应。

1. *RC* 电路的全响应

在图 4-13 所示电路中，设开关 S 闭合前电容器已充电至 U_0，则有

$$u_C(0_+) = u_C(0_-) = U_0$$

解此电路微分方程 $u_R + u_C = U_S$ 的解，即全响应为

$$u_C = U_S + (U_0 - U_S)e^{-\frac{t}{\tau_C}} \tag{4-21}$$

式(4-21)是初始条件不为零同时又有电源作用下电容电压 u_C 随时间的变化规律。u_C 由两部分组成，其中第一项为电路的稳态分量，第二项为电路的暂态分量，即

全响应 = 稳态分量 + 暂态分量

另一方面，若将式(4-21)改写为

$$u_C = U_0 e^{-\frac{t}{\tau_C}} + U_S(1 - e^{-\frac{t}{\tau_C}}) \tag{4-22}$$

式(4-22)与(4-3)和(4-14)比较可以看出，第一项是零输入响应，第二项则是零状态响应。即

全响应 = 零输入响应 + 零状态响应

这是一个重要的概念，即初始条件不为零且又有电源作用，电路的过渡过程可以视为零输入和零状态两个响应的叠加。

2. *RL* 电路的全响应

在图 4-24 所示中，若开关 S 闭合前电感 L 中原有电流为 I_0，即初始值不为零，则

$$i_L(0_+) = i_L(0_-) = I_0$$

解此电路微分方程 $u_R + u_L = U_S$ 的解，即全响应为

$$i_L = \frac{U_S}{R} + \left(I_0 - \frac{U_S}{R}\right)e^{-\frac{t}{\tau_L}}$$

i_L 中的前一项为稳态分量，后一项为暂态分量，也可写成

$$i_L = I_0 e^{-\frac{t}{\tau_L}} + \frac{U_S}{R}(1 - e^{-\frac{t}{\tau_L}})$$

则全响应也可视为零输入响应和零状态响应的叠加。

4.4.2 一阶电路的三要素法

在一阶电路的过渡过程中，各处的电压、电流都从初始值开始，按指数规律逐渐增加或逐渐衰减并到达稳态，其增大或衰减的速度由电路的时间常数决定。因此，只要确定了初始值、稳态值和时间常数，就能写出其动态过程的解，此即为一阶电路的三要素法。

若一阶电路的过渡过程中的电压、电流用 $f(t)$ 来表示，初始值、稳态值和时间常数分别用 $f(0_+)$、$f(\infty)$ 和 τ 表示，则一阶电路过渡过程的解的形式为

$$f(t) = f(\infty) + [f(0_+) - f(\infty)]e^{-\frac{t}{\tau}} \tag{4-23}$$

解题时，应分别求出三个要素，然后写出电路的总响应。步骤如下：

1）求初始值 $f(0_+)$。据换路定则来求。

2）求稳态值 $f(\infty)$，可由换路后 $t\to\infty$ 时刻的等效电路来求出。在直流稳态电路中，电容相当于开路，电感相当于短路。各支路及各元件电流、电压的稳态值，可由电路的基本定律确定。

3）求时间常数 τ，对于 RC 电路，$\tau = RC$；对于 RL 电路，$\tau = \frac{L}{R}$，这里的 R 是指一阶电路换路后，在电源不作用情况下，C 或 L 两端的等效电阻，可用戴维南定理计算含源二端网络内部等效电阻的方法来计算。

例 4-8 在图 4-20 所示的电路中，当 $t=0$ 时开关 S 闭合。若换路前电容没有储能。试用

三要素法求 $u_C(t)$ 和 $i(t)$。

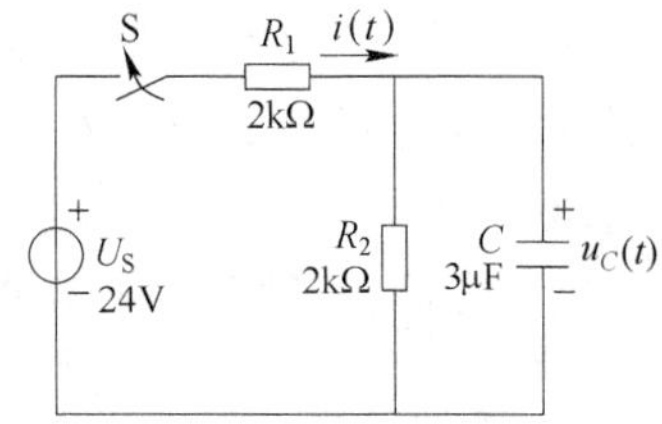

图 4-20　例 4-8 图(一)

解： 此电路为 RC 电路的全响应。

(1) 求初始值 $u_C(0_+)$ 和 $i(0_+)$：

由换路定律得 $u_C(0_+)=u_C(0_-)=0$

画 $t=0_+$ 时的等效电路如图 4-21a 所示，则

$$i(0_+)=\frac{U_S}{R_1}=\frac{24\text{V}}{2\text{k}\Omega}=12\text{mA}$$

(2) 求稳态值 $u_C(\infty)$ 和 $i(\infty)$：

画出 $t\to\infty$ 时的等效电路如图 4-21b 所示，则有

$$u_C(\infty)=\frac{R_2}{R_1+R_2}U_S=\frac{2\Omega}{2\Omega+2\Omega}\times 24\text{V}=12\text{V}$$

$$i(\infty)=\frac{U_S}{R_1+R_2}=\frac{24\text{V}}{2\text{k}\Omega+2\text{k}\Omega}=6\text{mA}$$

(3) 求时间常数 τ。画出求 R 的等效电路如图 4-21c 所示，则有

$$R=\frac{R_1R_2}{R_1+R_2}=\frac{2\text{k}\Omega\times 2\text{k}\Omega}{2\text{k}\Omega+2\text{k}\Omega}=1\text{k}\Omega$$

$$\tau=RC=1\times 10^3\times 3\times 10^{-6}\text{s}=3\text{ms}$$

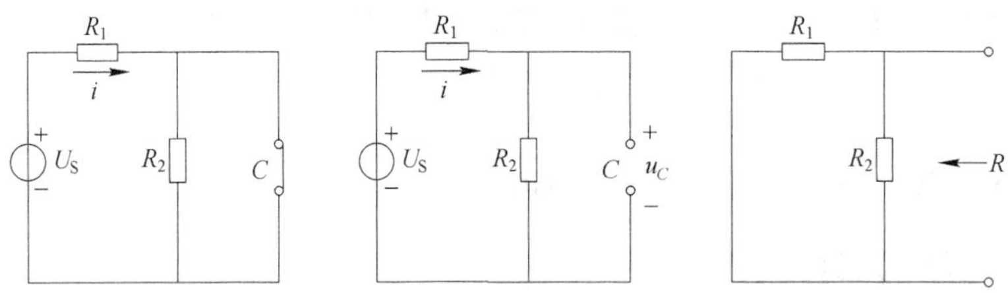

a) $t=0_+$　　b) $t=\infty$　　c) 求 R 的等效电路

图 4-21　例 4-8 图(二)

(4) 求电容电压 $u_C(t)$ 和电流 $i(t)$：

采用三要素法，得

$$u_C(t)=u_C(\infty)+[u_C(0_+)-u_C(\infty)]e^{-\frac{t}{\tau}}=(12-12e^{-\frac{1}{3}\times 10^3 t})\text{V}$$

$$i(t)=i(\infty)+[i(0_+)-i(\infty)]e^{-\frac{t}{\tau}}=(6+6e^{-\frac{1}{3}\times 10^3 t})\text{mA}$$

例 4-9　在图 4-22 所示的电路中，$R_1=R_2=R_3=2\Omega$，$C=1.5\text{F}$，$U_S=6\text{V}$。电路处于稳态，$t=0$ 时开关 S 由“1”合向“2”。试用三要素法求 $u_{R_2}(t)$。

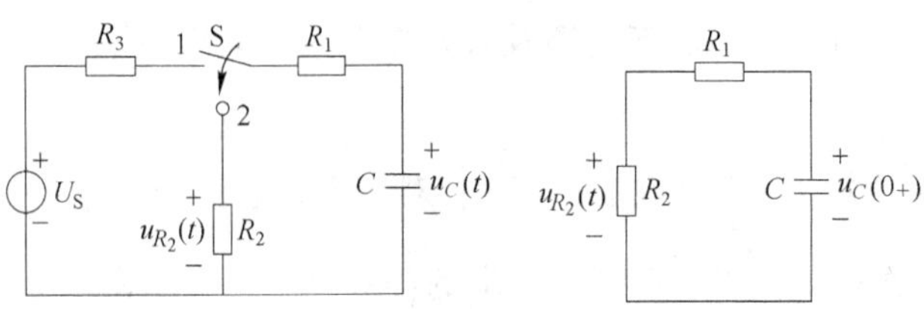

a)　　b)

图 4-22　例 4-9 图

解：$u_C(0_+)=u_C(0_-)=6\text{V}$

$$u_{R_2}(0_+)=\frac{R_2}{R_1+R_2}u_C(0_+)=\frac{2\Omega}{2\Omega+2\Omega}6\text{V}=3\text{V}$$

$$u_{R_2}=(\infty)=0\text{V}$$

$$\tau=(R_1+R_2)C=(2+2)\times1.5\text{s}=6\text{s}$$

$$u_{R_2}(t)=u_{R_2}(0_+)\text{e}^{-\frac{t}{\tau}}=3\text{e}^{-\frac{t}{6}}\text{V}$$

例 4-10 图 4-23a 所示电路，开关 S 在 $t=0$ 时由位置“1”合向“2”，换路前，电路已稳定。试求换路后的 $i_L(t)$ 和 $i(t)$。

解：(1) 求初始值 $i_L(0_+)$ 和 $i(0_+)$：

由换路前稳定电路和换路定律可求得

$$i_L(0_+)=i_L(0_-)=-\frac{3}{1+\frac{1\times2}{1+2}}\times\frac{2}{1+2}\text{A}=-1.2\text{A}$$

画 $t=0_+$ 时的等效电路如图 4-23b 所示，由 KVL 得

$$1\Omega\times i(0_+)+2\Omega\times[i(0_+)-i_L(0_+)]=3\text{V}$$

$$i(0_+)=0.2\text{A}$$

(2) 求稳态值 $i_L(\infty)$ 和 $i(\infty)$：

画出 $t=\infty$ 时的等效电路如图 4-23c 所示，则有

$$i(\infty)=\frac{3}{1+\frac{2\times1}{2+1}}\text{A}=1.8\text{A}$$

$$i_L(\infty)=1.8\times\frac{2}{2+1}\text{A}=1.2\text{A}$$

(3) 求时间常数 τ：

$$\tau=\frac{L}{R}=\frac{3}{1+\frac{2\times1}{2+1}}\text{s}=1.8\text{s}$$

(4) 求 $i_L(t)$ 和 $i(t)$：

$$i_L(t)=i_L(\infty)+[i_L(0_+)-i_L(\infty)]\text{e}^{-\frac{t}{\tau}}=1.2\text{A}+(-1.2-1.2)\text{e}^{-\frac{t}{1.8}}\text{A}$$
$$=(1.2-2.4\text{e}^{-0.56t})\text{A}$$

$$i(t)=i(\infty)+[i(0_+)-i(\infty)]\text{e}^{-\frac{t}{\tau}}=1.8\text{A}+(0.2-1.8)\text{e}^{-\frac{t}{1.8}}\text{A}$$
$$=(1.8-1.6\text{e}^{-0.56t})\text{A}$$

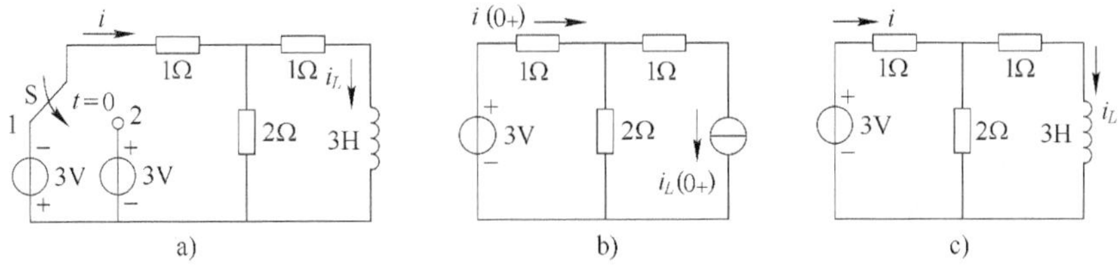

图 4-23 例 4-10 图

前面已讨论了在直流电源作用下的一阶电路的全响应。如果激励是正弦交流，其分析方法与前面基本相同。由于激励是时间的函数，所以电路中的电压或电流的新稳态值仍然是时间的函数。所以一阶电路接通交流电压的全响应为

$$f(t)=f'(t)+[f(0_+)-f'(0_+)]e^{-\frac{t}{\tau}} \tag{4-24}$$

式(4-24)中的要素为：稳态分量$f'(t)$、初始值$f(0_+)$和$f'(0_+)$以及时间常数τ。

项目小结

1. 电路的过渡过程

含有储能元件(L、C)的电路，从一种稳定状态变换到另一种稳定状态需要一段时间，这个过程是电路的过渡过程。处于过渡过程的电路称为动态电路。

2. 换路定律

换路瞬间，电容元件上的电压不能突变，即：$u_C(0_+)=u_C(0_-)$；电感元件上的电流不能突变，即：$i_L(0_+)=i_L(0_-)$，这两个公式称为换路定律。换路定律可以用来确定电路的初始值。

3. 本项目主要分析三种一阶动态电路

(1) 零状态响应，指储能元件初值为零，然后充电的过渡过程。

(2) 零输入响应，是指储能元件有初值，然后放电的过渡过程。

(3) 全响应是指储能元件在换路中从一种初值变化到另一种初值的过渡过程。

无论是哪种动态电路，都可以利用电感L、电容C上的微分关系，即：$i_C=C\frac{du_C}{dt}$，$u_L=L\frac{di}{dt}$，建立KCL、KVL方程求解。

4. 一阶动态电路的求解也可以用三要素法

$$f(t)=f(\infty)+[f(0_+)-f(\infty)]e^{-\frac{t}{\tau}}$$

其中，$f(t)$表示过渡过程中的电压、电流，$f(0_+)$、$f(\infty)$和τ表示其初始值、稳态值和时间常数。

项目任务实施

任务一　观察与分析含R、L、C元件的电路在零状态响应和零输入响应时的不同现象

场地：机房或多媒体教室。

器材：计算机、EWB仿真软件。

资讯：4.1 过渡过程的基本概念。

观察含R、L、C元件电路在充电、放电时的不同现象，理解R、L、C元件的不同性能。

1) 在EWB中搭建图4-24所示电路，设置好元件性能与参数。

2）按下仿真开关，闭合开关 S，观察含电阻、电感、电容元件电路在零状态响应时的灯泡点亮的快慢；观察电流表读数的变化；观察灯泡亮度的变化等，且分析造成的原因。

3）在上述仿真状态下，断开开关 S，观察含电阻、电感、电容元件电路的灯泡熄灭的快慢；观察电流表读数的变化等，且分析造成的原因。

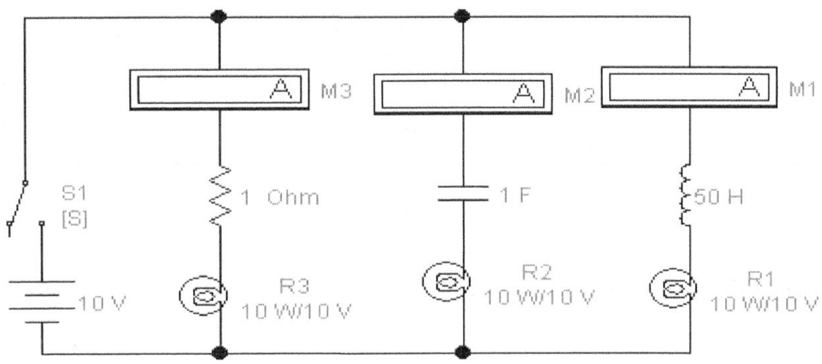

图 4-24　R、L、C 元件在相同电压作用下的不同表现

任务二　研究 *RC* 电路在零状态响应和零输入响应时电容器电压 u_C 的变化规律与时间常数

场地： 机房或多媒体教室。

器材： 计算机、EWB 仿真软件。

资讯： 4.2 一阶电路的零输入响应；4.3 一阶电路的零状态响应。

1）在 EWB 中搭建图 4-25 所示电路，设置好元件性能与参数，信号源设置如图 4-26 所示。

2）按下仿真开关，闭合开关 S，观察电容元件上的电压在零状态响应时、零输入响应时波形变化情况，探索 $u_C(t)$ 变化规律；

3）测量电容电压 u_C 波形从 0 上升到稳定值 U_S 的 0.632 倍经过的时间，估计 *RC* 电路的时间常数；且与公式计算值($\tau = RC$)比较，计算仿真测量的误差。波形图如图 4-27 所示。

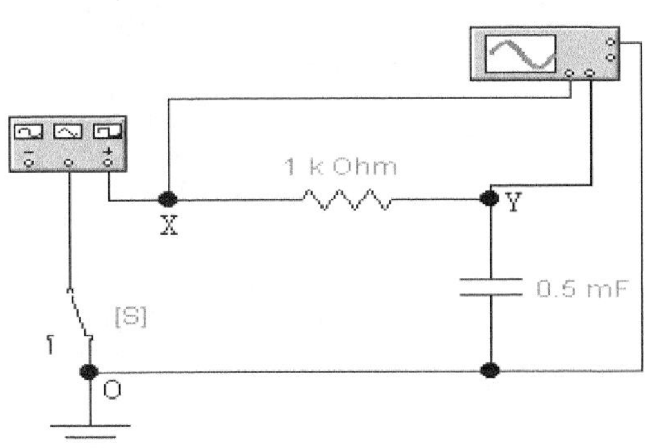

图 4-25　电容器充电、放电电压 u_C 测量电路

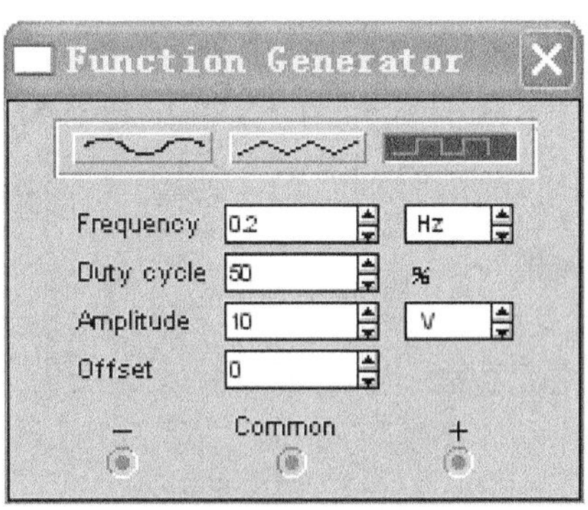

图 4-26　电路(XO 间)输入电压设置

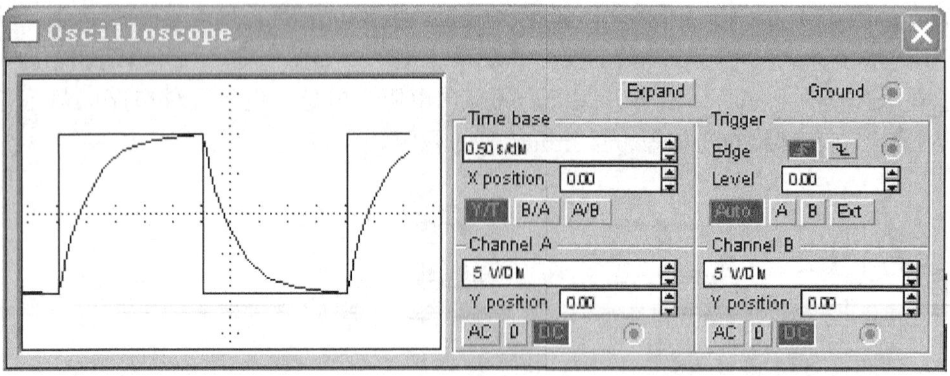

图 4-27 电容器充、放电电压(YO 间端电压)u_C 在示波器上波形图

任务三 研究 *RL* 电路在零状态响应和零输入响应时电感线圈上电压 u_L 的变化规律与时间常数

场地： 机房或多媒体教室。

器材： 计算机、EWB 仿真软件。

资讯： 4.2 一阶电路的零输入响应；4.3 一阶电路的零状态响应。

1）在 EWB 中搭建图 4-28 所示电路，设置好元件性能与参数，信号源设置如图 4-29 所示；

2）按下仿真开关，同时闭合开关 S，观察电感线圈上的电压 u_L 在零状态响应时和零输入响应时波形变化情况，探索 $u_L(t)$ 变化规律；

3）测量电感线圈电压 u_L 波形从电源输入值 U_S 下降到其 0.368 倍经过的时间，估计 *RL* 电路的时间常数；且与公式计算值($\tau = L/R$)比较，计算仿真测量的误差。**注意：** 要测量 XO 间输入第一个电压方波时 u_L 波形。

4）观察图 4-30 中第二、三个充放电 u_L 波形，可以发现 u_L 的初始值超过电源输入电压值 U_S，解释原因。

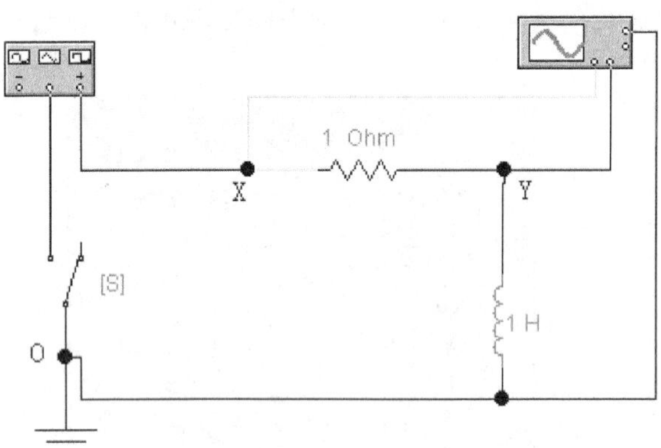

图 4-28 电感线圈充电、放电电压 u_L 测量电路

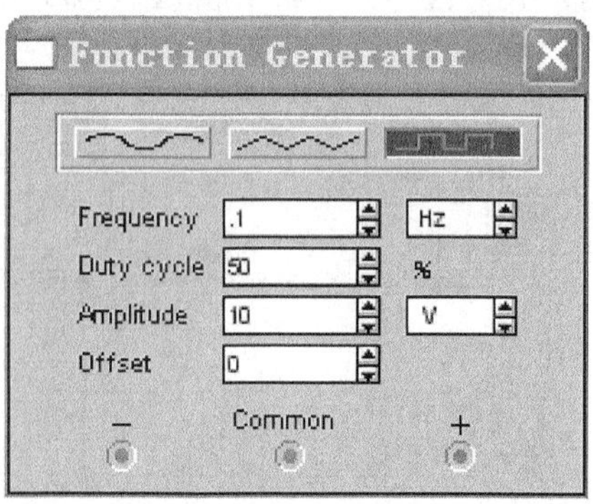

图 4-29 电路(XO 间)输入电压设置

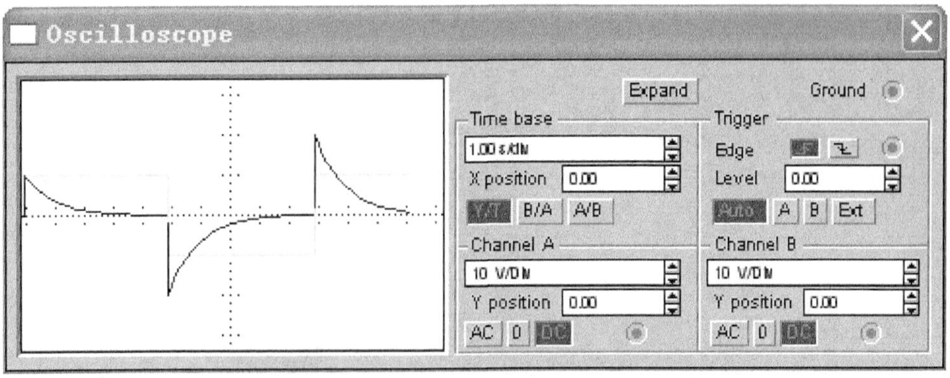

图 4-30 电感线圈充、放电电压(YO 间端电压)u_L 在示波器上波形图

思考与习题

4-1 何谓电路的过渡过程？是否任何电路发生换路时都会产生过渡过程？

4-2 何谓换路定律？由换路定律求换路瞬时初始值时，电感和电容有时可视为开路或短路，有时又可视为电压源或电流源，试说明这样处理的条件。

4-3 在图 4-31 所示电路中，开关 S 在 $t=0$ 时动作，试分析电路在 $t=0_+$ 时刻电容元件上电压、电流的初始值。

4-4 在图 4-32 所示电路中，开关 S 在 $t=0$ 时动作，试分析电路在 $t=0_+$ 时刻电感元件上电压、电流的初始值。

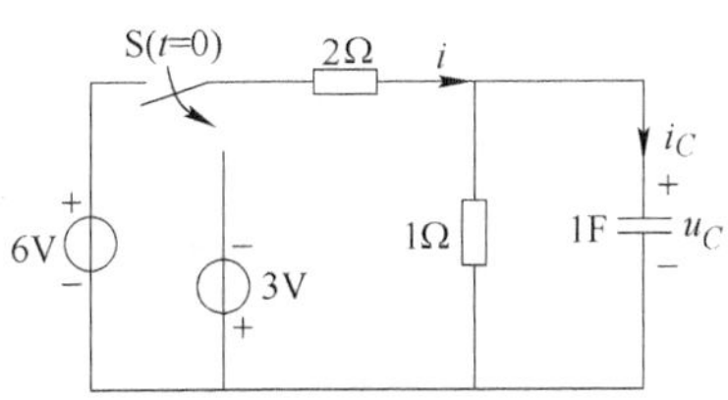

图 4-31 题 4-3 图

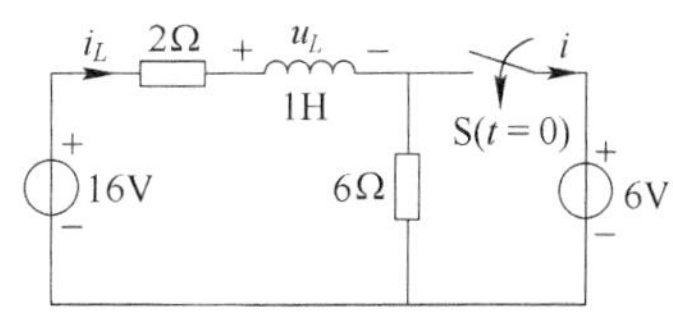

图 4-32 题 4-4 图

4-5 在图 4-33 所示电路，换路前已处于稳态。$t=0$ 时换路，求初始值 $i(0_+)$、$u(0_+)$、$u_C(0_+)$和 $i_C(0_+)$。

4-6 在图 4-34 所示电路中，求 $t \geqslant 0$ 时的 u_C 和 i。

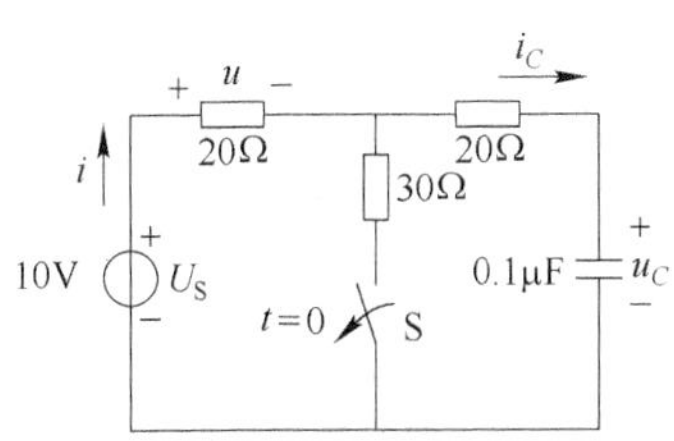

图 4-33 题 4-5 图

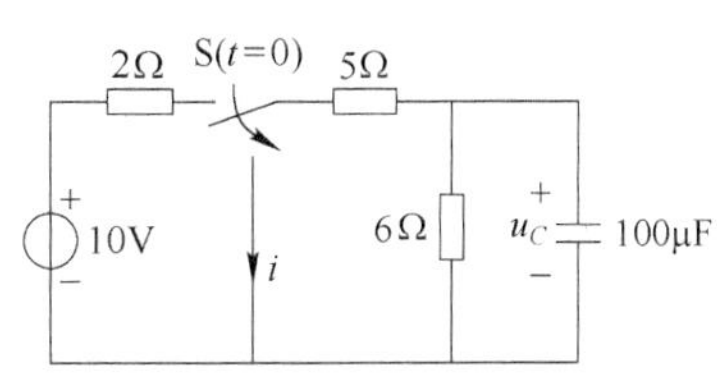

图 4-34 题 4-6 图

4-7 在图 4-35 所示电路中，$t=0$ 时换路，求 $t \geqslant 0$ 时的 i_L 及 u_L。

4-8 在图 4-36 电路中，$U_S=10V$，$R_1=2k\Omega$，$R_2=3k\Omega$，$C=1\mu F$，电路原处于稳态，在 $t=0$ 时换路，求 u_C、i_C 和 u_{R_1}。

4-9 在图 4-37 所示电路中，开关 S 在 $t=0$ 时闭合，已知 $i_L(0_-)=0$，求 S 闭合后的 $i_L(t)$和 $u_L(t)$。

4-10 在图 4-38 所示电路中，$U_S=6V$，$R_1=R_2=6k\Omega$，$L=2mH$，电路原处于稳态，$t=0$ 时换路，求 i_L。

4-11 求图 4-39 所示电路的时间常数。

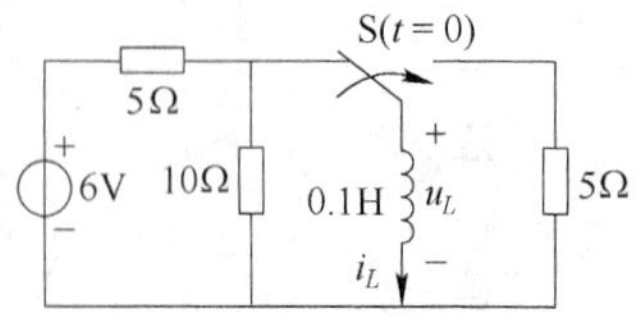

图 4-35　题 4-7 图

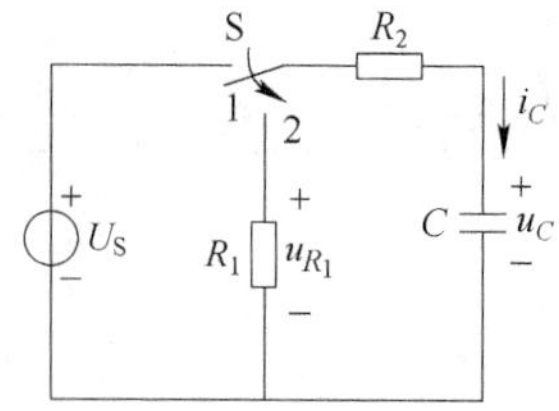

图 4-36　题 4-8 图

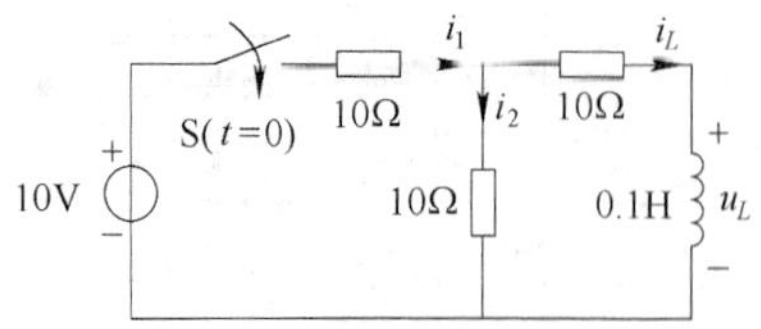

图 4-37　题 4-9 图

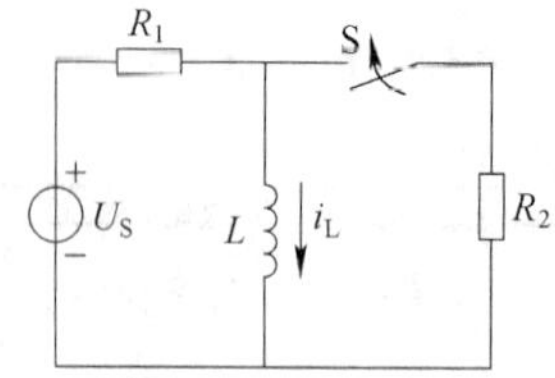

图 4-38　题 4-10 图

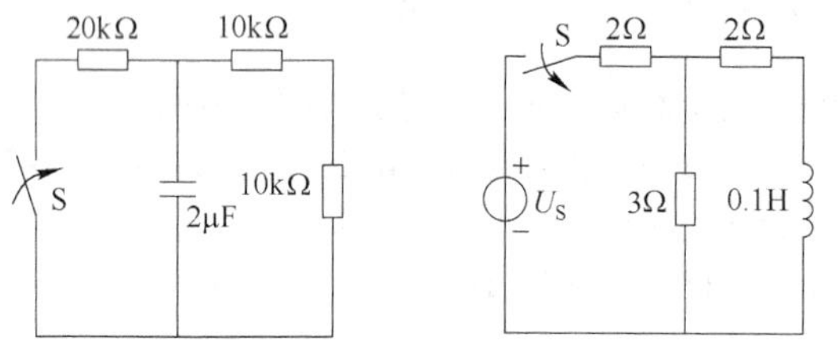

a)　　b)

图 4-39　题 4-11 图

4-12　某电路的电流为 $i_L(t)=(10+2e^{-10t})$A，试问它的三要素各为多少？

4-13　如图 4-40 所示电路原先已稳定，在 $t=0$ 时开关 S 闭合，试用三要素法求 $u_C(t)$。已知：$U_S=18V$，$R_1=3\Omega$，$R_2=2\Omega$，$R_3=6\Omega$，$C=1F$。

4-14　在图 4-41 所示的电路中，电容事先未充电，已知 $U_S=12V$，$R_1=6\Omega$，$R_2=3\Omega$，$C=1F$，试用三要素法求 u_C 和 i_C。

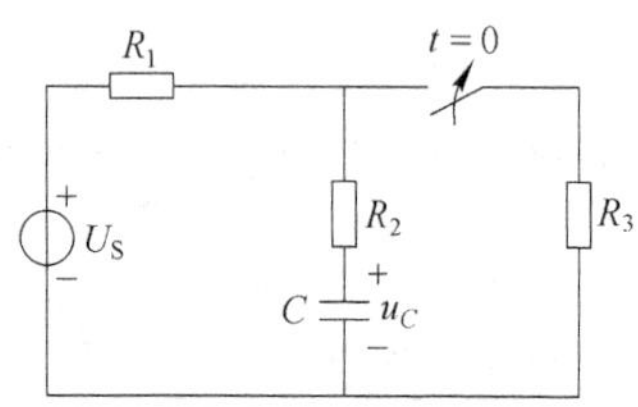

图 4-40　题 4-13 图

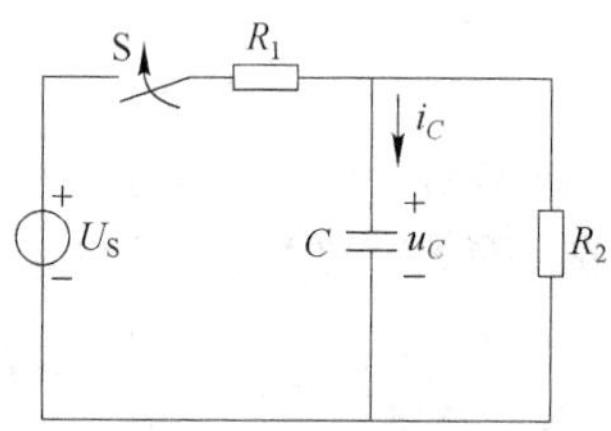

图 4-41　题 4-14 图

4-15　在图 4-42 所示的电路中，开关 S 闭合前电容已充有电压 $u_C(0_-)=U_0=4V$，已知 $U_S=12V$，$R=1\Omega$，$C=5\mu F$，试用三要素法求开关 S 闭合后 u_C 和 i_C，并绘出曲线。

4-16　电路如图 4-43 所示，$t=0$ 时开关 S_1 打开，S_2 闭合，换路前电路处于稳态，用三要素法求 $u(t)$。

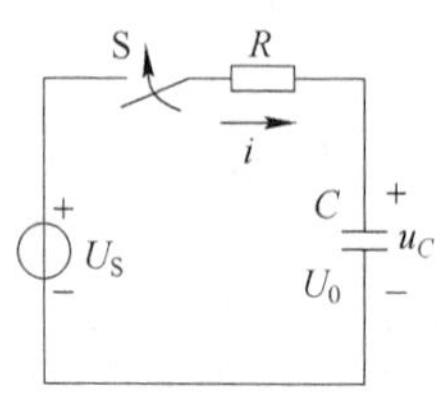

图 4-42　题 4-15 图

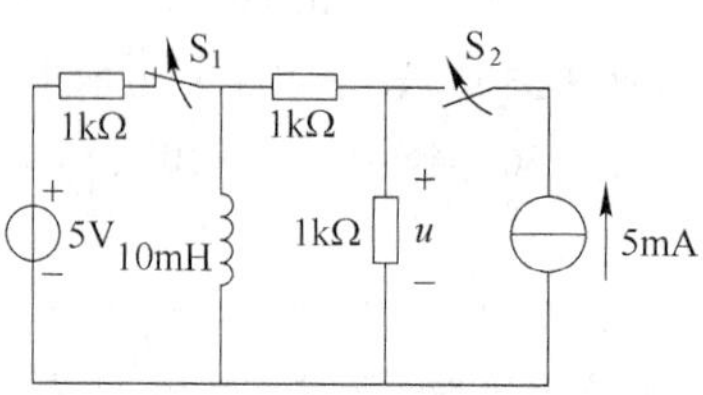

图 4-43　题 4-16 图

项目5

磁路与变压器

典型问题

电磁铁的工作原理是什么？直流电磁铁与交流电磁铁各有什么特点？各应用在哪些场合？变压器为什么可以变换交流？可以变换直流么？为什么？

知识能力目标

1. 了解描述磁路的基本物理量及磁路欧姆定律。
2. 了解铁磁材料的基本特性。
3. 掌握交直流电磁铁的特点、应用场合；了解铁心线圈电路的电压平衡方程式。
4. 掌握互感线圈同名端判断方法。
5. 掌握变压器变压、变流、阻抗匹配的工作原理及应用。

学习任务

任务一　观察测量交、直流电磁铁的工作现象及动作电流

任务二　用直流法与交流法测试互感线圈的同名端

任务三　测定变压器在空载、负载、短路时的变压、变流规律及运行特性

任务四　测定变压器阻抗变换规律

5.1　磁路的基本知识

5.1.1　磁路的基本物理量

1. 磁路

如图5-1a所示，在玻璃板上洒上铁粉，玻璃板下方紧靠玻璃放一马蹄形磁铁，振动玻璃板，我们发现铁粉就会作有规则的排列，即磁感线由N极指向S极。如果在马蹄形磁铁的N极和S极上放一长方形扁铁板，重做图5-1a所示的实验，铁粉还会有规则地排列吗？做做看。

显然，铁粉没有按规则排列，如图5-1b所示。原因是什么呢，在实验中，没有放扁铁板时，磁感线透过玻璃板，经铁粉由N极到S极，当放了扁铁板后磁感线基本上不经过玻璃板到铁粉，而直接由N极经铁板到S极。由此我们知道了磁感线是按一定路径通过的，磁感线所通过的路径是可以人为控制的。

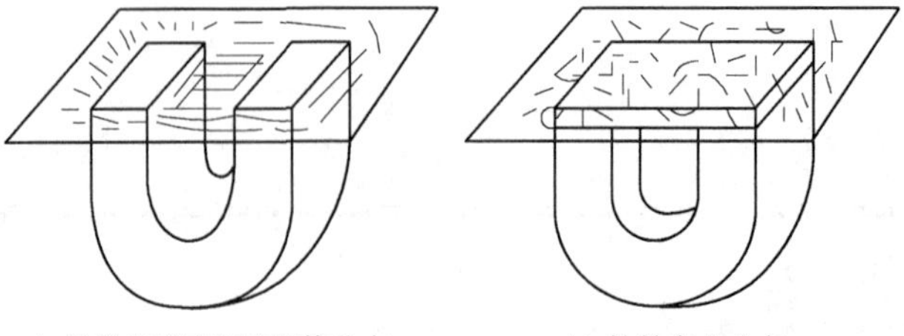

图 5-1　磁感线的示意图

磁感线(磁通)所经过的路径称为磁路。

图 5-2 是图 5-1 中 U 形铁心的磁路示意图。

大多数电气设备都是运用电与磁及其相互作用等物理过程实现能量的传递和转换的，例如直流电动机、异步电动机是运用载流导体在磁场中将产生电磁力这种物理现象实现将电能转换成机械能。因此在上述电气设备中都必须具备一个磁场，这个磁场是线圈通以电流产生的，通过线圈的电流称为励磁电流。

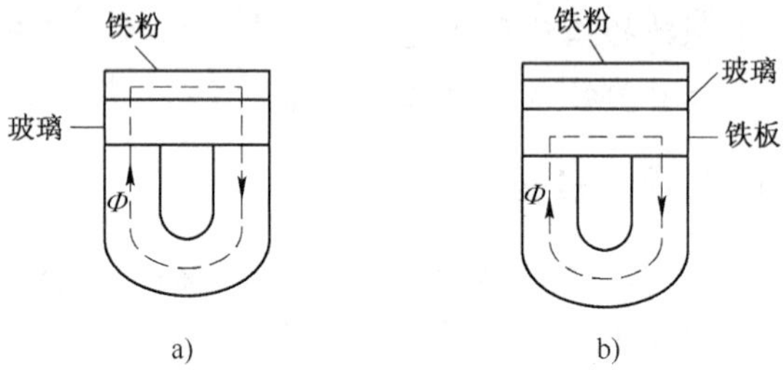

图 5-2　磁路的示意图

要使较小的励磁电流能够产生足够大的磁通，在变压器、电动机及各种电磁元件中常用铁磁物质做成一定形状的铁心，由于铁心的磁导率比周围其他物质的磁导率高很多，因此磁通差不多全部通过铁心而形成一个闭合回路；这部分磁通称为主磁通，用 Φ 表示，所经过的路径称为磁路，如图 5-3 所示。另外还有很少一部分没有经过铁心，而是经过空气、油等而形成闭合路径，这部分磁通称为漏磁通，用 Φ_0 表示。

2. 磁感应强度

磁感应强度是表示磁场内某点的磁场强弱和方向的物理量，它是一个矢量，用 $\boldsymbol{B}$ 表示。它的方向就是该点磁场的方向，它与电流之间的方向可用右手螺旋定则来确定，其大小是用一根通电导线在磁场中受力的大小来衡量的(该导线与磁场方向垂直)，即

$$B = \frac{F}{Il} \tag{5-1}$$

式中，F 为磁力，单位为牛顿(N)；I 为通过导线的电流，单位为安(A)；l 为导线的长度，单位为米(m)。

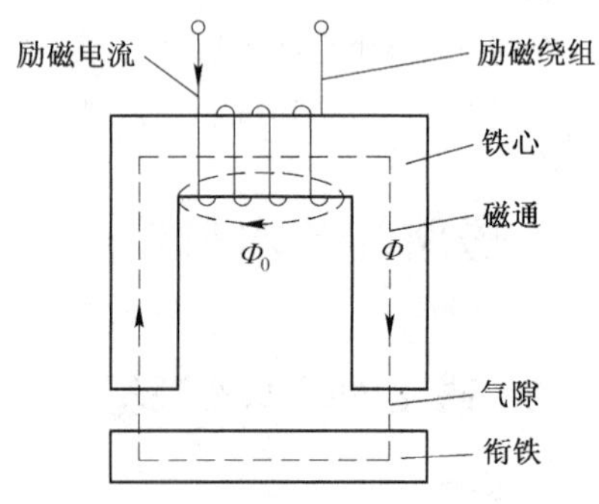

图 5-3　磁路

在国际单位制中，$\boldsymbol{B}$ 的单位为特斯拉(T，也可用韦伯/米^2 作单位，$1T = 1Wb/m^2$)。

磁感应强度的大小也可用通过垂直于磁场方向单位面积的磁通量来表示，所以，磁感应强度又称为磁通密度。

3. 磁通

在磁场中，磁感应强度 $\boldsymbol{B}$ 与垂直于磁场方向的某一截面积 S 的乘积称为磁通 Φ，即

$$\Phi = BS \text{ 或 } B = \frac{\Phi}{S} \tag{5-2}$$

也就是说，磁通 Φ 是垂直穿过某一截面磁力线的总数。

根据电磁感应定律的公式有

$$e = -N\frac{\mathrm{d}\Phi}{\mathrm{d}t} \tag{5-3}$$

式中，e 表示感应电动势；$\frac{\mathrm{d}\Phi}{\mathrm{d}t}$表示磁通量的变化率。

电磁感应定律是指单匝线圈中感应电动势的大小，与线圈的磁通变化率成正比。

在国际单位制中，Φ 的单位为伏·秒(V·S)，通常称为韦伯，用 Wb 表示。

4. 磁导率

实验与事实证明，磁体或电流周围的磁场强弱不但与产生磁场的磁源(如天然磁铁、电流等)有关，还与磁场的介质有关。

为了反映介质对磁场的影响，引入磁导率这个物理量。磁导率是用来表示介质导磁能力强弱的物理量，用 μ 表示。在国际单位制中，μ 的单位为亨/米，用 H/m 表示。真空的磁导率是一个常量，用 μ_0 表示，$\mu_0 = 4\pi \times 10^{-7}$ H/m。任一种物质的磁导率 μ 和真空的磁导率 μ_0 的比值，称为该物质的相对磁导率 μ_r，即

$$\mu_r = \frac{\mu}{\mu_0}$$

铁磁物质的磁导率最大，相对磁导率 $\mu_r >> 1$，且不是常数，如铁、钢、铸铁、镍、钴等物质都是铁磁性物质。在磁场中放入铁磁性物质，可使磁感应强度 B 增加几千甚至几万倍。

有些物质的相对磁导率 μ_r 略小于 1，如氢、铜、石墨、银、锌等物质，称为反磁性物质，又称为抗磁性物质。

有些物质的相对磁导率 μ_r 略大于 1，如空气、氧、锡、铝、铅等，称为顺磁性物质。在磁场中放置顺磁性物质，磁感应强度 B 略有增加。

几种常用铁磁物质的相对磁导率 μ_r 见表 5-1。

表 5-1 铁磁物质的相对磁导率 μ_r

铁磁物质	相对磁导率 μ_r	铁磁物质	相对磁导率 μ_r
钴	174	已经退火的铁	7000
未经退火的铸铁	240	硅钢片	7500
已经退火的铸铁	620	真空中熔化的电解铁	12950
镍	1120	镍铁合金	60000
软钢	2180	C 形坡莫合金	115000

5. 磁场强度

磁感应强度与介质有关，而介质的影响常使磁场的分析计算复杂化，为此引入表征磁场强弱的辅助物理量——磁场强度。

定义：磁场中某点的磁场强度 H 等于该点磁感应强度 B 与该处介质磁导率 μ 的比值，即

$$H = \frac{B}{\mu} \tag{5-4}$$

在工程上，通常要计算通电导线(或通电线圈)中电流大小与其产生磁通之间的关系。例如电磁铁的吸力大小就取决于铁心中磁通的多少，而磁通的多少又与通入线圈的励磁电流

大小、线圈匝数有关。磁路的磁场强度如图 5-4 所示。

实验证明，通电线圈中的磁感应强度

$$B = \mu_r\mu_0 \frac{NI}{l} = \mu \frac{NI}{l} \tag{5-5}$$

式中，B 为通电线圈中的磁感应强度，单位为 T；μ 为线圈中介质的磁导率，单位为 H/m；N 为线圈的匝数；I 为线圈中的电流，单位为 A；l 为圆环的平均长度，单位为 m。

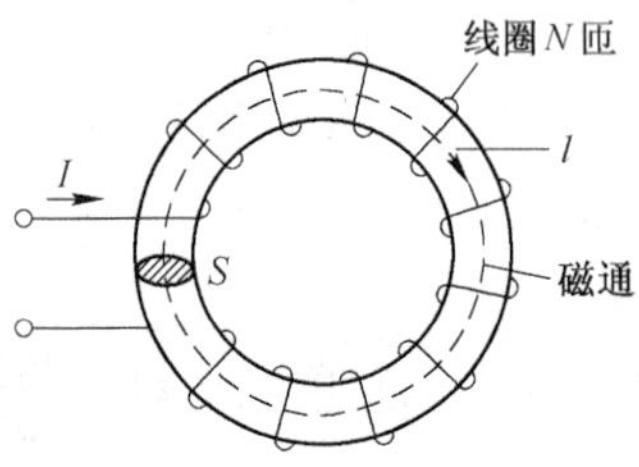

图 5-4　磁路的磁场强度

由式(5-4)可得

$$H = \frac{NI}{l} \tag{5-6}$$

磁场强度是矢量，在均匀媒介质中，它的方向和磁感应强度的方向一致。

5.1.2　磁路的基本定律

1. 磁路的欧姆定律

如图 5-5 所示是最简单的磁路，设一铁心上绕有 N 匝线圈，铁心的平均长度为 l，截面积为 S，铁心材料的磁导率为 μ。当线圈通以电流 I 后，将建立起磁场，铁心中有磁通 Φ 通过。

假定不考虑漏磁，则沿整个磁路的 Φ 相同，则由式(5-2)和(5-5)可知

$$\Phi = BS = \mu S \frac{NI}{l} = NI/(l/\mu S) \tag{5-7}$$

式中，NI 可理解为是产生磁通的源，故称为磁动势，用符号 F 表示，它的单位是安・匝(A・匝)；$l/\mu S$ 表示磁路对磁通的阻碍作用，故可称为磁阻，用 R_m 表示，它的单位是 1/亨(1/H)，记为 H^{-1}。

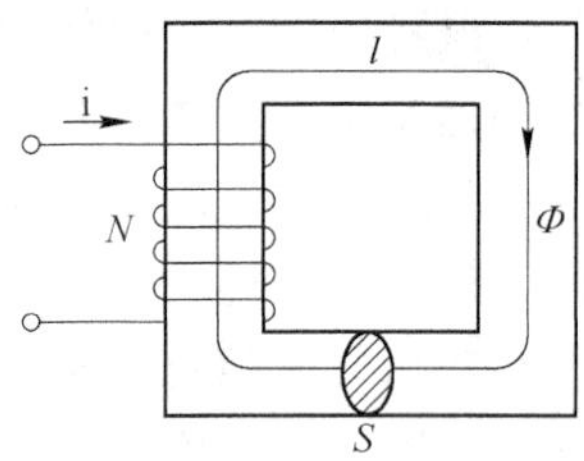

图 5-5　最简单的磁路示意图

$$[R_m] = \frac{[l]}{[\mu][S]} = \frac{\mathrm{m}}{(\mathrm{H/m})\mathrm{m}^2} = H^{-1}\text{([ ] 表示单位或者输入为量纲的意思)} \tag{5-8}$$

于是有

$$\Phi = \frac{F}{R_m} \tag{5-9}$$

式(5-9)与电路的欧姆定律相似，故称为磁路的欧姆定律。磁动势相当于电动势，磁阻相当于电阻，磁通相当于电流。即线圈产生的磁通与磁动势成正比，与磁阻成反比。

必须指出，式(5-9)表示的磁路欧姆定律，只有在磁路的气隙或非铁磁物质部分才保持磁通与磁动势成正比例的关系。在有铁磁材料的各段，R_m 因 μ 随 B 或 Φ 变化而不是常数，这时必须利用 B 与 H 的非线性曲线关系，由 B 决定 H 或由 H 决定 B。

若磁路上有 n 个线圈通以不同电流，则建立磁场的总磁动势为

$$F = \sum_{i=1}^{n} N_i I_i \tag{5-10}$$

式中，代数和表示产生磁通方向与参考方向同者取“+”，反之取“-”。

磁路的欧姆定律与电路的欧姆定律有很多的相似之处，可用表 5-2 对磁路、电路的相关

物理量进行类比，以利于学习与记忆。

表 5-2　电路与磁路的物理量对比

电　　路	磁　　路
电流：I	磁通：Φ
电阻：$R=\rho\frac{l}{S}$	磁阻：$[R_m]=\frac{[l]}{[\mu][S]}$
电阻率：ρ	磁导率：μ
电源电动势：E	磁动势：F_m
电路的欧姆定律：$U=IR$	磁路的欧姆定律：$F_m=R_m\Phi$

磁路和电路有很多相似之处，但分析与处理磁路比电路难得很多，例如：

1）在处理电路时一般不涉及电场问题，而在处理磁路时离不开磁场的概念。例如在讨论电机时，常常要分析电机磁路的气隙中磁感应强度的分布情况。

2）在处理电路时一般不考虑漏电流（因为导体的电导率比周围介质的电导率大得很多），但在处理磁路时一般都要考虑漏磁通（因为磁路材料的磁导率比周围介质的磁导率大得不太多）。

3）磁路的欧姆定律与电路的欧姆定律只是在形式上相似（见表 5-2）。由于 μ 不是常数，它随着励磁电流而变，所以不能直接应用磁路的欧姆定律来计算，它只能用于定性分析。

4）在稳态电路中，当电源电动势为零，即 $E=0$ 时，电路中不会有电流，即 $I=0$；但在磁路中，由于有剩磁，当 $F_m=0$ 时，$\Phi\neq0$。

5）磁路几个基本物理量（磁感应强度、磁通、磁场强度、磁导率等）的单位也较复杂，学习时应注意把握。

例 5-1　一空心环形螺旋线圈，其平均长度为 30cm，横截面积为 10cm^2，匝数等于 10^3，线圈中的电流为 10A，求线圈的磁阻、磁动势及磁通。

解： 磁阻为

$$R_m=\frac{l}{\mu_0 S}=\frac{0.3}{4\pi\times10^{-7}\times10\times10^{-4}}\text{H}^{-1}\approx2.39\times10^{-8}\text{H}^{-1}$$

磁动势为
$$F_m=NI=10^3\times10\text{A}=10^4\text{A}$$

磁通为
$$\Phi=\frac{F_m}{R_m}=\frac{10^4}{2.39\times10^8}\text{Wb}\approx4.3\times10^{-4}\text{Wb}$$

2. 磁路的基尔霍夫定律

（1）基尔霍夫磁通定律　计算比较复杂的磁路问题，常涉及汇合点上多个磁通的关系。如图 5-6 所示为有两个励磁线圈的较复杂磁路。设磁路分为三段 l_1、l_2、l_3，各段的磁通分别为 Φ_1、Φ_2、Φ_3，它们的参考方向标在图中，H 和 B 的参考方向与磁通一致（相关联），故未另标出。

如忽略漏磁通，根据磁通连续性原理，在 Φ_1、Φ_2、Φ_3 的汇合点做一闭合面 S，即穿入任一封闭面的总磁通量为零，即

$$-\Phi_1-\Phi_2+\Phi_3=0 \tag{5-11}$$

式（5-11）与电路的 KCL 形式相似，故称为基尔霍夫磁通定律。如果把穿出闭合面 S 的磁通

前面取正号，则穿入闭合面 S 的磁通前面应取负号，即各分支磁路连接处闭合面上磁通代数和等于零，即

$$\sum \Phi = 0 \tag{5-12}$$

此式称为基尔霍夫磁通定律。

在图 5-6 中，设 $\Phi_3 = 8\times10^{-3}\,\text{Wb}$，$\Phi_1 = 6\times10^{-3}\,\text{Wb}$，则 $\Phi_2 = \Phi_3 - \Phi_1 = 2\times10^{-3}\,\text{Wb}$。如考虑有漏磁通，磁通连续性原理和基尔霍夫磁通定律仍然成立，不过要把漏磁通计算在内。

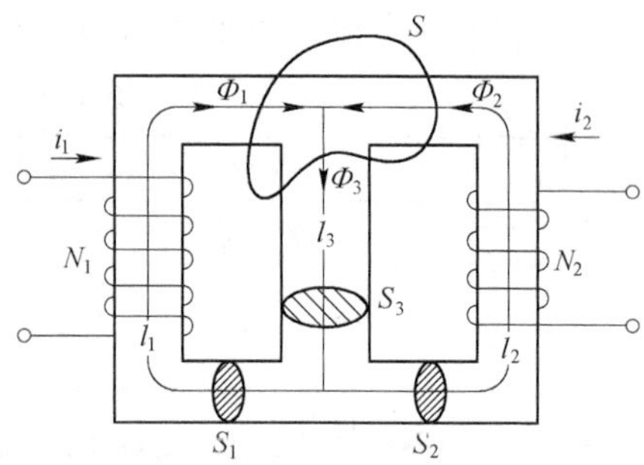

图 5-6　有两个励磁线圈的较复杂磁路

（2）基尔霍夫磁压定律　若磁路是由几种不同的材料和长度及截面积组成，如图 5-7 所示，它是由 l_1、l_2、l_3 串联闭合而成，其总磁动势为

$$F_m = NI = \Phi(R_{m1} + R_{m2} + R_{m3}) = \Phi\left(\frac{l_1}{\mu_1 S_1} + \frac{l_2}{\mu_2 S_2} + \frac{l_3}{\mu_3 S_3}\right)$$

$$= B_1\frac{l_1}{\mu_1} + B_2\frac{l_2}{\mu_2} + B_3\frac{l_3}{\mu_3} = l_1H_1 + l_2H_2 + l_3H_3$$

即：

$$F_m = \sum Hl \tag{5-13}$$

式中，l_1H_1、l_2H_2、l_3H_3 称为磁路各段的磁压降。

式(5-13)说明，在磁路中，沿任意闭合路径磁压降的代数和等于总磁动势。式(5-13)在形式上与电路中的 KVL 相似，故称为基尔霍夫磁压定律。

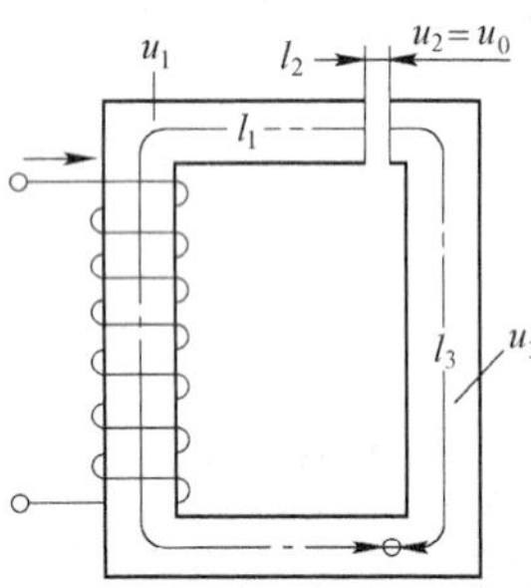

图 5-7　不同材料组成的磁路

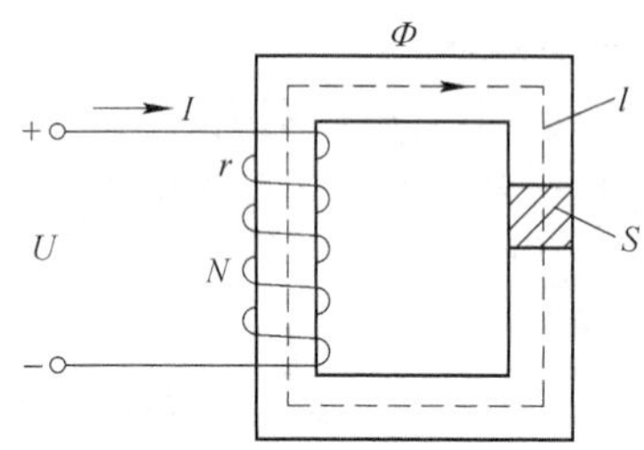

图 5-8　例 5-2 图

例 5-2　在图 5-8 所示铁心线圈中通直流，磁路平均长度 $l=30\text{cm}$，截面积 $S=10\text{cm}^2$，$N=1000$ 匝，材料为铸钢，工作点上相对磁导率 $\mu_r=1137\text{H/m}$。

（1）欲在铁心中建立磁通 $\Phi=0.001\text{Wb}$，线圈电阻 $r=100\Omega$，应加多大电压 U？

（2）若铁心某处有一缺口，即磁路中有一空气隙，长度 $l=0.2\text{cm}$，铁心和线圈的参数不变，此时需要多大电流才能建立 0.001Wb 的磁通？

解：（1）

$$B = \frac{\Phi}{S} = \frac{0.001}{10\times10^{-4}}\text{T} = 1\text{T}$$

$$H = \frac{B}{\mu} = \frac{B}{\mu_r\mu_0} = \frac{1}{1137\times4\pi\times10^{-7}}\text{A/m} = 700\text{A/m}$$

μ_r 并非常数，它随 B 值而变，一般在已知 B 时查阅材料磁化曲线确定 H，它与此处所得结果相同，说明给定的 μ_r 是准确的。

总磁动势为

$$F_m = IN = Hl = 700 \times 30 \times 10^{-2}\text{A} \cdot \text{匝} = 210\text{A} \cdot \text{匝}$$

$$I = \frac{F_m}{N} = \frac{210}{1000}\text{A} = 0.21\text{A}$$

$$U = IR = 0.21 \times 100\text{V} = 21\text{V}$$

（2）因气隙中的截面积和磁通与铁心相同，故 $B_0 = 1\text{T}$，所以

$$H_0 = \frac{B_0}{\mu_0} = \frac{1}{4\pi \times 10^{-7}}\text{A/m} = 8 \times 10^5\text{A/m}$$

$$H_0 l_0 = 8 \times 10^5 \times 0.2 \times 10^{-2}\text{A} \cdot \text{匝} = 1600\text{A} \cdot \text{匝}$$

总磁动势为

$$F_m' = IN = Hl + H_0 l_0 = 210\text{A} \cdot \text{匝} + 1600\text{A} \cdot \text{匝} = 1810\text{A} \cdot \text{匝}$$

$$I = \frac{F_m'}{N} = \frac{1810}{1000}\text{A} = 1.8\text{A}$$

由计算结果可看出，空气隙对整个磁路工作的情况影响极大。一般铁心的磁导率 μ 远远大于空气隙磁导率 μ_0，即空气隙的磁阻远远大于铁磁材料的磁阻，因而磁路总磁动势绝大部分降在空气隙磁阻上。因此在磁路中总是希望空气隙尽可能小，以降低气隙磁阻，使相同的磁动势能建立更大的磁通。

5.2 磁性材料

磁性材料主要是指铁族材料铁、镍、钴及其合金。它们具有高导磁性、磁饱和性和磁滞性等基本特性。

5.2.1 高导磁性

所有磁性材料的导磁能力都比真空大得多，它们的相对磁导率多在几百甚至上万，也就是说在相同励磁条件下，用磁性材料做铁心建立的磁场要比用非磁性材料做铁心建立的磁场大几百倍甚至上万倍。由于这种特性使得各种电器、电机和电磁仪表等一切需要获取强磁场的设备，无不采用磁性材料作为导磁体。利用这种材料在同样的电能下可以大大减轻设备体积和重量并能提高电磁器件的效率。

磁性材料为什么具有强磁性呢？这个问题可用磁畴理论来解释。物质的磁性来源于原子的磁性，强磁物质的原子内部存在自发磁化的小区称为磁畴。一块磁性材料可以分为许多磁畴，磁畴的方向各不相同，排列杂乱无章，对外界的作用相互抵消，不呈现宏观的磁性。若将磁性材料置于外磁场中，则已经高度自发磁化的许多磁畴在外磁场的作用下，将由不同的方向改变到与外磁场接近或一致的方向上去，于是对外呈现出很强的磁性。图 5-9 所示为磁畴在无磁场及有外磁场作用下的情况。

进一步分析可知，磁性材料的基本物理性质较之非磁性材料复杂得多，但就工程应用来说，不必从物质内部来研究磁性，只需掌握它们对外表现的磁性即可。通常可通过实验的方

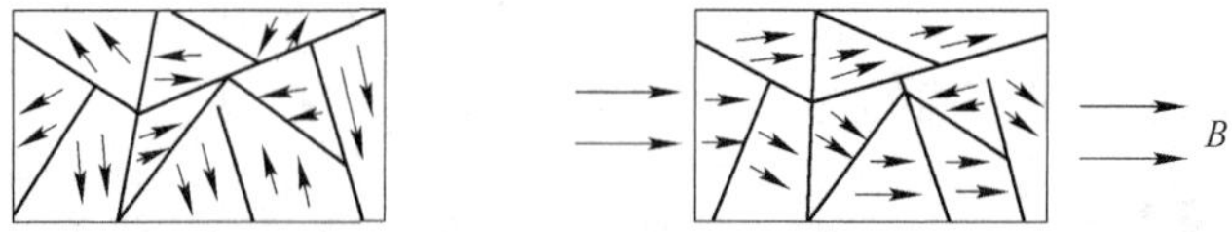

a) 无外磁场作用时磁畴方向杂散　b) 有外磁场作用下磁畴方向趋于一致

图 5-9　磁畴示意图

法来测量出磁性材料的外部性能。

5.2.2　磁饱和性

磁性物质由于磁化所产生的磁化磁场不会随着外磁场的增强而无限地增强。当外磁场（或励磁电流）增大到一定值时，全部磁畴的磁场方向都转向与外磁场一致的方向。这时磁化磁场的磁感应强度 B_J 即达饱和值，如图 5-10 所示。图中的 B_0 是在外磁场作用下如果磁场内不存在磁性物质时的磁感应强度。将 B_J 曲线和 B_0 直线的纵坐标相加，便得出 B-H 磁化曲线。各种磁性材料的磁化曲线可通过实验得出，在磁路计算上极为重要。这曲线可划分成三段：Oa 段——B 与 H 差不多成正比地增加；ab 段——B 的增加缓慢下来；b 以后一段——B 增加得很少，达到了磁饱和。

当有磁性物质存在时，B 与 H 不成正比，所以磁性物质的磁导率 μ 不是常数，随 H 而变，如图 5-11 所示。

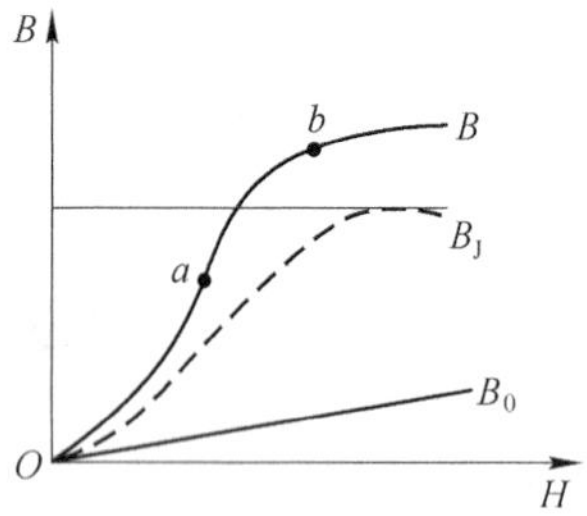

图 5-10　磁化曲线

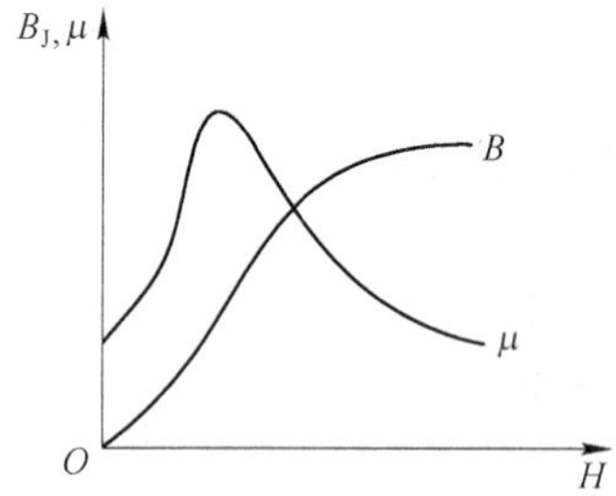

图 5-11　B 和 μ 与 H 的关系

由于磁通 Φ 与 B 成正比，产生磁通的励磁电流 I 与 H 成正比，因此在存在磁性物质的情况下，Φ 与 I 也不成正比。

5.2.3　磁滞性

如图 5-12 所示，当把磁场强度 H 减小到零，磁感应强度 B 并不沿着原来的这条曲线回降，则是沿着一条比它高的曲线 ab 段缓慢下降。在 H 已等于零时，磁感应强度 B 并不等于零，而仍保留一定的磁性，如图中 B_r 所示，这个 B_r 值称为剩磁，通常资料中给出的剩磁值均指磁感应强度自饱和状态回降至零后剩余的数值。

为了消除剩磁，使 $B=0$，在负方向所加磁场的磁场强度的大小 H_c 称为矫顽力，它表示磁性材料反抗退磁的能力。如在 $B=0$ 之后磁场强度继续在反方向增加，材料进行反向磁化到饱和，如曲线上的 cd 段；然后在反方向减小磁场强度，到 $H=0$，B 变到 $-B_r$，如曲线 de 段；再正向增加磁场强度直到磁感应强度饱和，即 $B=B_s$，如曲线 efa 段，如此完成一个循环。经过多次循环，铁磁材料被反复磁化。

通过反复磁化得到的 B-H 曲线 $abcdefa$ 称为磁滞回线。由于铁磁材料在反复磁化过程中，B 的变化总是滞后于 H 的变化，所以，我们称这一现象为磁滞。

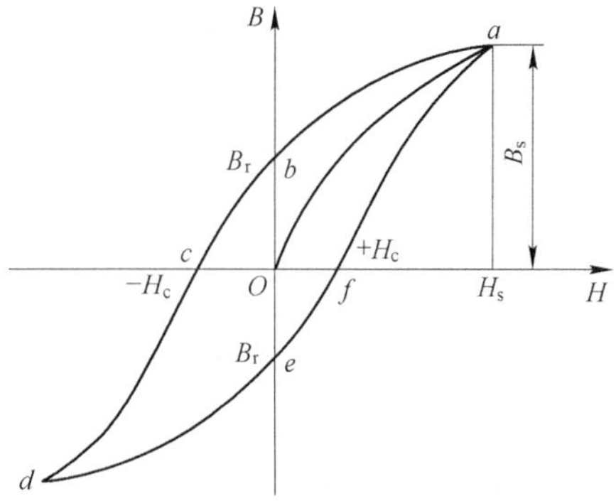

图 5-12　磁滞回线

不同的磁性材料其磁滞回线形状也不相同，如图 5-13 所示三种不同磁性材料的磁滞回线。

1）永磁材料多为硬磁材料，具有较大的剩磁 B_r、较高的矫顽力 H_c 和较大的磁滞回线面积，属于这类的材料有铝镍钴、硬磁铁氧体、稀土钴及碳钢铁等合金的永磁钢。主要用来制造各种用途的永磁铁。

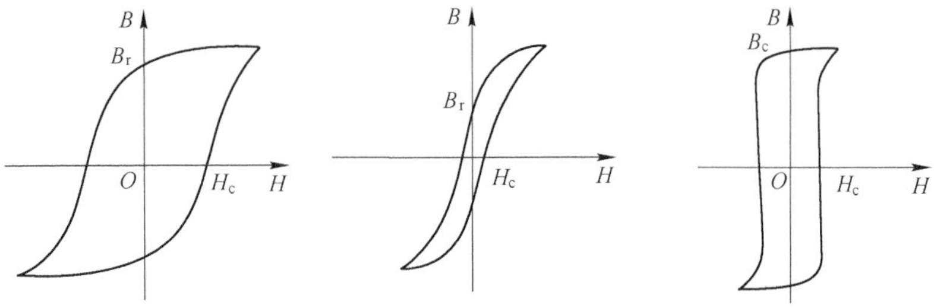

a）永磁材料　b）软磁材料　c）矩磁材料

图 5-13　不同材料的磁滞回线

2）软磁材料的磁滞回线窄而长，磁滞回线范围面积小，剩磁和矫顽力值都很小，属于这种材料有铸铁硅钢片、铁镍合金及软磁铁氧体等。主要用做电磁设备的铁心。

3）矩磁材料的磁滞回线接近于矩形，剩磁大，矫顽力小，属于这类材料的有镁锰铁氧体和某些铁镍合金等。在计算机和自动控制中广泛用做记忆元件、开关元件和逻辑元件。

5.3　交流铁心线圈

铁心线圈分为直流铁心线圈与交流铁心线圈两种，直流铁心线圈的励磁电流是恒定的，由它产生的磁通也是恒定的，不会在线圈内产生感应电动势。因此，励磁电流的大小仅由线圈两端电压及线圈电阻决定，而与磁路结构无关。电路的功耗是线圈的电阻产生的，其值为励磁电流的二次方乘以线圈电阻。

交流铁心线圈的励磁电流是交变的，其铁心中的磁通也是交变的，交变磁通将在线圈中产生感应电动势，并在铁心中产生磁滞和涡流损耗，这使得交流铁心线圈电路的电磁关系比直流铁心线圈电路的电磁关系复杂得多。交流电机、变压器及各种交流电磁元件都是交流铁心线圈电路，本节讨论如图 5-14 所示交流

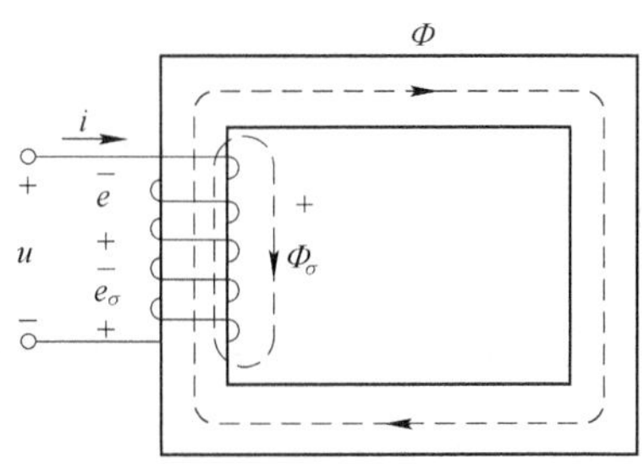

图 5-14　交流铁心线圈电路

铁心线圈电路的基本电磁关系，它是分析交流电机和电器的理论基础。

5.3.1 电磁关系

铁心线圈加上交变电压 u，将产生交变电流 i，因而在线圈中产生交变的磁通。磁通的绝大部分是通过铁心闭合的，只有很少的一部分是通过空气闭合的，前者称为主磁通，用 Φ 表示；后者称为漏磁通，用 Φ_σ 表示，如图 5-14 所示。

按照电磁感应定律，交变磁通的 Φ 和 Φ_σ 在线圈中分别产生感应电动势 e 和 e_σ，e 和 e_σ 的参考方向与 Φ 和 Φ_σ 的参考方向符合右手螺旋关系，因此与电流 i 的参考方向一致。在规定了此参考方向的条件下，有

$$e = -N\frac{\mathrm{d}\Phi}{\mathrm{d}t} \tag{5-14}$$

$$e_\sigma = -N\frac{\mathrm{d}\Phi_\sigma}{\mathrm{d}t} = -L_\sigma\frac{\mathrm{d}i}{\mathrm{d}t} \tag{5-15}$$

式中，$L_\sigma = N\Phi_\sigma/i$，称为铁心线圈的漏磁电感，由于 Φ_σ 主要通过空气，和电流 i 成正比，因而 L_σ 为常数，故 e_σ 可用漏磁电感表示。而主磁通通过铁心，所以 i 和 Φ 之间不存在线性关系。铁心线圈和主电感 L 不是一个常数，而是一个非线性电感元件。

5.3.2 电压电流关系

根据基尔霍夫电压定律，铁心线圈电路的电压电流关系为

$$u = Ri + (-e_\sigma) + (-e) = Ri + L_\sigma\frac{\mathrm{d}i}{\mathrm{d}t} + (-e) \tag{5-16}$$

式中，R 为线圈的电阻。由于一般铁心线圈的主磁通 Φ 远大于漏磁通 Φ_σ，所以感应电动势 e 远大于 e_σ，而且也远大于线圈电阻电压降 R_i，因此电源电压主要由主磁通的感应电动势来平衡，即

$$u \approx -e = N\frac{\mathrm{d}\Phi}{\mathrm{d}t} \tag{5-17}$$

由上式可知，当电源电压按正弦变化时，e 和 Φ 也必为正弦变化，设 $\Phi = \Phi_\mathrm{m}\sin\omega t$，则

$$e = -N\frac{\mathrm{d}\Phi}{\mathrm{d}t} = -\omega N\Phi_\mathrm{m}\cos\omega t = E_\mathrm{m}\sin(\omega t - 90°) \tag{5-18}$$

式中，E_m 为 e 的最大值，其有效值为

$$E = \frac{E_\mathrm{m}}{\sqrt{2}} = \frac{2\pi fN\Phi_\mathrm{m}}{\sqrt{2}} = 4.44fN\Phi_\mathrm{m} \tag{5-19}$$

如果磁场在铁心中是均匀分布的，则有

$$U \approx E = 4.44fN\Phi_\mathrm{m} = 4.44fNB_\mathrm{m}S \tag{5-20}$$

式中，B_m 是铁心中磁感应强度的最大值，单位为 T，S 是铁心截面积，单位为 m^2。

上式说明当交流铁心线圈的匝数 N 和电源频率 f 一定时，磁通的最大值 Φ_m 近似地由线圈的外加电压 U 来确定。即线圈外加电压不变，则铁心磁通基本不变。

5.3.3 功率损耗

在交流铁心线圈中，线圈电阻上有功率损失，这部分损耗称为铜损，用 ΔP_Cu 表示。此

外，铁心在交变磁化的情况下也有损耗，这部分损耗称为铁损，用 ΔP_{Fe} 表示，铁损是由铁磁物质的磁滞和涡流现象所产生的。

磁滞损耗是铁磁物质在交变磁化时，磁分子来回翻转克服阻力产生的能量损耗，属于因摩擦生热的能量损耗。可以证明，交变磁化一周在铁心的单位体积内所产生的磁滞损耗能量与磁滞回线所包围的面积成正比。

为了减少磁滞损耗，通常选用磁滞回线较窄的硅钢片做铁心，旋转电机用低硅钢片，变压器用高硅钢片。后者磁滞损耗更小一些，但质地较脆。

当线圈中的电流交变时，铁心中的主磁通也是交变的，不仅在线圈中产生感应电动势，也会在铁心中产生感应电动势和感应电流，这种感应电流称为涡流，它在垂直于磁通方向的平面内环流，由于铁心本身具有电阻，涡流在铁心中也要发热产生能量损耗，这部分损耗称为涡流损耗。

由于涡流损耗不仅消耗了电能，而且使铁心发热，温度升高，会影响到电气设备的正常工作。为了减少涡流损耗，在低频时，可用涂以绝缘漆的硅钢片叠成的铁心，如图 5-15 所示，这样减小了截面积，加大了铁心的电阻，使涡流减小。

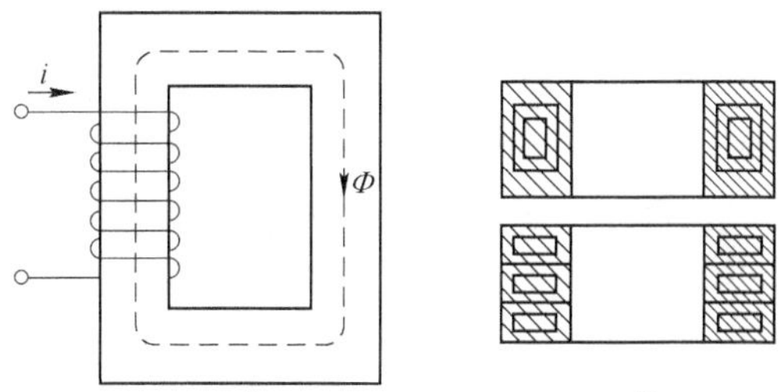

图 5-15 铁心中的涡流

但涡流也有其有利的一面，我们可以利用涡流的热效应冶炼金属，利用涡流与磁场的相互作用制成感应式电度表等。

铁损差不多与铁心内磁感应强度的最大值 B_m 的二次方成正比，故 B_m 不宜选得过大，一般取 0.8 ~ 1.2T。

综上所述，交流铁心线圈电路的损耗功率为

$$P = UI\cos\varphi = RI^2 + \Delta P_{Fe} \tag{5-21}$$

5.3.4 等效电路

交流铁心线圈电路可用其等效电路来代替，即用一个不含铁心的交流电路进行分析。等效的条件是：在同样电压作用下，功率、电流及各量之间的相位关系保持不变。这样就使磁路计算的问题简化为电路计算的问题了。

先把图 5-14 所示交流铁心电路等效为图 5-16 所示，就是把线圈的电阻和感抗用 R 和 X_σ 来表示，剩下的就成为一个没有电阻和漏磁通的理想的铁心线圈电路，但铁心中仍有能量的损耗和能量的储放。因此，可将这个理想的铁心线圈交流电路用具有电阻 R_0 和感抗 X_0 的一段电路来等效代替，其中，电阻 R_0 是铁心中能量损耗的等效电阻，其值为

$$R_0 = \frac{P_{Fe}}{I^2} \tag{5-22}$$

感抗 X_0 是铁心中能量储放的等效感抗，其值为

$$X_0 = \frac{Q_{Fe}}{I^2} \tag{5-23}$$

式中，Q_{Fe} 是表示铁心储放能量的无功功率。

这段等效电路的阻抗模为

$$|Z_0| = \sqrt{R_0^2 + X_0^2} = \frac{U'}{I} \approx \frac{U}{I} \tag{5-24}$$

图 5-17 即为交流铁心线圈电路的等效电路。

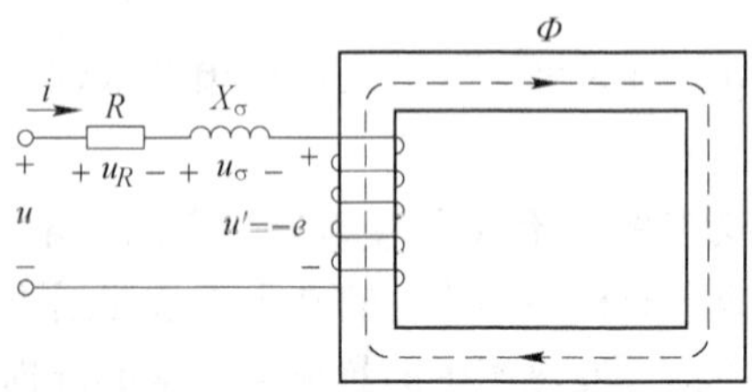

图 5-16　铁心线圈的交流电路

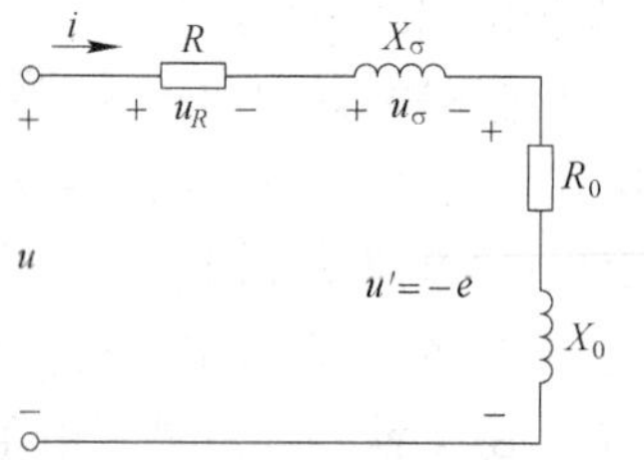

图 5-17　交流铁心线圈等效电路

例 5-3　有一交流铁心线圈，电源电压 $U=220\text{V}$，电路中电流 $I=4\text{A}$，功率表读数 $P=100\text{W}$，频率 $f=50\text{Hz}$，漏磁通和线圈电阻上的电压降可忽略不计，试求：(1)铁心线圈的功率因数；(2)铁心线圈的等效电阻和等效感抗。

解：(1)

$$\cos\varphi = \frac{P}{UI} = \frac{100}{220\times 4} = 0.114$$

(2) 铁心线圈的等效阻抗模为

$$|Z'| = \frac{U}{I} = \frac{220\text{V}}{4\text{A}} = 55\Omega$$

等效电阻和等效感抗分别为

$$R' = R + R_0 = \frac{P}{I^2} = \frac{100}{4^2}\Omega = 6.25\Omega \approx R_0$$

$$X' = X_\sigma + X_0 = \sqrt{|Z'|^2 - R'^2} = \sqrt{55^2 - 6.25^2}\Omega = 54.6\Omega \approx X_0$$

例 5-4　要绕制一个铁心线圈，已知电源电压 $U=220\text{V}$，频率 $f=50\text{Hz}$，铁心截面积为 30.2cm^2，铁心由硅钢片叠成，设叠片间隙系数为 0.91(即变压器叠片铁心的有效面积系数，一般取 0.9 ~0.93)。若取 $B_m=1.2\text{T}$，问线圈匝数应为多少？

解：铁心的有效面积为

$$S = 30.2\text{cm}^2 \times 0.91 = 27.5\text{cm}^2$$

线圈匝数可根据式(5-20)求出，即

$$N = \frac{U}{4.44 f B_m S} = \frac{220}{4.44\times 50\times 1.2\times 27.5\times 10^{-4}}\text{匝} = 300\text{匝}$$

5.4　电磁铁

利用通电线圈在铁心里产生磁场，吸引衔铁及相关机构动作的电磁器件称为电磁铁。

电磁铁是把电能转换为机械能的一种设备，通过电磁铁的衔铁可以获得直线运动和某一定角度的回转运动。电磁铁是一种重要的电气设备。工业上经常利用电磁铁完成起重、制动、吸持及开闭等机械动作。在自动控制系统中经常利用电磁铁附上触头及相应部件做成各种继电器、接触器、调整器及驱动机构等。

电磁铁由线圈、铁心及衔铁三部分组成。按衔铁相对铁心运动方式，可分为直动式(见图 5-18a、b)和拍合式(见图 5-18c)。按接入励磁线圈的电流种类不同，可分为直流电磁铁和交流电磁铁。

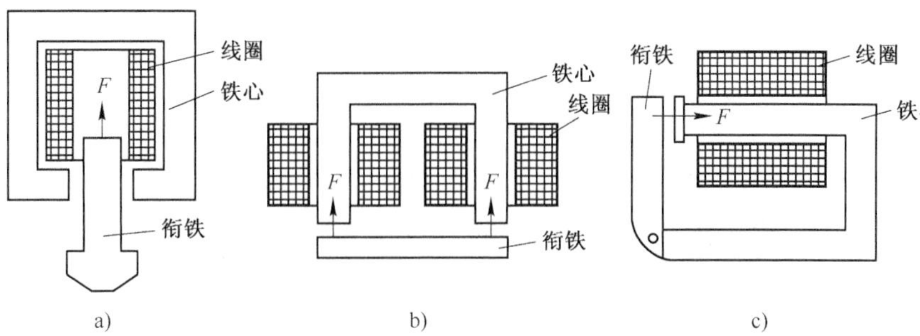

图 5-18　电磁铁的几种形式

5.4.1　直流电磁铁

直流电磁铁的励磁电流为直流，铁心不发热，只有线圈发热，所以铁心是用整块钢材或工程纯铁制成，励磁线圈做成高而薄的瘦高型，且不设线圈骨架，使线圈与铁心直接接触，易于散热。

可以证明，直流电磁铁的吸力大小与气隙的截面积 S_0 及气隙中磁感应强度 B_0 的平方成正比。计算吸力的基本公式为

$$F = \frac{10^7}{8\pi}B_0^2S_0 \tag{5-25}$$

式中，B_0 的单位是 T，S_0 的单位是 m^2，在国际单位制中，F 的单位是 N。

直流电磁铁的特点：

1）铁心中的磁通恒定，没有铁损，铁心用整块材料制成。

2）励磁电流 $I = U/R$，与衔铁的位置无关，外加电压全部降在线圈电阻 R 上，R 的电阻值较大。

3）当衔铁吸合时，由于磁路气隙减小，磁阻随之减小，磁通 Φ 增大，因而衔铁被牢牢吸住。衔铁吸合过程中励磁电流 I、吸力 F 与气隙长度 l_0 的关系曲线如图 5-19 所示。

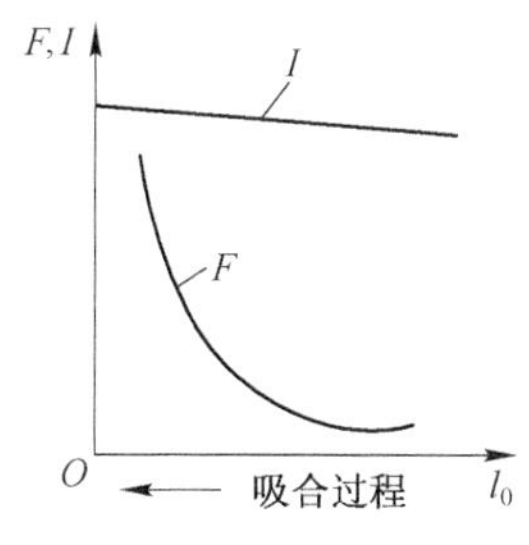

图 5-19　励磁电流 I、吸力 F 与气隙长度 l_0 的关系曲线

直流电磁铁一般使用 24V 直流电压，因此需要专用直流电源。其优点是不会因铁心卡住而烧坏，体积小(其圆筒形外壳上没有散热筋)，工作可靠，允许切换频率为 120 次/min，换向冲击小，使用寿命较长。但启动力比交流电磁铁小。

5.4.2　交流电磁铁

交流电磁铁励磁电流为交流，其铁心存在磁滞和涡流损耗，铁心和线圈都发热，通常铁心用硅钢片叠铆而成，励磁线圈设有骨架，做成短而厚的矮胖型，由铁心和线圈散热。

当交流电通过线圈时，在铁心中产生交变磁通，因为电磁力与磁通的二次方成正比，所以当电流改变方向时，牵引力的方向并不变，而是朝一个方向将衔铁吸向铁心，正如永久磁铁无论 N 极或 S 极都因磁感应会吸引衔铁一样。

交流电磁铁中磁场是交变的，设气隙中的磁感应强度是 $B_0 = B_m \sin\omega t$，则吸力为

$$F' = \frac{10^7}{8\pi}B_m^2 S_0 \sin^2\omega t = \frac{10^7}{8\pi}B_m^2 S_0\left(\frac{1-\cos2\omega t}{2}\right)$$

$$= F_m\left(\frac{1-\cos2\omega t}{2}\right) = \frac{1}{2}F_m - \frac{1}{2}F_m\cos2\omega t \tag{5-26}$$

式中，$F_m = \frac{10^7}{8\pi}B_m^2 S_0$ 是电磁吸力的最大值。由上式可知，吸力的瞬时值是由两部分组成，一部分为恒定分量，另一部分为交变分量。但吸力的大小取决于平均值，设吸力平均值为 F，则有

$$F = \frac{1}{T}\int_0^T F'\mathrm{d}t = \frac{1}{2}F_m = \frac{10^7}{16\pi}B_m^2 S_0 \tag{5-27}$$

可见吸力平均值等于最大值的一半，这说明在最大电流值及结构相同的情况下，直流电磁铁的吸力比交流电磁铁的吸力大一倍。如在交流励磁磁感应强度的有效值等于直流励磁磁感应强度的值时，则交流电磁吸力平均值等于直流电磁吸力。

虽然交流电磁铁的吸力方向不变，但它的大小是变动的，如图 5-20 所示。当磁通经过零值时，电磁吸力为零，往复脉动 100 次，即以两倍的电源频率在零与最大值 F_m 之间脉动，因而衔铁以两倍电源频率在颤动，引起噪声，同时触点容易损坏。为了消除这种现象，可在磁极的部分端面上套一个短路环，如图 5-21 所示。于是在短路环中便产生感应电流，以阻碍磁通的变化，使在磁极两部分中的磁通 Φ_1 与 Φ_2 之间产生一个相位差，因而磁极各部分的吸力也就不会同时降为零，这就消除了衔铁的颤动，当然也就消除了噪声。

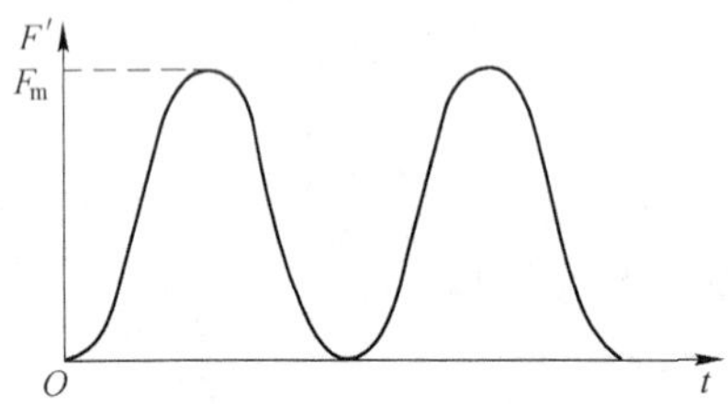

图 5-20　交流电磁铁的吸力

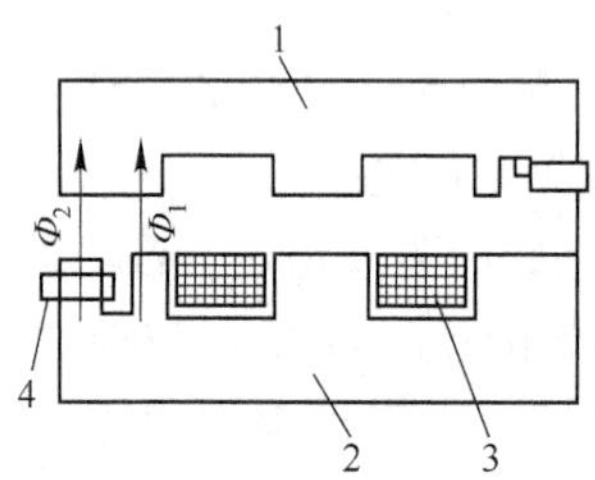

图 5-21　短路环

1—动铁心　2—静铁心　3—线圈　4—短路环

交流电磁铁的特点如下：

1）由于励磁电流 I 是交变的，铁心中产生交变磁通，一方面使铁心中产生磁滞损失和涡流损失，为减少这种损失，交流电磁铁的铁心一般用硅钢片叠成。另一方面使线圈中产生感应电动势，外加电压主要用于平衡线圈中的感应电动势，线圈电阻 R 较小。

2）励磁电流 I 与气隙 l_0 大小有关。在吸合过程中，随着气隙的减小，磁阻减小，因磁通最大值 Φ_m 基本不变，故磁动势 NI 下降，即励磁电流 I 下降。

3）因磁通最大值 Φ_m 基本不变，所以平均电磁吸力 F 在吸合过程中基本不变。励磁电流 I、平均电磁吸力 F 和气隙 l_0 的关系如图 5-19 所示。

交流电磁铁的使用电压一般为交流220V，电气电路配置简单。交流电磁铁启动力较大，换向时间短。但换向冲击大，工作时温升高（外壳设有散热筋）；当阀芯卡住时，由于气隙大导致磁阻大，据式(5-20)可知，在端电压、电源频率等不变的情况下，为使磁通恒定，电流长时间较大，电磁铁因电流过大易烧坏，可靠性较差，所以切换频率不许超过30次/min，寿命较短。

例5-5 已知交流电磁铁磁路如图5-22所示，衔铁受到弹簧反作用力10N，额定电压$U_n=220V$，空隙平均为3cm，求铁心截面积和线圈匝数。设漏磁系数（总磁通与主磁通的比值称为漏磁系数）$\sigma=1.5$。考虑到线圈电阻及漏抗（由漏磁通导致）电压降，线圈上的有效电压取为额定电压的80%。

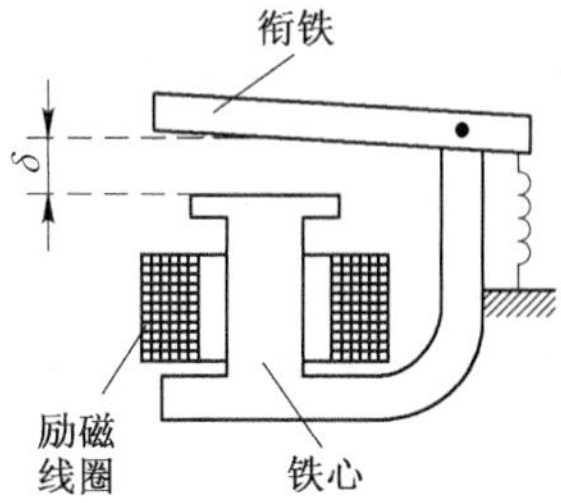

图5-22 例5-5图

解： 一般交流电磁铁磁路的磁感应强度B可在0.2～1T范围内选择，在此处选定$B_m=0.5T$，于是铁心截面积S可由下式求得：

$$F=\frac{1}{2}F_m=\frac{B_m^2S_0}{16\pi}\times10^7$$

$$S_0=\frac{16\pi F}{B_m^2}\times10^{-7}=\frac{16\pi\times10}{0.5^2}\times10^{-7}cm^2=2\times10^{-4}cm^2$$

有效电压为

$$U=0.8\times220V=176V$$

磁通为

$$\Phi_m=B_mS_0\sigma=0.5\times2\times10^{-4}\times1.5Wb=1.5\times10^{-4}Wb$$

匝数为

$$N=\frac{U}{4.44f\Phi_m}=\frac{176}{4.44\times50\times1.5\times10^{-4}}\text{匝}=5290\text{匝}$$

例5-6 有一拍合式交流电磁铁，其磁路尺寸为：$c=4cm$，$l=7cm$，铁心由硅钢片叠压而成。铁心和衔铁的横截面都是正方形，每边长度$a=1cm$。励磁线圈电压为220V。现要求衔铁在最大气隙$\delta=1cm$时须产生吸力50N，试计算线圈的匝数和该时的电流值。计算时可以忽略漏磁通，并且铁心和衔铁的磁阻与空气隙相比可以不计。

解： 按已知吸力求B_m（空气隙中的与铁心中的认为相等）：

$$F=\frac{10^7}{16\pi}B_m^2S_0$$

$$B_m=\sqrt{\frac{16\pi F}{S_0}\times10^{-7}}=\sqrt{\frac{16\pi\times50}{1\times10^{-4}}\times10^{-7}}T\approx1.6T$$

计算线圈的匝数：

$$N=\frac{U}{4.44fB_mS}=\frac{220}{4.44\times50\times1.6\times1\times10^{-4}}\text{匝}=6200\text{匝}$$

初始励磁电流为

$$\sqrt{2}NI\approx H_m\delta=\frac{B_m}{\mu_0}\delta$$

$$I = \frac{B_m\delta}{\sqrt{2}N\mu_0} = \frac{1.6 \times 1 \times 10^{-2}}{\sqrt{2} \times 6200 \times 4\pi \times 10^{-7}}\text{A} = 1.5\text{A}$$

5.5 变压器

5.5.1 变压器的分类和结构

变压器是根据电磁感应原理制成的一种静止的电气设备，它的基本作用是变换交流电压，即把电压从某一数值的交流电变为频率相同电压为另一数值的交流电。在输电方面，为了节省输电导线的用铜量和减少线路上的电压降及线路的功率损耗，通常利用变压器升高电压；在用电方面，为了用电安全，可利用变压器降低电压。此外，变压器还可用于变换电流大小和变换阻抗大小。

变压器的种类很多，根据其用途不同有：远距离输配电用的电力变压器；机床控制用的控制变压器；电子设备和仪器供电电源用的电源变压器；焊接用的焊接变压器；平滑调压用的自耦变压器；测量仪表用的互感器以及用于传递信号的耦合变压器等。

无论何种变压器，其基本构造和工作原理是相同的，都是由铁磁材料构成的铁心和绕在铁心上的线圈(亦称绕组)两部分组成。变压器常见的结构形式有两类：心式变压器和壳式变压器。如图 5-23 所示，心式变压器的特点是线圈包围铁心，它的用铁量较少，构造简单，线圈的安装和绝缘处理比较容易，因此多用于容量较大的变压器中。壳式变压器如图 5-24 所示，其特点是铁心包围线圈。这种变压器用铜量较少，多用于小容量的变压器。

变压器最基本的结构是铁心和线圈。

铁心是变压器的磁路部分，为了减少铁心中的涡流损耗，铁心通常用含硅量较高、厚度为 0.35mm 的硅钢片交叠而成，为了隔绝硅钢片相互之间的电的联系，每一硅钢片的两面都涂有绝缘清漆。

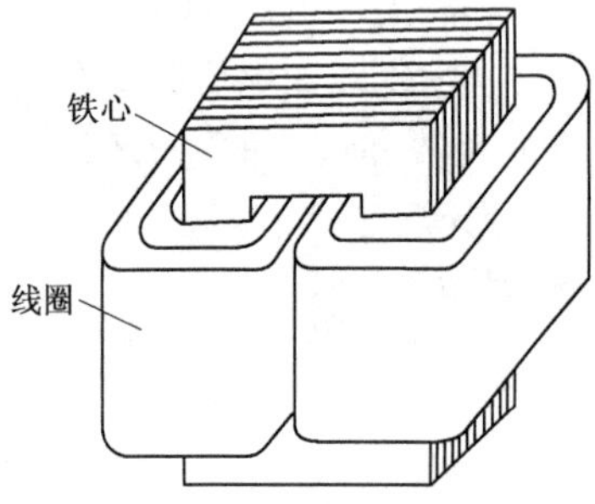

图 5-23　心式变压器

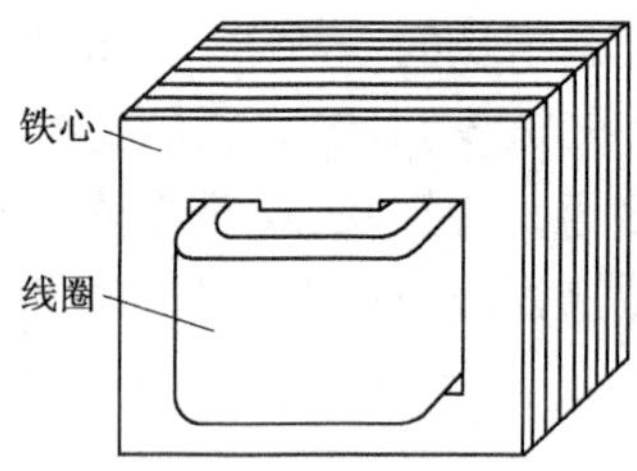

图 5-24　壳式变压器

绕组是变压器的电路部分，用绝缘铜导线或铝导线绕制，绕制时多采用圆柱形线圈。通常电压高的绕组称为高压绕组，电压低的绕组称为低压绕组，低压绕组一般靠近铁心放置，而高压绕组则置于外层。为了防止变压器内部短路，在绕组和绕组之间，绕组和铁心之间，以及每绕组的各层之间，都必须绝缘良好。

除了铁心和绕组之外，变压器一般有外壳，用来保护绕组免受机械损伤，并起散热和屏蔽作用。较大容量的还具有冷却系统、保护装置以及绝缘套管等。大容量变压器通常采用三相变压器。

5.5.2 变压器的工作原理

图 5-25 所示为变压器原理图。为了便于分析，图中将一次绕组和二次绕组分别画在两边。与电源连接的一侧称为一次侧，一次侧各量均用下标“1”表示，如 N_1，μ_1，i_1 等；与负载连接的一侧称为二次侧，二次侧各量均用下标“2”表示，如 N_2，μ_2，i_2 等。下面分空载和负载两种情况来分析变压器的工作原理。

1. 变压器空载运行及电压变换

变压器空载运行是将变压器的一次绕组两端加上交流电压，二次绕组不接负载的情况。

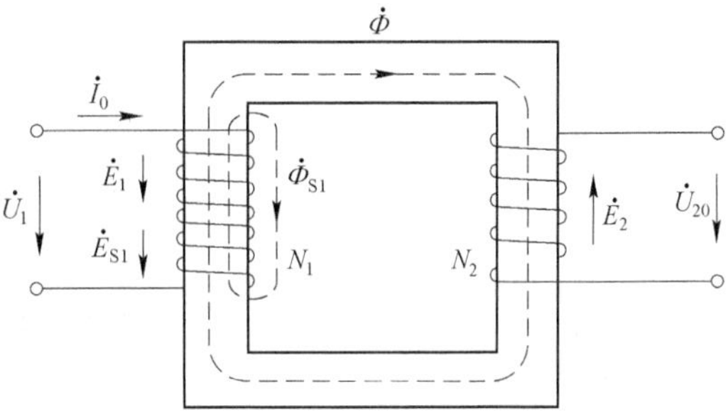

图 5-25 变压器的空载运行

在外加正弦交流电压 u_1 作用下，一次绕组内有电流 i_0 流过。由于二次绕组开路，二次绕组内没有电流，故将此时一次绕组内的电流 i_0 称为空载电流。该电流通过匝数为 N_1 的一次绕组产生磁动势 i_0N_1，并建立交变磁场。由于铁心的磁导率比空气或油的磁导率大得多，因而绝大部分磁通经过铁心而闭合，并与一次、二次绕组交链，这部分磁通称为主磁通，用 Φ 表示。主磁通穿过一次绕组和二次绕组，并在其中感应产生电动势 e_1 和 e_2。另有一小部分漏磁通 Φ_{S1} 不经过铁心而通过空气或油闭合，它仅与一次绕组本身交链。漏磁通在变压器中感应的电动势仅起电压降的作用，不传递能量。下面讨论中均略去漏磁通及漏磁通产生的电压降。

上述的电磁关系可表示如下：

$$e_1 = -N_1\frac{\mathrm{d}\Phi}{\mathrm{d}t} \tag{5-28}$$

$$u_1 \rightarrow i_0 \rightarrow i_0N_1 \rightarrow \Phi$$

$$e_2 = -N_2\frac{\mathrm{d}\Phi}{\mathrm{d}t} = u_{20} \tag{5-29}$$

式中，u_{20} 为二次绕组的空载端电压。

由基尔霍夫电压定律，按图 5-25 所规定的电压、电流和电动势的正方向，可列出一次、二次绕组的瞬时电压平衡方程式，即

$$u_1 = i_0R_1 - e_1 = i_0R_1 + N_1\frac{\mathrm{d}\Phi}{\mathrm{d}t}$$

$$u_{20} = e_2 = -N_2\frac{\mathrm{d}\Phi}{\mathrm{d}t} \tag{5-30}$$

式中，R_1 为一次绕组的电阻。

若用相量形式表示，式(5-30)可写成

$$\dot{U}_1 = \dot{I}_0R_1 + (-\dot{E}_1)$$

$$\dot{U}_{20} = \dot{E}_2 \tag{5-31}$$

由于一般变压器在空载时励磁电流 i_0 很小，通常为一次绕组额定电流的 3% ~10%，所

以一次绕组的电阻压降 i_0R_1 很小，可近似认为

$$u_1 \approx -e_1$$

或
$$\dot{U}_1 \approx -\dot{E}_1$$

因此

$$\frac{\dot{U}_1}{\dot{U}_2} \approx -\frac{\dot{E}_1}{\dot{E}_2} \tag{5-32}$$

其有效值之比为

$$\frac{U_1}{U_{20}} \approx \frac{E_1}{E_2} = \frac{N_1}{N_2} = K \tag{5-33}$$

式中，K 称为变压器的电压比，亦即一次、二次绕组的匝数比。当 $K<1$ 时，为升压变压器；当 $K>1$ 时，为降压变压器。

必需指出，变压器空载时，若外加电压的有效值 U_1 一定，主磁通的最大值 Φ_m 也基本不变，如 $\Phi = \Phi_m \sin\omega t$，则有

$$\dot{U}_1 \approx -\dot{E}_1 = \mathrm{j}4.44fN_1\Phi_m \tag{5-34}$$

用有效值形式表示

$$U_1 \approx E_1 = 4.44fN_1\Phi_m \tag{5-35}$$

在式(5-35)中，当 f、N_1 为定值时，主磁通最大值 Φ_m 的大小只取决于外加电压有效值 U_1 的大小，而与是否接负载无关。若外加电压 U_1 不变，则主磁通 Φ_m 也不变。这个关系对分析变压器的负载运行及电动机的工作原理都非常重要。

2. 变压器负载运行及电流变换

变压器负载运行是将变压器的一次绕组接上电源，二次绕组接有负载的情况，如图 5-26 所示。

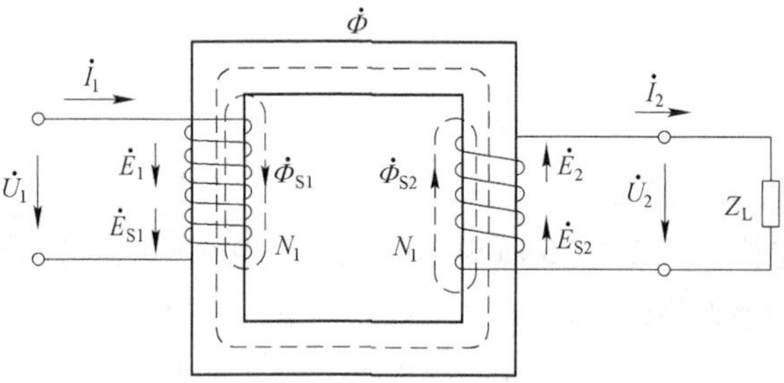

图 5-26 变压器的负载运行

二次绕组接上负载 Z_L 后，在电动势 e_2 的作用下，二次侧就有电流 i_2 流过，即二次侧有电能输出。一次绕组与二次绕组之间没有电的直接联系，只有磁通与一次、二次绕组交链形成的磁耦合来实现能量传递。那么，一次、二次绕组电流之间关系怎样呢？

变压器未接负载前其一次电流为 i_0，它在一次侧产生磁动势为 i_0N_1，在铁心中产生的磁通 Φ。接上负载后，二次电流 i_2 产生磁动势为 i_2N_2，根据楞次定律，i_2N_2 将阻碍铁心中主磁通 Φ 的变化，企图改变主磁通的最大值 Φ_m。但是，当电源电压有效值 U_1 和频率 f 一定时，由式 $U_1=E_1=4.44fN_1\Phi_m$ 可知，U_1 和 Φ_m 近似恒定。因而，随着负载电流 i_2 的出现，

一次电流 i_0 及产生的磁动势 i_0N_1 必然也随之增大，增至 i_1N_1 以维持磁通最大值 Φ_m 基本不变，即与空载时的 Φ_m 大小接近相等。因此，有负载时产生主磁通的一次、二次绕组的合成磁动势$(i_1N_1+i_2N_2)$应该与空载时产生主磁通的一次绕组的磁动势 i_0N_1 差不多相等，即

$$i_1N_1+i_2N_2 \approx i_0N_1$$

用相量表示

$$\dot{I}_1N_1+\dot{I}_2N_2 \approx \dot{I}_0N_1 \tag{5-36}$$

式(5-36)称为磁动势平衡方程式。有载时，一次侧磁动势 i_1N_1 可视为两个部分：i_0N_1 用来产生主磁通 Φ；i_2N_2 用来抵消二次电流 i_2 所建立的磁动势 i_2N_2 以维持铁心中的主磁通最大值 Φ_m 基本不变。

由式(5-36)得到

$$\dot{I}_1 \approx \dot{I}_0+\left(-\frac{N_2}{N_1}\dot{I}_2\right) \tag{5-37}$$

一般情况下，空载电流 I_0 只占一次绕组额定电流 I_{1N} 的 3% ~ 10%，可以略去不计。于是式(5-37)可写成

$$\dot{I}_1 \approx -\frac{N_2}{N_1}\dot{I}_2 \tag{5-38}$$

由式(5-38)可知，一次、二次绕组的电流关系为

$$\frac{I_1}{I_2} \approx \frac{N_2}{N_1}=\frac{1}{K} \tag{5-39}$$

式(5-39)表明变压器一次、二次绕组的电流之比近似与它们的匝数成反比。

必须注意，式(5-39)是在忽略空载电流的情况下获得的，若变压器在空载或轻载下运行就不适用了。

变压器负载运行时的电磁关系如下：

$$e_1=-N_1\frac{\mathrm{d}\Phi}{\mathrm{d}t}$$

$$u_1 \rightarrow i_1(i_1N_1) \rightarrow i_0N_1 \rightarrow \Phi$$

$$e_2=-N_2\frac{\mathrm{d}\Phi}{\mathrm{d}t} \rightarrow u_2 \rightarrow i_2(i_2N_2)$$

3. 变压器阻抗变换作用

变压器除了变换电压和变换电流外，还可进行阻抗变换，以实现“匹配”。

在图 5-27a 中，负载阻抗 Z_L 接在变压器二次侧，而图中的点画线框部分可用一个阻抗 Z' 来等效代替，如图 5-27b 所示。两者的关系可通过下面计算得出。

根据式(5-33)和式(5-39)可得出

$$\frac{U_1}{I_1}=\frac{\frac{N_1}{N_2}U_2}{\frac{N_2}{N_1}I_2}=\left(\frac{N_1}{N_2}\right)^2\frac{U_2}{I_2}=K^2\frac{U_2}{I_2}$$

由图 5-27a 可知：

$$\frac{U_2}{I_2}=Z_L$$

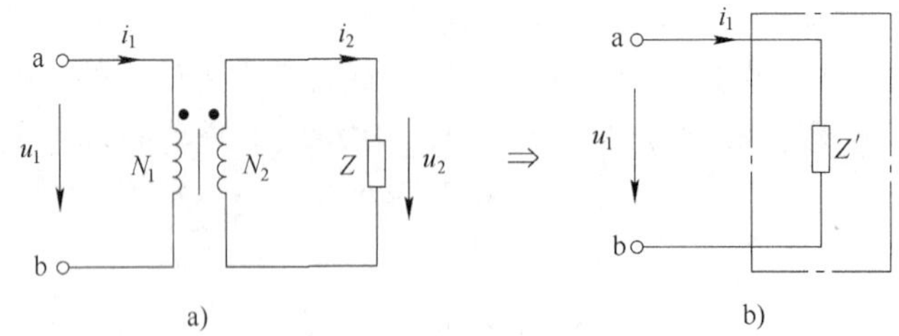

图 5-27　阻抗变换

由图 5-27b 可知：

$$\frac{U_1}{I_1}=Z'$$

代入后得

$$Z'=K^2Z_L \tag{5-40}$$

式中，Z'和 Z_L 为阻抗的大小。它表明在忽略漏磁阻抗影响下，只需调整匝数比，就可把负载阻抗变换为所需要的数值，且负载性质不变。根据最大功率传递条件，可以使负载从信号源获得最大功率，通常称为阻抗匹配。

例 5-7　有一信号源的电动势为 1.5V，内阻抗为 300Ω，负载阻抗为 75Ω。欲使负载获得最大功率，必须在信号源和负载之间接一阻抗匹配变压器，使变压器的输入阻抗等于信号源的内阻抗，如图 5-28a 所示。问变压器的变比，一次侧、二次侧的电流各为多少？

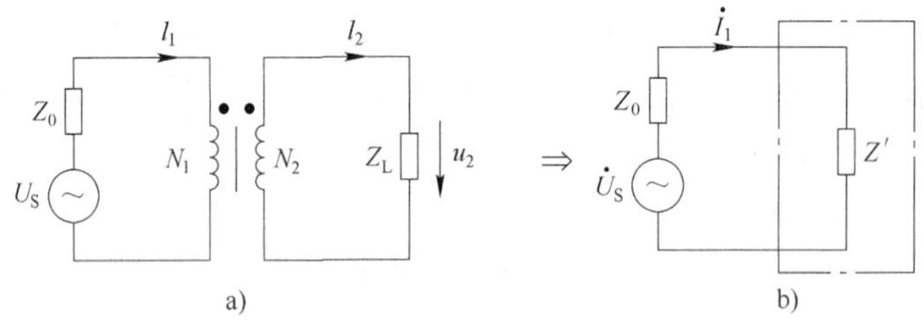

图 5-28　例 5-7 图

解：依题意，变压器信号源内阻抗 $Z_0=300\Omega$，当变压器一次侧的输入阻抗 $Z'=Z_0=300\Omega$，信号源输出最大功率，即负载获得最大功率。

应用变压器一次、二次侧的阻抗变换公式，可求得电压比为

$$K=\frac{N_1}{N_2}=\sqrt{\frac{z'}{z}}=\sqrt{\frac{300}{75}}=2$$

因此，信号源和负载之间接一个电压比为 2 的变压器就能达到阻抗匹配的目的。这时变压器的一次电流为

$$I_1=\frac{U_S}{Z_0+Z'}=\frac{1.5\text{V}}{300\Omega+300\Omega}=2.5\text{mA}$$

二次电流为

$$I_2=KI_1=2\times2.5\text{mA}=5\text{mA}$$

例 5-8　理想变压器电路如图 5-29a 所示，已知 $u_S=10\sqrt{2}\cos(10t)$ V，$R_1=1\Omega$，$R_2=100\Omega$，求：(1)$K=0.5$ 时，R_2 获得的功率为多少？(2)K 为多大时 R_2 可获得最大功率？

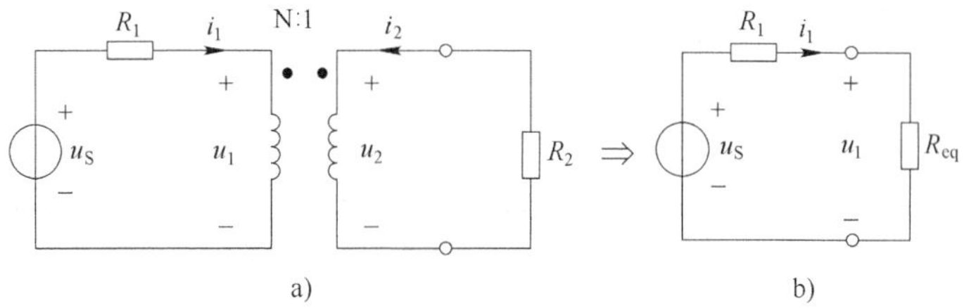

图 5-29　例 5-8 图

解：（1）将 R_2 等效到一次侧为

$$R_{eq} = K^2R_2 = 0.5^2 \times 100\Omega = 25\Omega$$

$$i_1 = \frac{u_S}{R_1 + R_{eq}} = \frac{10\sqrt{2}\cos(10t)\,V}{26\Omega} = 0.3846\sqrt{2}\cos(10t)\,A$$

$$i_2 = -Ki_1 = -0.1923\sqrt{2}\cos(10t)\,A$$

$$P_{R_2} = I_2^2R_2 = 0.1923^2 \times 100W = 3.698W$$

或

$$P_{R_2} = I_1^2R_{eq} = 0.3846^2 \times 25W = 3.698W$$

（2）欲使 R_2 获得最大功率，则 $R_{eq} = K^2R_2 = R_1$，解出

$$K = 0.1$$

$$i_1 = \frac{u_s}{R_1 + R_{eq}} = \frac{10\sqrt{2}\cos(10t)}{2} = 5\sqrt{2}\cos(10t)\,A$$

$$i_2 = -Ni_1 = -0.5\sqrt{2}\cos(10t)\,A$$

$$P_{R_2} = I_2^2R_2 = 0.5^2 \times 100W = 25W \text{ 或 } P_{R_2} = I_1^2R_{eq} = 1^2 \times 25W = 25W$$

5.5.3　变压器的外特性、功率和效率

1. 变压器的额定值

使用变压器时，应了解变压器的额定值。变压器正常运行的状态和条件，称为变压器的额定工作情况，而表征变压器额定工作情况的电压、电流和功率等数值，称为变压器的额定值，它一般标在变压器的铭牌上。

额定容量 S_N：变压器的额定容量指它的额定视在功率，以伏安(V · A)或千伏安(kV · A)为单位。在单相变压器中，$S_N = U_{2N}I_{2N}$；在三相变压器中，$S_N = \sqrt{3}U_{2N}I_{2N}$。

额定电压 U_{1N}和 U_{2N}：一次绕组的额定电压 U_{1N}是指一次绕组上应加的电源电压或输入电压，二次绕组的额定电压 U_{2N}是指一次绕组加上额定电压时二次绕组的空载电压(U_{20})。在三相变压器铭牌上给出的额定电压 U_{1N}和 U_{2N}均为一次、二次绕组的线电压。

额定电流 I_{1N}和 I_{2N}：变压器的额定电流 I_{1N}和 I_{2N}是根据绝缘材料所允许的温度而规定的一次、二次绕组中允许长期通过的最大电流值。在三相变压器中，I_{1N}和 I_{2N}均为一次、二次绕组的线电流。

变压器的额定值决定于变压器的构造和所用的材料。使用变压器时一般不能超过其额定值。此外，还必须**注意：**其工作温度不能过高，一次、二次绕组必须分清，并防止变压器绕组短路，以免烧毁变压器。

2. 变压器的外特性

变压器的外特性是指电源电压 U_1、f_1 为额定值，负载功率因数 $\cos\varphi_2$ 一定时，U_2 随 I_2 变化的关系曲线，即 $U_2=f(I_2)$，如图 5-30 所示。

从外特性曲线中可清楚地看出，负载变化时所引起的变压器二次电压 U_2 的变化程度，既与一次、二次绕组的漏磁阻抗(包括一次、二次绕组的电阻及漏磁感抗)有关，又与负载的大小及性质有关。对于电阻性和电感性负载而言，U_2 随负载电流 I_2 的增加而下降，其下降程度还与负载的功率因数有关。对电容性负载来说，U_2 可能高于 U_{2N}，外特性曲线是上翘的。由外特性曲线还可以看到，电阻性负载时，U_2 的变化也随 I_2 的增大而下降。

变压器二次电压 U_2 随 I_2 变化的程度用电压变化率 ΔU 表示，即

$$\Delta U=\frac{U_{20}-U_2}{U_{20}}\times 100\% \tag{5-41}$$

在一般的变压器中，由于其绕组电阻和漏磁感抗均甚小，电压变化率是不大的，为 2% ~5%。

变压器的电压变化率表征了电网电压的稳定性，一定程度上反映了变压器供电的质量，是变压器的主要性能指标之一。为了改善电压稳定性，对电感性负载，可在负载两端并联适当容量的电容器，以提高功率因数和减小电压变化率。

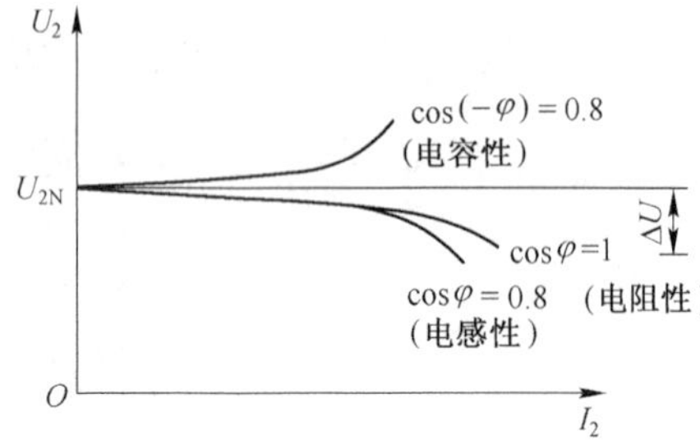

图 5-30　变压器的外特性

3. 变压器的功率

变压器一次绕组的输入功率为

$$P_1=U_1I_1\cos\varphi_1 \tag{5-42}$$

式中，φ_1 为一次绕组电压与电流的相位差。

变压器二次绕组的输出功率为

$$P_2=U_2I_2\cos\varphi_2 \tag{5-43}$$

式中，φ_2 为二次绕组电压与电流的相位差。

输入功率与输出功率的差就是变压器所损耗的功率，即

$$\Delta P=P_1-P_2 \tag{5-44}$$

变压器的功率损耗，包括铁损 ΔP_{Fe}(铁心的磁滞损耗和涡流损耗)和铜损 ΔP_{Cu}(线圈导线电阻的损耗)，即

$$\Delta P=\Delta P_{Fe}+\Delta P_{Cu} \tag{5-45}$$

铁损和铜损可以用实验方法测量或计算求出，铜损($I_1^2r_1+I_2^2r_2$)与负载大小有关，是可变损耗；而铁损与负载大小无关，当外加电压和频率确定后，一般是常数。

4. 变压器的效率

变压器的效率等于变压器输出功率与输入功率之比的百分值，即

$$\eta=\frac{P_2}{P_1}\times 100\%=\frac{P_2}{P_2+\Delta P_{Fe}+\Delta P_{Cu}}\times 100\% \tag{5-46}$$

变压器的效率较高。大容量变压器在额定负载时的效率可达 98% ~99%，小型电源变压器的效率为 70% ~80%。

变压器的效率还与负载有关，轻载时效率很低，因此应合理选用变压器的容量，避免长

期轻载或空载运行。

例 5-9 有一额定容量为 2kV·A、电压为 380/110V 的单相变压器。(1)求一次侧和二次侧的额定电流；(2)若负载为 110V、25W、$\cos\varphi = 0.8$ 的小型单相电动机，问满载运行时可接入多少这样的电动机？

解：(1) 一次侧和二次侧的额定电流为

$$I_{1N} = \frac{S_N}{U_{1N}} = \frac{2000}{380}\text{A} = 5.26\text{A}$$

$$I_{2N} = \frac{S_N}{U_{2N}} = \frac{2000}{110}\text{A} = 18.18\text{A}$$

(2) 每台小电动机的额定电流为

$$I = \frac{P}{U\cos\varphi} = \frac{25}{110 \times 0.8}\text{A} = 0.28\text{A}$$

故可接电动机台数为

$$\frac{18.18}{0.28}\text{台} = 65\text{台}$$

例 5-10 有一带电阻负载的三相变压器，其额定数据如下：$S_N = 100\text{kV}\cdot\text{A}$，$U_{1N} = 6000\text{V}$，$U_{2N} = U_{20} = 400\text{V}$，$f = 50\text{Hz}$。由试验测得：$\Delta P_{Fe} = 600\text{W}$，额定负载时的 $\Delta P_{Cu} = 2400\text{W}$。试求：(1)变压器的额定电流；(2)满载和半载时的效率。

解：(1) 求额定电流：

$$I_{2N} = \frac{S_N}{\sqrt{3}U_{2N}} = \frac{100 \times 10^3}{\sqrt{3} \times 400}\text{A} = 144\text{A}$$

$$I_{1N} = \frac{S_N}{\sqrt{3}U_{1N}} = \frac{100 \times 10^3}{\sqrt{3} \times 6000}\text{A} = 9.62\text{A}$$

(2) 满载时和半载时的效率分别为

满载时的效率为：

$$\eta_1 = \frac{P_2}{P_2 + \Delta P_{Fe} + \Delta P_{Cu}} = \frac{100 \times 10^3}{100 \times 10^3 + 600 + 2400} = 97.1\%$$

半载时的效率为：

$$\eta_{\frac{1}{2}} = \frac{\frac{1}{2} \times 100 \times 10^3}{\frac{1}{2} \times 100 \times 10^3 + 600 + \left(\frac{1}{2}\right)^2 \times 2400} = 97.6\%$$

5.5.4 变压器绕组的极性

变压器在使用中有时需要把绕组串联以提高电压，或把绕组并联以增大电流，但必须注意绕组的正确连接。例如，一台变压器的一次绕组有相同的两个绕组，如图 5-31a 中的 1-2 和 3-4。假定每个绕组的额定电压为 110V，当接到 220V 的电源上时，应把两绕组的异极性端串联，如图 5-31b 所示；当接到 110V 的电源上时，应把两绕组的同极性端并联，如图 5-31c 所示。如果连接错误，若串联时将 2 和 4 两端连在一起，将 1 和 3 两端接电源，此时两个绕组的磁动势就互相抵消，铁心中不产生磁通，绕组中也就没有感应电动势，绕组中将流过很大的电流，把变压器烧毁。

为了正确连接，在线圈上标以记号“·”。标有“·”号的两端称为同极性端，又称同名端。图5-31中的1和3是同名端，当然2和4也是同名端。当电流从两个线圈的同名端流入(或流出)时，产生的磁通方向相同；或者当磁通变化(增大或减小)时，在同名端感应电动势的极性也相同。在图5-31中，绕组中的电流是增加的，故感应电动势 e 的极性(或方向)如图5-31所示。

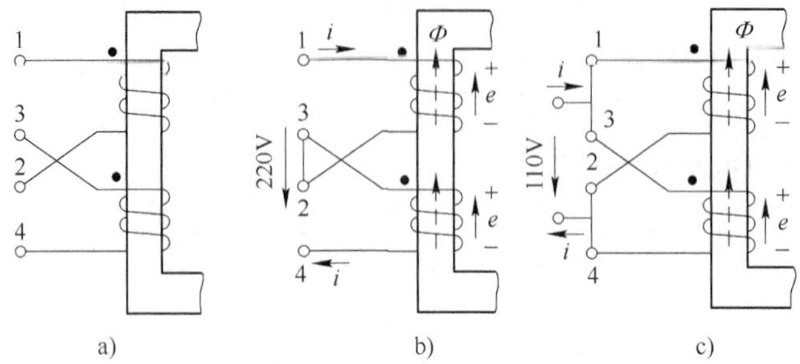

图5-31　变压器绕组的正确连接

应该指出，只有额定电流相同的绕组才能串联，额定电压相同的绕组才能并联，否则，即使极性连接正确，也可能使其中某一绕组过载。如果将其中一个线圈反绕，如图5-32所示，则1和4两端应为同名端。串联时应将2和4两端连在一起。可见，同名端的标定，还与绕圈的绕向有关。

当一台变压器引出端未注明极性或标记脱落，或绕组经过浸漆及其他工艺处理，从外观上已看不清绕组的绕向时，通常用下述两种实验方法来测定变压器的同名端。

(1) 交流法　用交流法测定绕组极性的电路如图5-33a所示。将两个绕组1—2和3—4的任意两端(如2和4)连接在一起，在其中一个绕组(如1—2)的两端加一个比较低的便于测量的交流电压。用电压表分别测量1、3两端的电压 U_{13} 和两绕组的电压 U_{12} 及 U_{34}，U_{13} 的数值是两绕组的电压之差，即 $U_{13}=U_{12}-U_{34}$，则1和3是同极性端；若 U_{13} 是两绕组电压之和，即 $U_{13}=U_{12}+U_{34}$，则1和4是同极性端。

(2) 直流法　用直流法测定绕组极性的电路如图5-33b所示。当开关S闭合瞬间，如果电流计的指针正向偏转，则1和3是同极性端；如果反向偏转，则1和4的同极性端。

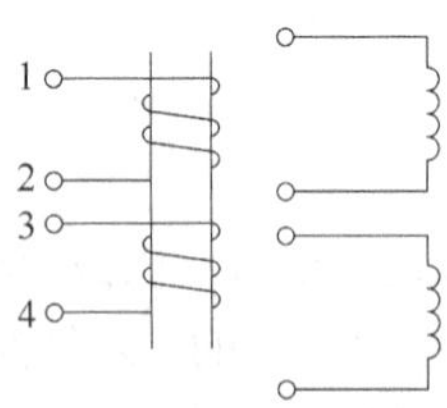

图5-32　线圈反绕

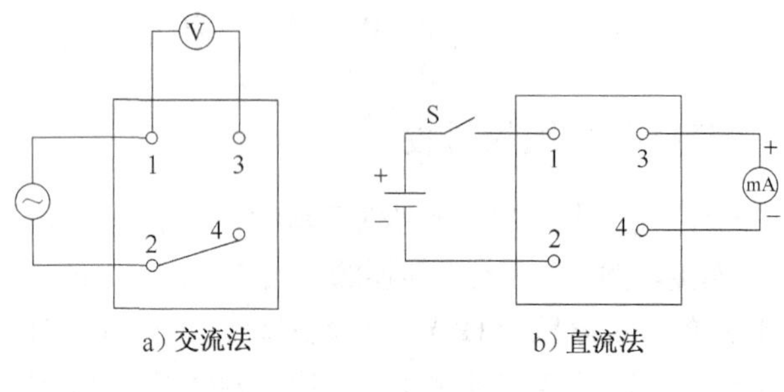

图5-33　测定变压器的同名端

5.5.5 特殊变压器

下面简单介绍几种特殊用途的变压器。

1. 自耦变压器

图5-34所示的是一种自耦变压器原理图，其结构特点是二次绕组是一次绕组的一部分。至于一次、二次绕组电压之比也是

$$\frac{U_1}{U_2}=\frac{N_1}{N_2}=K,\quad \frac{I_1}{I_2}=\frac{N_2}{N_1}=\frac{1}{K}$$

实验室中常用的调压器就是一种可以改变二次绕组匝数的自耦变压器。

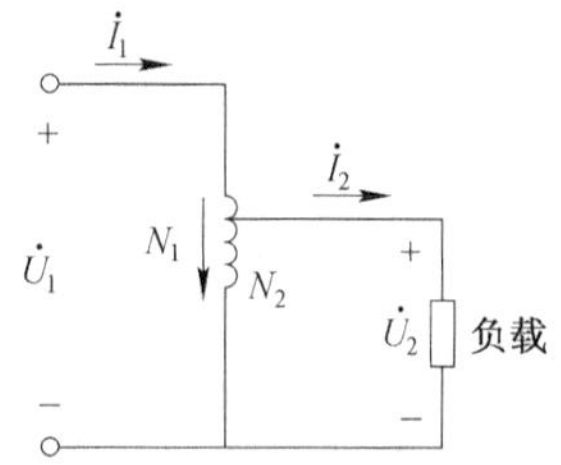

图5-34 自耦变压器原理图

2. 电流互感器

电流互感器是根据变压器的原理制成的。它主要是用来扩大测量交流电流的量程。因为要测量交流电路的大电流时(如测量容量较大的电动机、工频炉、焊机等的电流时)，通常电流表的量程是不够的。

此外，使用电流互感器也是为了使测量仪表与高压电路隔开，以保证人身与设备的安全。

电流互感器的接线图及其符号如图5-35所示。一次绕组的匝数很少(只有一匝或几匝)，它串联在被测电路中。二次绕组的匝数较多，它与电流表或其他仪表及继电器的电流线圈相连接。

据变压器原理，可认为

$$\frac{I_1}{I_2}=\frac{N_2}{N_1}=K \tag{5-47}$$

或

$$I_1=\frac{N_2}{N_1}I_2=K_iI_2 \tag{5-48}$$

式中，K_i 是电流互感器的变换系数。

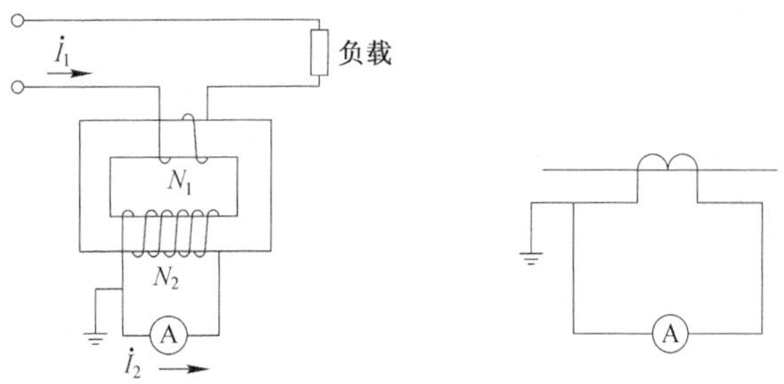

a) 接线图　　b) 符号

图5-35 电流互感器的接线图及其符号

由式(5-42)可见，利用电流互感器可将大电流变换为小电流。电流表的读数 I_2 乘上变换系数 K_i 即为被测的大电流 I_1(在电流表的刻度上可以直接标出被测电阻值)。通常电流互感器二次绕组的额定电流规定为5A或1A。

因为电流互感器的二次绕组是与负载串联，其一次电流 I_1 的大小是由负载的大小决定的，不是由二次电流 I_2 决定的。所以当二次绕组电路断开时，二次绕组的电流和磁动势立即消失，但 I_1 的电流不变，这时铁心的磁通全由一次绕组的磁动势 N_1I_1 产生，结果造成铁心内产生很大的磁通(因为二次绕组磁通为零，不能抵消部分一次绕组的磁通)。这一方面使铁损大增，铁心发热。另一方面又使二次绕组的感应电动势大大增高，增加危险。

所以在使用电流互感器时，不允许断开二次绕组电路。这点与普通变压器的使用有所不同。为了安全起见，电流互感器的铁心和二次绕组的一端应该作接地处理。

项 目 小 结

1. 磁路的基本物理量包括：磁通 Φ、磁场强度 H、磁感应强度 B 和磁导率 μ。

2. 磁路基本定律：磁路的欧姆定律：$\Phi=\dfrac{F_{\mathrm{m}}}{R_{\mathrm{m}}}$；基尔霍夫磁通定律：$\sum\Phi=0$；基尔霍夫磁压定律：$F_{\mathrm{m}}=\sum Hl$。

3. 磁性材料主要是指铁、镍、钴及其合金。它们具有高导磁性、磁饱和性和磁滞性等基本特性。

4. 铁心线圈分为直流铁心线圈与交流铁心线圈两种，做成电磁铁也分为直流电磁铁与交流电磁铁。直流电磁铁吸力稳定，工作可靠，当衔铁吸合时，由于磁路气隙减小，磁阻随之减小，磁通 Φ 增大，因而衔铁被牢牢吸住。交流电磁铁吸力是个变量，有过零点，为消除吸合过程中的噪声而带短路环；当通电后由于被卡住不能吸合时，易烧坏线圈。

5. 变压器空载运行时，$\dfrac{U_1}{U_{20}}\approx\dfrac{E_1}{E_2}=\dfrac{N_1}{N_2}=K$，式中，$K$ 称为变压器的电压比，亦即一次、二次绕组的匝数比。当 $K<1$ 时，为升压变压器；当 $K>1$ 时，为降压变压器。

6. 变压器负载运行时，一次、二次绕组的电流关系为$\dfrac{I_1}{I_2}\approx\dfrac{N_2}{N_1}=\dfrac{1}{K}$，表明变压器一次、二次绕组的电流之比近似与它们的匝数成反比。

7. 变压器除了变换电压和变换电流外，还可进行阻抗变换，以实现“匹配”。负载阻抗 Z，匹配阻抗 Z'，则 $Z'=K^2Z$。表明在忽略漏磁阻抗影响下，只需调整匝数比，就可把负载阻抗变换为所需要的数值，且负载性质不变。通常称为阻抗匹配。

8. 变压器的额定容量指它的额定视在功率，以伏安(V · A)或千伏安(kV · A)为单位。在单相变压器中，$S_{\mathrm{N}}=U_{2\mathrm{N}}I_{2\mathrm{N}}$，在三相变压器中，$S_{\mathrm{N}}=\sqrt{3}U_{2\mathrm{N}}I_{2\mathrm{N}}$。

9. 变压器的外特性是指电源电压 U_1、f_1 为额定值，负载功率因数 $\cos\varphi_2$ 一定时，U_2 随 I_2 变化的关系曲线，即 $U_2=f(I_2)$。

10. 变压器的效率等于变压器输出功率与输入功率之比的百分值，即

$$\eta=\frac{P_2}{P_1}\times100\%=\frac{P_2}{P_2+\Delta P_{\mathrm{Fe}}+\Delta P_{\mathrm{Cu}}}\times100\%$$

11. 通常用交流法和直流法来测定变压器的同名端。

项目任务实施

任务一　观察测量交、直流电磁铁的工作现象及动作电流

1）搭建电路如图 5-36 所示，设置好电路参数。

2）按下仿真开关，合上开关 Q，可以发现被控制电路出现了什么现象？合上开关 S，减小可变电阻值，使流过电磁铁电流增大，可以发现电流增大到多少时电磁铁动作？被控制电路出现了什么现象？记入表 5-3 中。

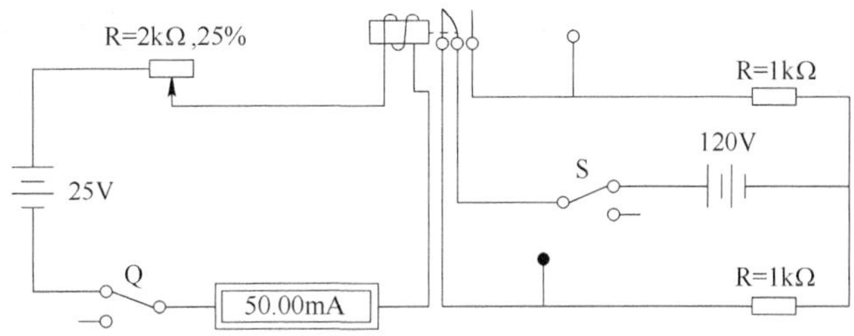

图 5-36　观察测量交直流电磁铁的工作现象及动作电流电路

3）逐渐增大可变电阻，使流过电磁铁的电流减小，可以发现当电流减小到多少时电磁铁无法吸持？被控制电路出现了什么现象？记入表格 5-3 中。

4）将上面电路控制电路中的直流电源换成交流电源，保持电源有效值与直流电源相同，频率改为 1Hz，电流表 A 改为交流档。重复上面步骤 2、3，观察到什么现象？记录现象和数据，填入表格 5-3 中。

表 5-3　观察测量交、直流电磁铁的工作现象及动作电流

观察测量电磁铁的时间段		最小动作电流		吸合前后的现象	最小吸持电流		复位前后的现象
		标称值	实际值		标称值	实际值	
直流电源	吸合前，控制电流增大到吸合时				—	—	—
	吸合后，控制电流减小到复位时	—	—	—			
交流电源	吸合前，控制电流增大到吸合电流时				—	—	—
	达吸合电流后，控制电流减小到复位时	—	—	—			

5）据上面实验现象与数据，分析交、直流电磁铁的工作特点及实验所选型号电磁铁的动作电流。

任务二　用直流法与交流法测试互感线圈的同名端

1）用直流法测试互感线圈的同名端。搭建电路如图 5-37 所示，设置好电路参数，电表用直流档。当开关 S 闭合时，若电流表中电流是从 3 端头流入，说明互感线圈的 1、3 端头为同名端，反之刚 1、4 为同名端。请解释原因。

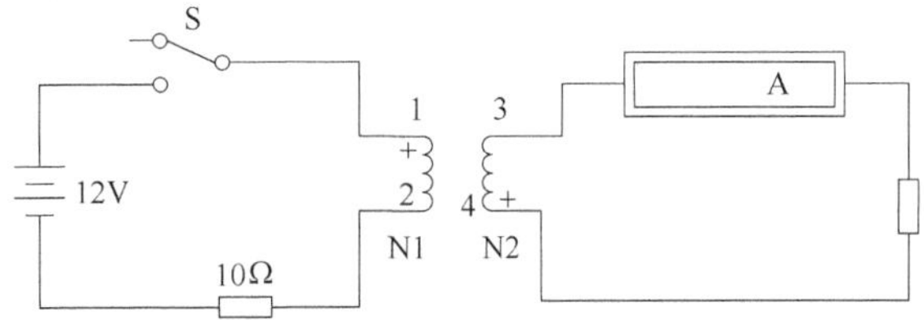

图 5-37　直流法测试互感线圈同名端电路

2）用交流法测试互感线圈的同名端。搭建电路如图 5-38 所示，设置好电路参数，电表用交流档。当开关S闭合时，若三只电流表读数为 $I_2 = I_1 - I_3$，说明线圈 N_2 与 N_3 是顺串，即3、5是名端；若读数 $I_2 = I_1 + I_3$，说明线圈 N_2 与 N_3 是反串，即3、6是同名端。请解释原因。

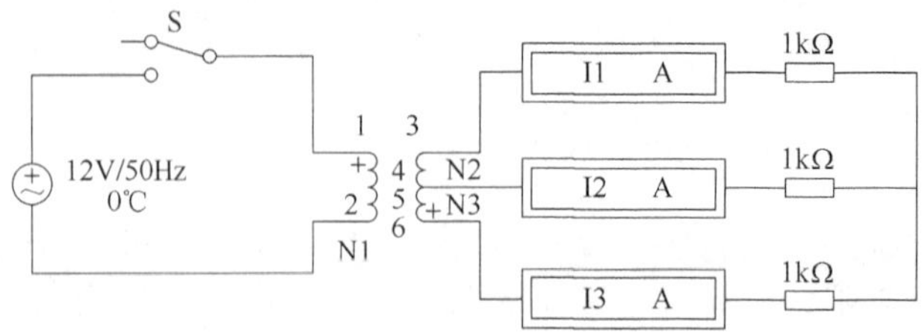

图5-38　交流法测试互感线圈同名端电路

任务三　测定变压器在空载、负载、短路时变压、变流的规律及运行特性

1）在EWB中搭建电路如图5-39所示，设置好电路参数与性质。

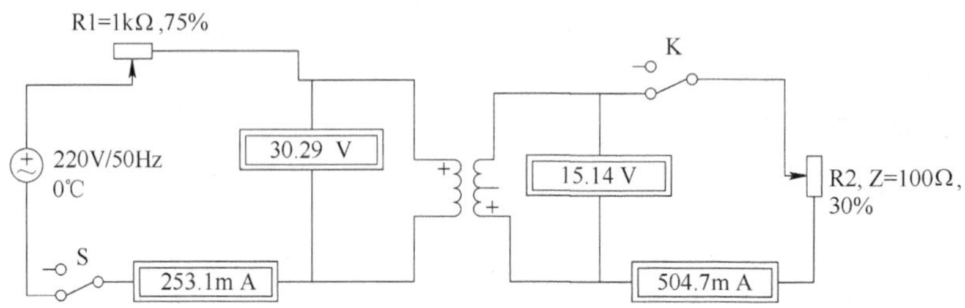

图5-39　变压器的运行特性测量电路

2）当变压器空载(K打开)运行时，调节电阻 R_1 以改变一次电压 U_1，仿真测量此时变压器一次、二次电压 U_1 和 U_2、一次、二次电流 I_1 和 I_2，共测量两次，将数据记入表5-3中，计算此时变压器的 U_1/U_2 和 I_2/I_1。

3）当变压器负载(K闭合)运行时，改变二次侧负载电阻 R_2 的值，仿真测量此时变压器 U_1 和 U_2、I_1 和 I_2，共测量两次，将数据记入表5-3中，计算 U_1/U_2 和 I_2/I_1。

另：固定变压器的一次电压 U_1(通过电阻 R_1 短接可以实现)，改变 R_2 的值，仿真测量此时变压器 U_2、I_1 和 I_2，共测量三次，将数据记入表5-3中，计算 U_1/U_2 和 I_2/I_1。

4）当变压器负载运行时，减小 R_2 的值使之为零，此时变压器相当于短路运行(**注意：短路时间不能太长**)，仿真测量此时变压器 U_1 和 U_2、I_1 和 I_2，将数据记入表5-3中，计算此时变压器 U_1/U_2 和 I_2/I_1。

5）分析表5-4中的数据，可以得出理想变压器在空载时、负载时、短路时分别有哪些规律和特性？

表5-4　变压器的运行特性测量

	次序或 R_2 值	U_1	U_2	I_1	I_2	计算 U_1/U_2	计算 I_2/I_1
空载时	1						
	2						

（续）

	次序或 R_2 值	U_1	U_2	I_1	I_2	计算 U_1/U_2	计算 I_2/I_1
负载时（U_1 不固定，调节 R_2）	$R_2=$						
	$R_2'=$						
负载时（U_1 固定，调节 R_2）	$R_2=$						
	$R_2'=$						
	$R_2''=$						
短路时	$R_2=0$						

任务四　测定变压器阻抗变换规律

搭建电路如图5-40所示，设置好电路参数。

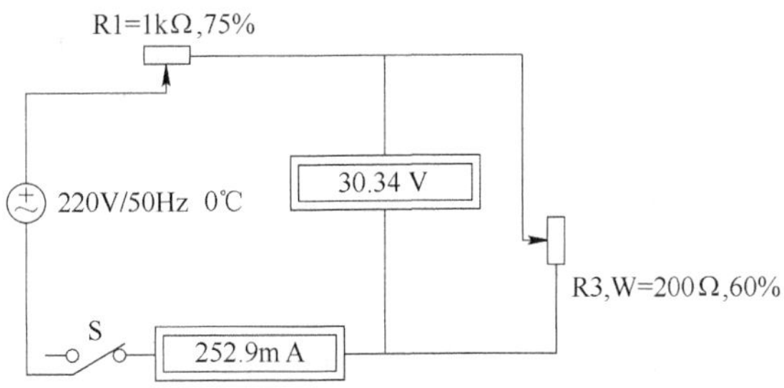

图5-40　测量变压器阻抗变换特性

将图5-39中原先接在二次侧的负载直接接到电源上，如图中 R_3，通过联合调节 R_1、R_3，使 R_3 的电压、电流与负载接在二次侧时的一次电压、电流 U_1、I_1 基本相同，算出此时的电阻 R_3 值，与 n^2R_2 比较，说明什么规律？测量三次，且将数据填入表5-5中。

表5-5　测量变压器阻抗变换特性

次序	R_2（负载接在变压器二次侧时的阻值）	计算 n^2R_2	R_3（负载直接接在电源端时的阻值）
1			
2			
3			

思考与习题

5-1　磁性物质的磁性能有哪些？

5-2　磁路的结构一定，磁路的磁阻是否一定，即磁路的磁阻是否是线性的？

5-3　图5-14所示的交流铁心线圈，所加电压有效值固定不变，若铁心气隙增大，是电流有效值 I 基本不变、磁通最大值 Φ_m 减小？还是 Φ_m 基本不变、电流 I 增大？

5-4　直流铁心线圈电路和交流铁心线圈电路消耗功率分别属于铁损、铜损中的哪一种？还是两种兼而有之？

5-5　分别举例说明剩磁和涡流的有利一面和有害一面。

5-6　理想变压器的条件是什么？

5-7 直流电磁铁吸合后与吸合前相比线圈电流、磁通、吸力有何变化？

5-8 交流电磁铁吸合后与吸合前相比线圈电流、磁通、吸力有何变化？

5-9 如果把交流电磁铁错接到电压相同的直流电源上，将会产生什么后果？相反的，如果把直流电磁铁错接到相同电压的交流电源上会产生什么后果？

5-10 交流电磁铁在吸合过程中气隙减小，试问磁路磁阻、线圈电感、线圈电流以及铁心中磁通的最大值将如何变化（增大、减小、不变或近乎不变）？

5-11 直流电磁铁在吸合过程中气隙减小，试问磁路磁阻、线圈电感、线圈电流以及铁心中磁通的最大值将如何变化（增大、减小、不变或近乎不变）？

5-12 有一直流电磁铁，额定电压为110V，励磁线圈为13400匝，所用导线直径为0.0025mm。现在要将励磁线圈改绕，用在电源电压为24V的地方。问改绕的线圈应该是多少匝？所用导线的直径是几毫米？[提示：①改绕前后吸力不变，磁通最大值 Φ_m 应保持不变；② Φ_m 不变，改绕前后磁动势应该相等；③电流与导线截面积成正比。]

5-13 有一个线圈，其匝数 $N=1000$，绕在由铸钢（$\mu_r=400$）制成的闭合铁心上，铁心的截面积 $S_{Fe}=20\text{cm}^2$，铁心的平均长度 $l_{Fe}=50\text{cm}$。如果要在铁心中产生磁通 $\Phi=0.002\text{Wb}$，试问线圈中应该通入多大的直流电流？

5-14 有一台电压为220/110V的变压器，$N_1=2000$ 匝，$N_2=1000$ 匝。能否将其匝数减为400匝和200匝以节省铜线？为什么？

5-15 变压器能不能变换直流电压？为什么？如果把变压器一次侧接到电压相同的直流电源上，二次侧绕组的电压多大？会产生什么后果？

5-16 一台单相变压器如图5-41所示，已知一次电压为220V，$N_1=1000$ 匝，要求二次侧空载时输出电压分别是127V和36V，问两二次绕组的匝数 N_2 和 N_3 应为多少？

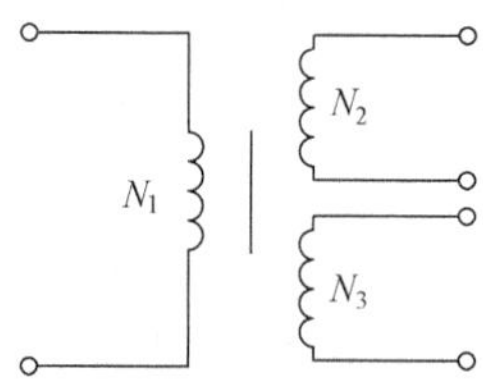

图5-41 题5-16图

5-17 利用图5-42所示的变压器，使8Ω和16Ω的扬声器均能与内阻为800Ω的信号源匹配。设变压器一次侧匝数 $N_1=500$，试求二次侧两绕组的匝数 N_2 和 N_3。

5-18 判别图5-43中各绕组的同名端。

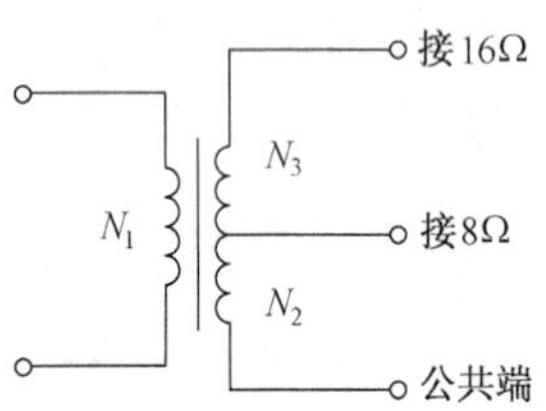

图5-42 题5-17图

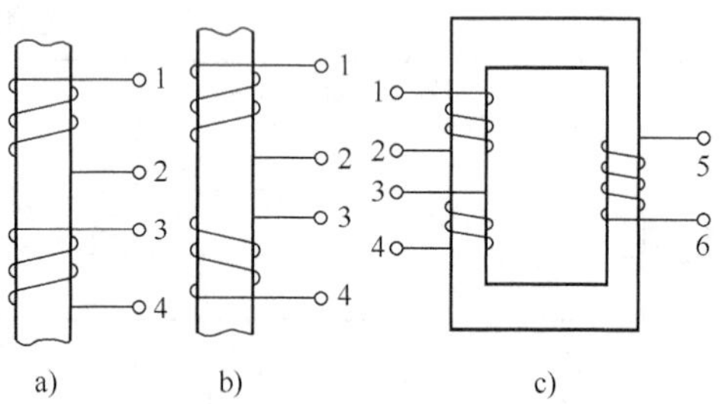

图5-43 题5-18图

5-19 有一个空载变压器，一次侧加额定电压220V，并测得一次绕组电阻 $R_1=10\Omega$，试问一次电流是否等于22A？

5-20 变压器铭牌上标出的额定容量是“千伏·安”，而不是“千瓦”，为什么？

5-21 SJL型三相变压器的铭牌数据为：

$S_N=180\text{kV}\cdot\text{A}$，$U_{1N}=10\text{kV}$，$U_{2N}=400\text{V}$，$f=50\text{Hz}$，按Yyn0联结。已知每匝线圈的感应电动势为5.113V，铁心截面积为160cm^2。试求：

（1）一次、二次绕组每相的匝数；

（2）电压比；

（3）一次、二次绕组的额定电流；

（4）铁心中磁感应强度 B_m。

5-22　如图5-44所示，将 $R_L=8\Omega$ 的扬声器接在输出变压器的二次绕组上，已知 $N_1=300$，$N_2=200$，信号源电动势 $E=6V$，内阻 $R_0=100\Omega$，试求信号源输出的功率。

5-23　如图5-45所示，输出变压器的二次绕组中有抽头以便接8Ω和3.5Ω的扬声器，两者都能达到阻抗匹配。试求二次绕组两部分匝数之比 N_2/N_3。

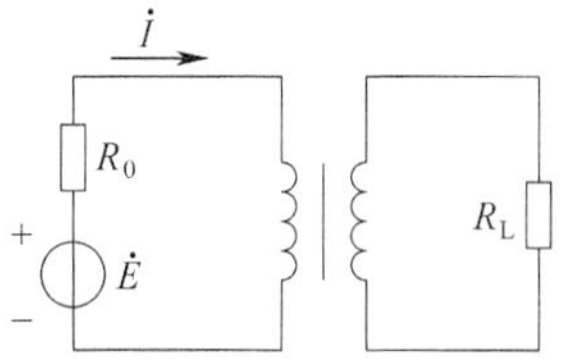

图5-44　题5-22图

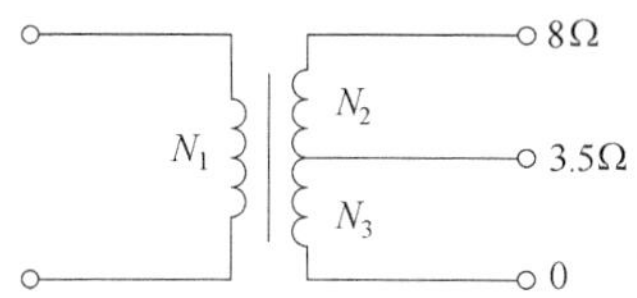

图5-45　题5-23图

项目6

单相正弦交流电路

● **典型问题**

我们常说的交流电 220V 是指它的什么值？要用哪些物理量才能完整地描述一个交流电？直流电路得出的一些规律也适用于交流电路吗？交流电路如何分析计算？

● **知识能力目标**

1. 掌握正弦交流电路的三要素，能熟练使用正弦量的表示方法。

2. 掌握 R、L、C 三种元件的电压、电流的关系；掌握 R、L、C 串联和电感性元件与电容并联电路的相量分析法；了解用相量分析法分析复杂电路。

3. 掌握正弦交流电路中的功率计算，熟悉提高功率因数的方法。了解正弦交流电路负载获得最大功率的条件。

4. 了解研究谐振现象的意义；掌握串、并联谐振条件、主要特点及典型应用。

5. 了解非正弦周期电流电路的有效值、平均值及有功功率的计算。

● **学习任务**

任务一　用示波器观察正弦交流电的波形，研究正弦交流电的三要素

任务二　用示波器观察和测量 RL 或 RC 串联电路中电压与电流间的相位差

任务三　探索 RLC 串联电路总电压与各分电压的关系、电流与电压的关系及总阻抗与各元件阻抗的关系

任务四　研究荧光灯电路功率因数的提高

6.1　正弦交流电的基本概念

6.1.1　正弦交流电及其三要素

随时间按正弦规律变化的交流电称为正弦交流电，包括正弦交流电流、电压、电动势等。这些按正弦规律变化的物理量也称为正弦量。我们生活、生产中的用电基本上都是正弦交流电。下面以正弦电流为例研究正弦交流电的表达方式及三要素，其方法对正弦电压、正弦电动势都是适用的。

正弦电流的一般表达式(解析式)为

$$i(t)=I_m\sin(\omega t+\psi_i) \tag{6-1}$$

它表示电流 i 是时间 t 的正弦函数，不同时间有不同的量值，称为瞬时值，用小写字母 i 表示。正弦电流 i 还可以用时间函数曲线表示，如图 6-1 所示，称为正弦电流波形图。

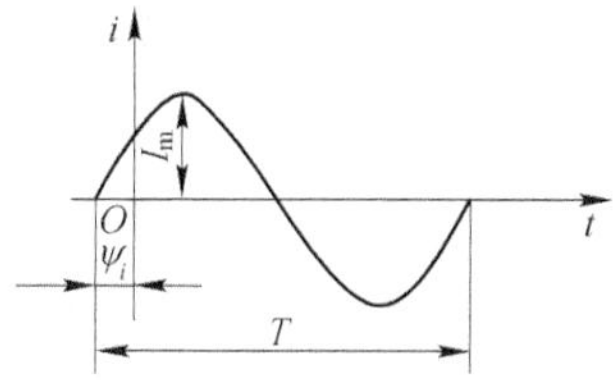

图 6-1 正弦电流波形图

在式(6-1)中，I_m 为正弦电流的最大值(幅值)，即正弦量的振幅，用大写字母加下标 m 表示正弦电流的最大值，它反映了正弦电流变化的幅度。

$(\omega t+\psi_i)$随时间变化，称为正弦电流的相位，它描述了正弦电流变化的进程或状态。ψ_i 为 $t=0$ 时刻的相位，称为初相位(初相角)，简称初相。习惯上取 $|\psi_i|\leqslant 180°$。图 6-2a、b 分别表示初相位为正、负值时正弦电流的波形图。

正弦电流每变化一次所经历的时间即为它的周期，用 T 表示，单位为秒(s)。正弦电流每经过一个周期 T，对应的角度变化了 2π 弧度，所以

$$\omega T=2\pi$$

$$\omega=\frac{2\pi}{T}=2\pi f \qquad (6\text{-}2)$$

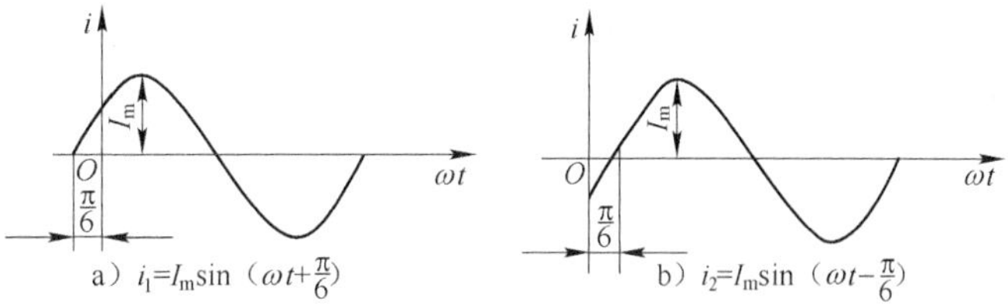

a) $i_1=I_m\sin(\omega t+\frac{\pi}{6})$　b) $i_2=I_m\sin(\omega t-\frac{\pi}{6})$

图 6-2 正弦电流的初相位

式中，ω 为角频率，表示正弦电流在单位时间内变化的角度，反映正弦电流变化的快慢，单位是弧度/秒(rad/s)；f 是频率，表示单位时间内正弦电流变化的周期数，单位是赫兹(Hz)，我国电力系统用的交流电的频率(工频)为 50Hz，频率与周期互为倒数关系，即 $f=\frac{1}{T}$，所以我国交流电周期为 0.02s。

最大值、角频率和初相位称为正弦电流的三要素。知道了这三个要素就可确定一个正弦电流。例如，若已知一个正弦电流 $I_m=10\text{A}$，$\omega=314\text{rad/s}$，$\psi_i=60°$，就可以写出表达式

$$i(t)=10\sin(314t+60°)\text{A}$$

正弦电流的初相位 ψ 的大小与所选的计时时间起点有关。计时起点选择不同，初相位就不同。若选 $t=0$ 时，$\psi_i=0$，则此正弦电流表达式为

$$i(t)=I_m\sin\omega t$$

称为参考正弦电流。

6.1.2 相位差

在正弦交流电路分析中，经常要比较两个同频率正弦量之间的相位关系。两个同频率的正弦电流：

$$i_1(t)=I_{m1}\sin(\omega t+\psi_1)$$

$$i_2(t)=I_{m2}\sin(\omega t+\psi_2)$$

的相位差是

$$\varphi_{12}=(\omega t+\psi_1)-(\omega t+\psi_2)=\psi_1-\psi_2 \qquad (6\text{-}3)$$

两个同频率正弦电流的相位差与时间无关，等于它们初相位之差。习惯上 $|\varphi_{12}|\leqslant 180°$。如果 $\psi_1-\psi_2>0$，则称 i_1 超前 i_2，如图 6-3 中 i_1 与 i_3 所示，意指 i_1 比 i_2 先到达

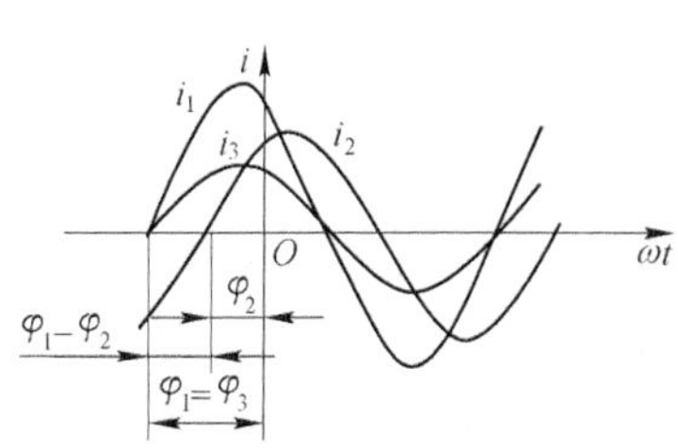

图 6-3 正弦量的相位关系

正峰值，反过来也可以说 i_2 滞后 i_1。超前或滞后有时也需指明超前或滞后多少角度或时间，以角度表示时为 $\psi_1-\psi_2$，若以时间表示，则为$(\psi_1-\psi_2)/\omega$。若相位差为零，即 $\varphi_{12}=0$，则称这两个正弦电流为同相位，如图 6-3 中的 i_1 与 i_3 所示。如果两个正弦电流的相位差为 $\psi=\pi$，则称这两个正弦电流为反相。如果 $\varphi_{12}=\frac{\pi}{2}$，则称这两个正弦量为正交。

6.1.3 有效值

正弦电流随时间变化，要完整地描述它们就需要用它的瞬时表达式或波形图。在电工技术中，往往并不需要知道每一瞬时的大小，只需要知道它在做功或发热方面所相当的直流量——有效值。以电流的热效应为依据，作出有效值定义如下：周期电流 i 流过电阻 R 在一个周期所产生的能量与直流电流 I 流过电阻 R 在时间 T 内所产生的能量相等，则此直流电流的量值为此周期性电流的有效值。

周期性电流 i 流过电阻 R，在时间 T 内，电流 i 所产生的能量为

$$W_1=\int_0^T i^2R\mathrm{d}t$$

直流电流 I 流过电阻 R 在时间 T 内所产生的能量为

$$W_2=I^2RT$$

当两个电流在一个周期 T 内所做的功相等时，有

$$I^2RT=\int_0^T i^2R\mathrm{d}t$$

于是，得

$$I=\sqrt{\frac{1}{T}\int_0^T i^2\mathrm{d}t} \tag{6-4}$$

上式就是周期性电流 i 的有效值的定义式。此式表明，周期电流的有效值是瞬时值的平方在一个周期内的平均值再开平方，所以有效值又称为方均根值。对正弦电流则有

$$I=\sqrt{\frac{1}{T}\int_0^T i^2\mathrm{d}t}=\sqrt{\frac{1}{T}\int_0^T I_{\mathrm{m}}^2\sin^2(\omega t+\psi)\mathrm{d}t}=\frac{I_{\mathrm{m}}}{\sqrt{2}}\approx 0.707I_{\mathrm{m}} \tag{6-5}$$

同理可得 $U=U_{\mathrm{m}}/\sqrt{2}$，$E=E_{\mathrm{m}}/\sqrt{2}$

在工程上凡谈到周期性电流、电压或电动势等量值时，凡无特殊说明总是指有效值，一般电气设备铭牌上所标明的额定电压和电流值都是指有效值，灯泡上注明电压 220V 字样也是指额定电压的有效值为 220V，交流电表测量的电压、电流也是指有效值。但是电气设备的绝缘水平——耐压，则是按最大值考虑。

6.2 正弦量的相量表示法

正弦量可以用三角函数式表示，也可以用正弦曲线表示。但是用这两种表示方法进行正弦量的计算时各有缺点，在交流电路的分析计算中前者非常麻烦，后者无法精确计算。有没有其他比较科学的表示方法呢？

分析研究表明，正弦量与复数一一对应，正弦量之间的计算可以转化为复数之间的计

算。用来表示正弦量的复数称为相量，通过复数的运算来计算正弦量的方法称为相量法。

6.2.1 复数及其表示形式

平面上的点可以用复数表示，如图6-4所示，A点可以表示为

$$A = a + \mathrm{j}b \tag{6-6}$$

a和b分别为复数A的实部和虚部，$\mathrm{j} = \sqrt{-1}$为虚数单位。式(6-6)称为复数的代数形式。

复数A还可以用原点指向点(a, b)的矢量来表示，如图6-5所示。该矢量的长度称复数A的模，记作$|A|$：

$$|A| = \sqrt{a^2 + b^2}$$

复数A的矢量与实轴正向间的夹角ψ称为A的辐角，记作

$$\psi = \arctan\frac{b}{a}$$

从图6-5中可得如下关系：

$$\begin{cases} a = |A|\cos\psi \\ b = |A|\sin\psi \end{cases}$$

复数为

$$A = a + \mathrm{j}b = |A|(\cos\psi + \sin\psi)$$

称为复数的三角形式。

再利用欧拉公式$\mathrm{e}^{\mathrm{j}\psi} = \cos\psi + \mathrm{j}\sin\psi$，可得

$$A = |A|\mathrm{e}^{\mathrm{j}\psi} \tag{6-7}$$

称为复数的指数形式。在工程上简写为$A = |A|\angle\psi$。

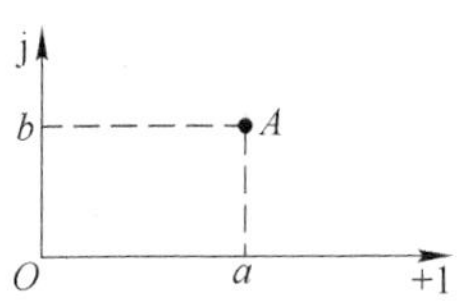

图6-4 复数在复平面上的表示

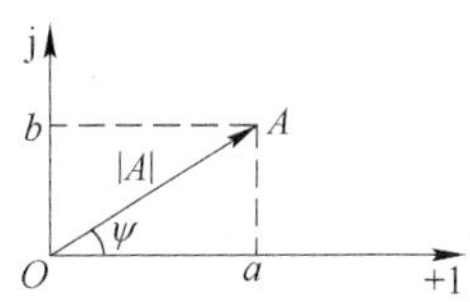

图6-5 复数的矢量表示

6.2.2 复数运算

1. 复数的加减

进行复数相加(或相减)，要先把复数化为代数形式。设有两个复数：

$$A_1 = a_1 + \mathrm{j}b_1$$

$$A_2 = a_2 + \mathrm{j}b_2$$

$$A_1 \pm A_2 = (a_1 + \mathrm{j}b_1) \pm (a_2 + \mathrm{j}b_2) = (a_1 \pm a_2) + \mathrm{j}(b_1 \pm b_2)$$

即复数的加减运算就是把它们的实部和虚部分别相加减。复数相加减也可以在复平面上进行。容易证明：两个复数相加的运算在复平面上是符合平行四边形的求和法则的；两个复数相减时，可先作出$-A_2$矢量，然后把$A_1 + (-A_2)$用平行四边形法则相加，如图6-6所示。

2. 复数的乘除

复数的乘除运算，一般采用指数形式。设有两个复数

$$A_1 = a_1 + jb_1 = |A_1| \angle \psi_1$$

$$A_2 = a_2 + jb_2 = |A_2| \angle \psi_2$$

$$A_1 A_2 = |A_1| |A_2| \angle \psi_1 + \psi_2$$

$$\frac{A_1}{A_2} = \frac{|A_1|}{|A_2|} \angle \psi_1 - \psi_2$$

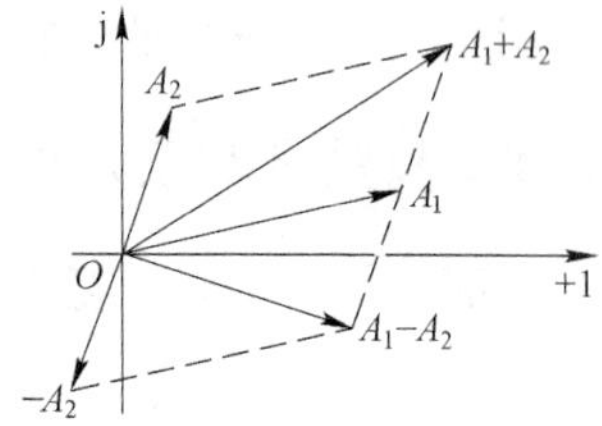

图 6-6　复数的加减

即复数相乘时，将模和模相乘，辐角相加；复数相除时，将模相除，辐角相减。

3. 复数相等和共轭复数

若两个复数的模相等，辐角也相等；或实部和虚部分别相等，称两个复数相等。设

$$A_1 = a_1 + jb_1 = |A_1| \angle \psi_1$$

$$A_2 = a_2 + jb_2 = |A_2| \angle \psi_2$$

若 $|A_1| = |A_2|$，$\psi_1 = \psi_2$；或 $a_1 = a_2$，$b_1 = b_2$

则
$$A_1 = A_2$$

若两个复数的实部相等，虚部大小相等但异号，称为共轭复数。与 A 共轭的复数记作 A^*。设 $A = a + jb = |A| \angle \psi$，则其共轭复数为

$$A^* = a - jb = |A| \angle -\psi$$

可见，一对共轭复数的模相等，辐角大小相等且异号，复平面上对称于横轴。

复数 $e^{j\psi} = 1\angle\psi$ 是一个模等于 1，而辐角等于 ψ 的复数。任意复数 $A = |A| e^{j\psi_1}$ 乘以 $e^{j\psi}$ 等于

$$|A| e^{j\psi_1} \times e^{j\psi} = |A| e^{j(\psi_1 + \psi)} = |A| \angle \psi_1 + \psi$$

即复数的模不变，辐角变化了 ψ 角，此时复数矢量按逆时针方向旋转了 ψ 角。所以 $e^{j\psi}$ 称为旋转因子。使用最多的旋转因子是 $e^{j90^\circ} = j$ 和 $e^{j(-90^\circ)} = -j$。任何一个复数乘以 j，相当于将该复数矢量按逆时针旋转 90°；而乘以 -j 则相当于将该复数矢量按顺时针旋转 90°。

6.2.3　正弦量的相量表示法

当长度为 I_m，$t = 0$ 时刻与横轴夹角为 ψ_i 的矢量(称为旋转矢量)在复平面上以角速度 ω 旋转时，其某一时刻在纵轴上的投影，与最大值为 I_m，初相角为 ψ_i 的交流电

$$i(t) = I_m \sin(\omega t + \psi_i)$$

在该时刻的瞬时值相等，如图 6-7 所示，所以该交流电与该旋转矢量一一对应。

研究表明，相同电压在不同元件上产生的电流、电压频率都是相同的。因此分析、计算交流电路时，频率可以不参加运算，只要确定交流电的最大值(或有效值)、初相角这二要素就确定了该交流电。

因此，交流电的二要素对应旋转矢量在 $t = 0$ 时刻所对应的复数的模和幅角，交流电之间的运算只要转化为对应复数之间的运算就行了。

上面交流电 $i(t)$ 可以对应为复数

$$\dot{I}_m = I_m e^{j\psi_i} (\text{或 } \dot{U} = U\angle\psi) \tag{6-8}$$

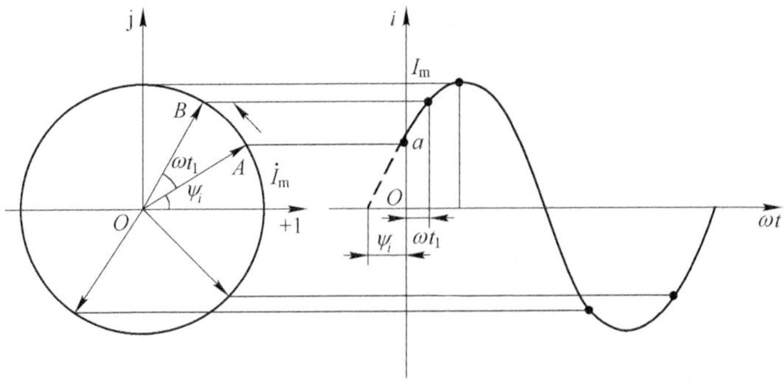

图 6-7　旋转矢量与交流电瞬时值的对应

称为交流电流 $i(t)$ 的最大值相量（或有效值相量）。

注意： 用相量表示正弦量时，必须把正弦量和相量加以区分。正弦量是时间的函数，而相量只包含了正弦量的有效值和初相位，正弦量和相量之间存在着一一对应关系，而不等于相量。

将相量表示成复平面上的矢量，这种图称为相量图，如上面相量 $\dot{I}_m$ 可以表示成图 6-8a 所示。为了清楚起见，图上可省去虚轴 +j，今后有时实轴也可以省去。

例 6-1　某两个交流电的解析式为 $u_1=100\sqrt{2}\sin(\omega t+60°)$ V，$u_2=50\sqrt{2}\sin(\omega t-60°)$ V。请写出对应的相量式、画出相量图。

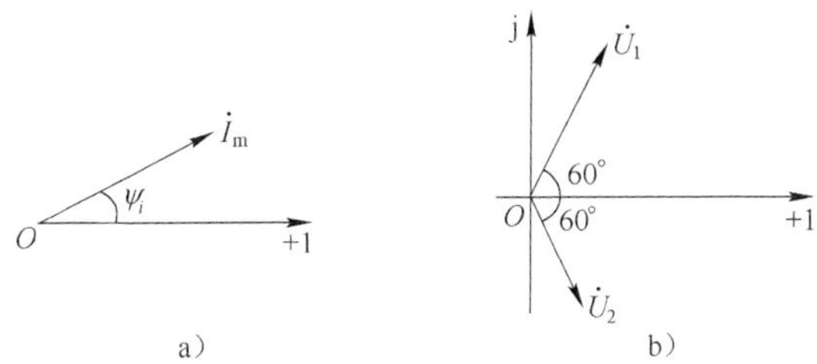

图 6-8　相量图

解： 相量式为 $\dot{U}_1=100\angle 60°$ V，$\dot{U}_2=50\angle -60°$ V。相量图如图 6-8b 所示。

例 6-2　已知两频率均为 50Hz 的电压，表示它们的相量分别为 $\dot{U}_1=380\angle 30°$ V，$\dot{U}_2=220\angle -60°$ V，试写出这两个电压的解析式。

解：

$$\omega=2\pi f=2\pi\times 50\text{rad/s}=314\text{rad/s}$$

$$u_1=380\sqrt{2}\sin(314t+30°)\text{ V}$$

$$u_2=220\sqrt{2}\sin(314t-60°)\text{ V}$$

例 6-3　已知流入节点 A 的电流为 $i_1=100\sqrt{2}\sin\omega t$ A 和 $i_2=100\sqrt{2}\sin(\omega t-120°)$ A，试求流出节点 A 的电流。

解： 采用相量法：

$$\dot{I}_1=100\angle 0°\text{ A}$$

$$\dot{I}_2=100\angle -120°\text{ A}$$

据 KCL 得

$$\dot{I}_1+\dot{I}_2=100\angle 0°\text{ A}+100\angle -120°\text{ A}=100\angle -60°\text{ A}$$

$$i_1+i_2=100\sqrt{2}\sin(\omega t-60°)\,\mathrm{A}$$

由此可见，正弦量用相量表示，可以使正弦量的运算简化。

6.3　*R*、*L*、*C* 单元件交流电路

电阻 R、电感 L、电容 C 是交流电路中的基本电路元件。本节研究由这三种元件之一组成的单元件交流电路中的电压、电流和功率问题。

6.3.1　电阻元件交流电路

1. 电阻元件上电压与电流的关系

研究表明，电阻上的电压与电流的瞬时值仍然遵循欧姆定律。在图 6-9 中，电压与电流为关联参考方向，则电阻上的电流为

$$i_R=\frac{u_R}{R} \tag{6-9}$$

若加在电阻两端的是正弦交流电压为　$u_R=U_{Rm}\sin(\omega t+\psi_u)$

则电路中的电流为

$$i_R=\frac{u_R}{R}=\frac{U_{Rm}\sin(\omega t+\psi_u)}{R}=I_{Rm}\sin(\omega t+\psi_i)$$

式中

$$I_{Rm}=\frac{u_{Rm}}{R}\qquad \psi_i=\psi_u \tag{6-10}$$

写成有效值关系为

$$I_R=\frac{U_R}{R}\text{或 }U_R=RI_R \tag{6-11}$$

从以上分析可知：

1）电阻两端的电压与流过它的电流同频率、同相位。

2）电阻两端的电压与流过它的电流的瞬时值、有效值及最大值的数值关系均符合欧姆定律。

其波形图如图 6-10 所示（设 $\psi_i=0$）。

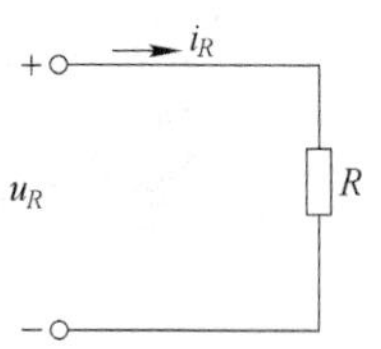

图 6-9　电阻元件

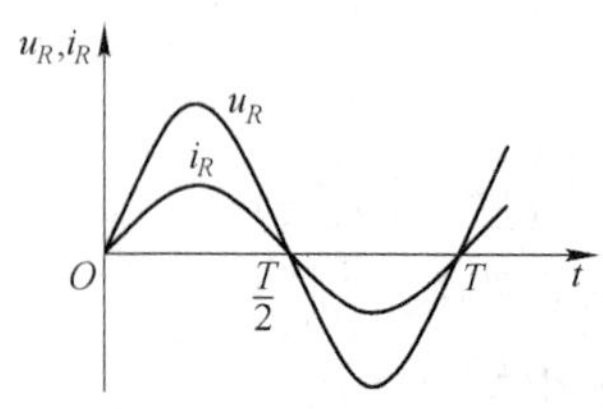

图 6-10　电阻元件的电压、电流波形图

若考虑相位，则电阻元件上电压与电流的相量关系为

$$\dot{U}_R=R\dot{I}_R \tag{6-12}$$

式(6-12)是电阻元件上的电压、电流相量形式的欧姆定律。

图 6-11 给出了电阻元件的相量模型及相量图。

2. 电阻元件的功率

在交流电路中，任意电路元件上的电压瞬时值与电流瞬时值的乘积称为该元件的瞬时功率。用小写字母 p 表示。

当 u_R，i_R 为关联参考方向时，有

$$p = u_R i_R \tag{6-13}$$

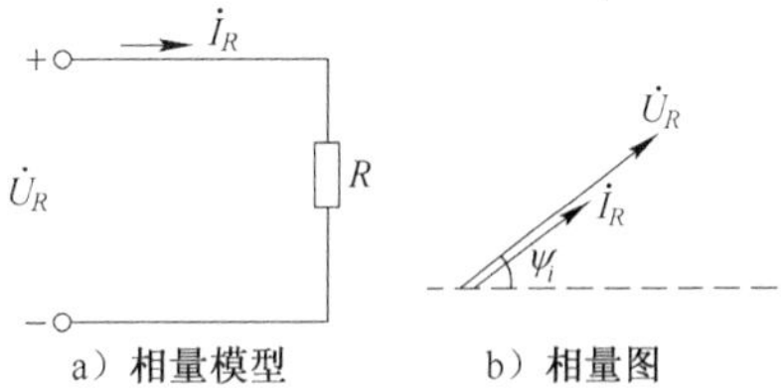

图 6-11　电阻元件的相量模型及相量图

若电阻两端的电压、电流为(设初相角为 0°)

$$u_R = U_{Rm}\sin\omega t$$

$$i_R = I_{Rm}\sin\omega t$$

则正弦交流电路中电阻元件上的瞬时功率为

$$\begin{aligned} p &= u_R i_R = U_{Rm}\sin\omega t \cdot I_{Rm}\sin\omega t = U_{Rm}I_{Rm}\sin^2\omega t \\ &= U_R I_R(1-\cos 2\omega t) \end{aligned} \tag{6-14}$$

其电压、电流和功率的波形图如图 6-12 所示。

从图中可知：只要有电流流过电阻，电阻 R 上的瞬时功率 $p \geqslant 0$，即总是吸收功率(消耗功率)。其吸收功率的大小在工程上都用平均功率来表示。周期性交流电路中的平均功率就是瞬时功率在一个周期的平均值。

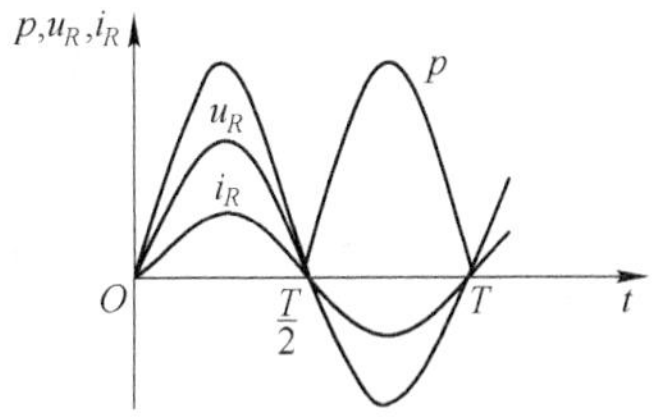

图 6-12　电阻元件的功率波形图

平均功率为

$$P = \frac{1}{T}\int_0^T p\,\mathrm{d}t = \frac{1}{T}\int_0^T U_R I_R(1-\cos 2\omega t)\,\mathrm{d}t = U_R I_R$$

又因 $U_R = RI_R$，所以

$$P = U_R I_R = I_R^2 R = U_R^2/R \tag{6-15}$$

由于平均功率反映了元件实际消耗电能的情况，所以又称为有功功率。习惯上常简称功率。

例 6-4　一额定电压为 220V、功率为 100W 的电烙铁，误接在 380V 的交流电源上，问此时它消耗的功率是多少？会出现什么现象？

解： 已知额定电压和功率，可求出电烙铁的等效电阻

$$R = \frac{U_R^2}{P} = \frac{220^2}{100}\Omega = 484\Omega$$

当误接在 380V 电源上时，电烙铁实际消耗的功率为

$$P_1 = \frac{380^2}{484}\mathrm{W} = 300\mathrm{W}$$

此时，电烙铁内的电阻很可能被烧断。

6.3.2　电感元件交流电路

1. 电感元件上电压和电流的关系

设一电感 L 中通入正弦电流，其参考方向如图 6-13 所示，设 $i_L = I_{Lm}\sin(\omega t + \psi_i)$，则电感两端的电压为

$$u_L=L\frac{\mathrm{d}i_L}{\mathrm{d}t}=L\frac{\mathrm{d}I_{Lm}\sin(\omega t+\psi_i)}{\mathrm{d}t}=I_{Lm}\omega L\cos(\omega t+\psi_i)$$

$$=U_{Lm}\sin\left(\omega t+\psi_i+\frac{\pi}{2}\right)=U_{Lm}\sin(\omega t+\psi_u) \tag{6-16}$$

式中 $$U_{Lm}=\omega LI_{Lm}\qquad \psi_u=\psi_i+\frac{\pi}{2}$$

写成有效值为

$$U_L=\omega LI_L\text{ 或}\frac{U_L}{I_L}=\omega L \tag{6-17}$$

从以上分析可知：

1）电感两端的电压与电流同频率。

2）电感两端的电压在相位上超前电流 90°。

3）电感两端的电压与电流有效值（或最大值）之比为 ωL。

令

$$X_L=\omega L=2\pi fL \tag{6-18}$$

式中，X_L 称为感抗，它是用来表示电感元件对电流阻碍作用的一个物理量。它与角频率成正比。单位是欧姆。

在直流电路中，$\omega=0$，$X_L=0$，所以电感在直流电路中视为短路。

将式（6-18）代入式（6-17）可得

$$U_L=X_LI_L \tag{6-19}$$

电感元件的电压、电流波形图如图 6-14 所示（设 $\psi_i=0$）。

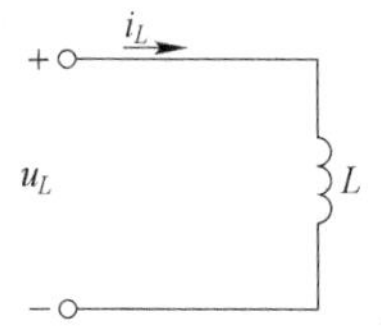

图 6-13　电感元件

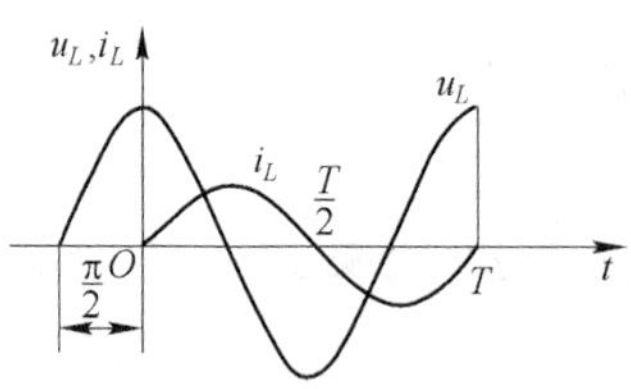

图 6-14　电感元件的电压、电流波形图

元件上电压与电流的相量关系为

$$\dot{I}_L=I_L\angle\psi_i$$

$$\dot{U}_L=\omega LI_L\angle\psi_i+90^\circ=\mathrm{j}\omega L\dot{I}_L=\mathrm{j}X_L\dot{I}_L$$

即

$$\dot{U}_L=\mathrm{j}X_L\dot{I}_L \tag{6-20}$$

图 6-15 给出了电感元件的相量模型及相量图。

2. 电感元件的功率

在电压与电流参考方向一致的情况下电感元件的瞬时功率为

$$p=u_Li_L$$

若电感两端的电流、电压为（设 $\psi_i=0$）$i_L=I_{Lm}\sin\omega t$，$u_L=U_{Lm}\sin\left(\omega t+\frac{\pi}{2}\right)$，则正弦交流

电路中电感元件上的瞬时功率为

$$p = u_L i_L = U_{Lm}\sin\left(\omega t + \frac{\pi}{2}\right) \cdot I_{Lm}\sin\omega t$$
$$= U_{Lm} I_{Lm}\sin\omega t\cos\omega t = U_L I_L \sin2\omega t \qquad (6\text{-}21)$$

其电压、电流和功率波形图如图 6-16 所示。由上式或波形图都可以看出，此功率是以两倍角频率作正弦变化的。

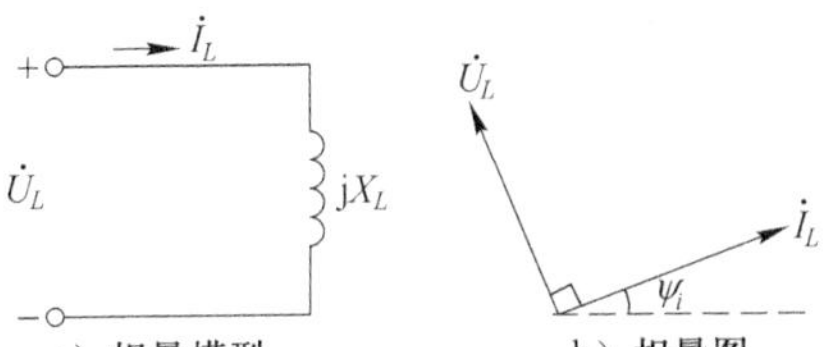

图 6-15　电感元件的相量模型及相量图

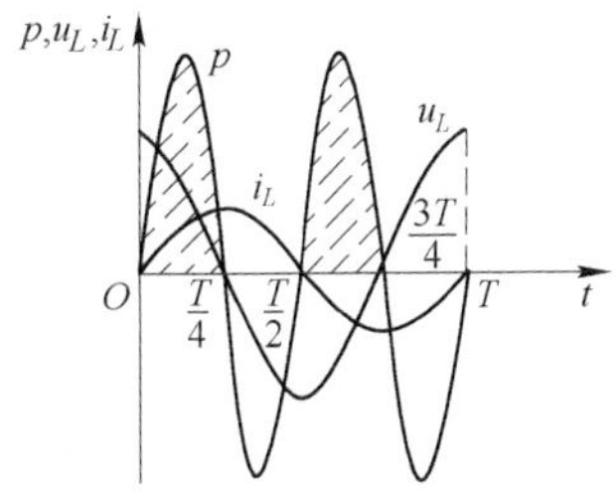

图 6-16　电感元件的电压、电流和功率波形图

电感在通以正弦电流时，所吸收的平均功率为

$$P = \frac{1}{T}\int_0^T p\mathrm{d}t = \frac{1}{T}\int_0^T U_L I_L \sin2\omega t\mathrm{d}t = 0 \qquad (6\text{-}22)$$

上式表明电感元件是不消耗能量的，它是储能元件。电感吸收的瞬时功率不为零，在第一和第三个 1/4 周期内，瞬时功率为正值，电感吸取电源的电能，并将其转换成磁场能量储存起来；在第二和第四个 1/4 周期内，瞬时功率为负值，将储存的磁场能量转换成电能返送给电源。

为了衡量电源与电感元件间的能量交换的大小，把电感元件瞬时功率的最大值称为无功功率，用 Q_L 表示。

$$Q_L = U_L I_L = I_L^2 X_L = \frac{U_L^2}{X_L} \qquad (6\text{-}23)$$

无功功率的单位为乏(var)，工程中有时也用千乏(kvar)，$1\text{kvar} = 10^3\text{var}$。

例 6-5　若将 $L = 20\text{mH}$ 的电感元件，接在 $U_L = 110\text{V}$ 的正弦电源上，则通过的电流是 1mA，求：(1)电感元件的感抗及电源的频率；(2)若把该元件接在直流 110V 电源上，会出现什么现象?

解：(1) 感抗为

$$X_L = \frac{U_L}{I_L} = \frac{110\text{V}}{1\times10^{-3}\text{A}} = 110\text{k}\Omega$$

电源频率为

$$f = \frac{X_L}{2\pi L} = \frac{110\times10^3}{2\pi\times20\times10^{-3}}\text{Hz} = 8.76\times10^5\text{Hz}$$

(2) 在直流电路中，$X_L = 0$，电流很大，电感元件可能烧坏。

6.3.3　电容元件交流电路

1. 电容元件上电压和电流的关系

设一电容 C 中通入正弦交流电，其参考方向如图 6-17 所示。设外接正弦交流电压为 $u_C = U_{Cm}\sin(\omega t+\psi_u)$，则电路中电流为

$$i_C = C\frac{\mathrm{d}u_C}{\mathrm{d}t} = C\frac{\mathrm{d}U_{Cm}\sin(\omega t+\psi_u)}{\mathrm{d}t} = U_{Cm}\omega C\cos(\omega t+\psi_u)$$

$$= I_{Cm}\sin\left(\omega t+\psi_u+\frac{\pi}{2}\right) = I_{Cm}\sin(\omega t+\psi_i) \tag{6-24}$$

式中 $$I_{Cm} = U_{Cm}\omega C \qquad \psi_i = \psi_u + \frac{\pi}{2}$$

写成有效值为

$$I_C = \omega C U_C \text{ 或 } \frac{U_C}{I_C} = \frac{1}{\omega C} \tag{6-25}$$

从以上分析可知：

1）电容两端的电压与电流同频率。

2）电容两端的电压在相位上滞后电流 90°。

3）电容两端的电压与电流有效值之比为$\frac{1}{\omega C}$。

令

$$X_C = \frac{1}{\omega C} = \frac{1}{2\pi f C} \tag{6-26}$$

式中，X_C 称为容抗，它是用来表示电容元件对电流阻碍作用的一个物理量。它与角频率成反比，单位是欧姆。

将式(6-26)代入式(6-25)，可得

$$U_C = X_C I_C \tag{6-27}$$

电容元件的电压、电流波形图如图 6-18 所示(设 $\psi_u=0$)。

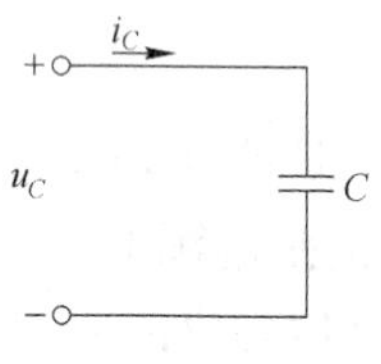

图 6-17　电容元件

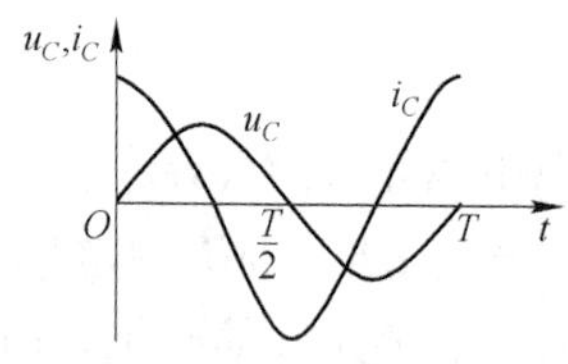

图 6-18　电容元件的电压、电流波形图

电容元件上电压与电流的相量关系为

$$\dot{U}_C = U_C\angle\psi_u$$

$$\dot{I}_C = \omega C U_C\angle\psi_u+90^\circ = \mathrm{j}\omega C\dot{U}_C = \mathrm{j}\frac{\dot{U}_C}{X_C}$$

即 $$\dot{U}_C = -\mathrm{j}X_C\dot{I}_C \tag{6-28}$$

图 6-19 给出了电容元件的相量模型及相量图。

2. 电容元件的功率

在电压与电流参考方向一致的情况下，设 $u_C = U_{Cm}\sin\omega t$，则电容元件的瞬时功率为

$$
\begin{aligned}
p &= u_C i_C = U_{Cm}\sin\omega t \cdot I_{Cm}\sin\left(\omega t + \frac{\pi}{2}\right) \\
&= U_{Cm} I_{Cm}\sin\omega t\cos\omega t \\
&= U_C I_C \sin 2\omega t
\end{aligned}
\tag{6-29}
$$

其电压、电流、功率的波形图如图 6-20 所示。由上式或波形图都可以看出，此功率是以两倍角频率作正弦变化的。

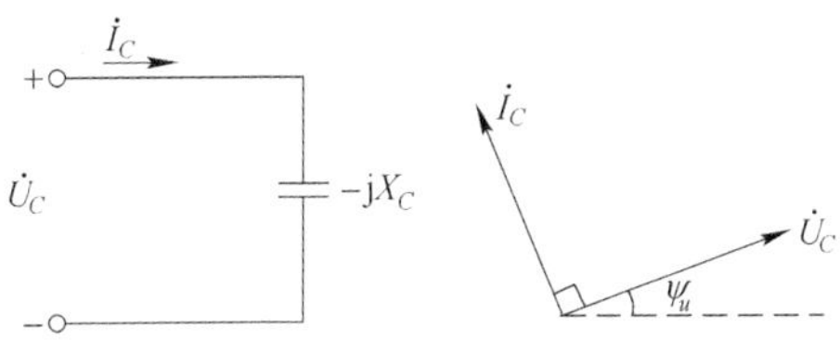

a）相量模型　　b）相量图

图 6-19　电容元件的相量模型及相量图

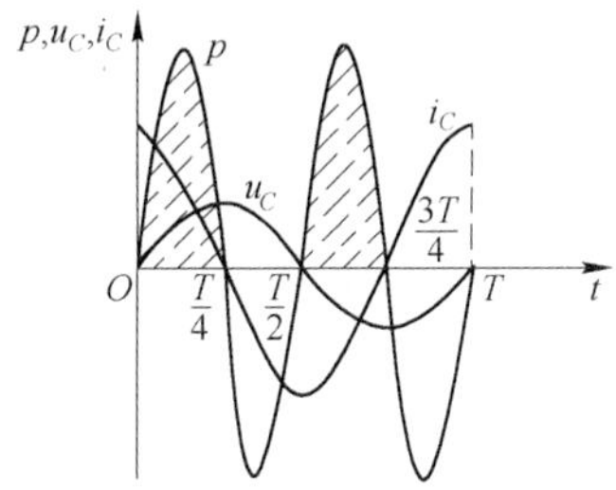

图 6-20　电容元件的功率波形图

电容在通以正弦电流时，所吸收的平均功率为

$$
P = \frac{1}{T}\int_0^T I_C I_C \sin 2\omega t = 0 \tag{6-30}
$$

与电感元件相同，电容元件也是不消耗能量的，它也是储能元件。电容吸收的瞬时功率不为零，在第一和第三个 1/4 周期内，瞬时功率为正值，电容吸取电源的电能，并将其转换成电场能量储存起来；在第二和第四个 1/4 周期内，瞬时功率为负值，将储存的电场能量转换成电能返送给电源。

用无功功率 Q_C 表示电源与电容间的能量交换：

$$
Q_C = U_C I_C = I_C^2 X_C = \frac{U_C^2}{X_C} \tag{6-31}
$$

例 6-6　设加在一电容器上的电压 $u(t) = 6\sqrt{2}\sin(1000t - 60°)$ V，其电容 C 为 10μF，求：(1)流过电容的电流 $i(t)$，并画出电压、电流的相量图。(2)若接在直流 6V 的电源上，则电流为多少？

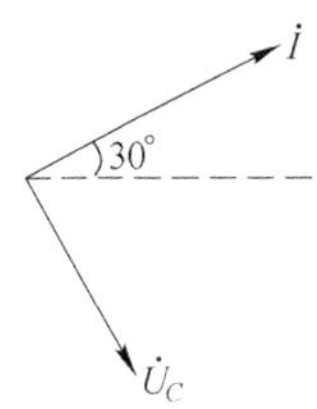

图 6-21　例 6-6 图

解：(1) $\dot{U} = 6\underline{/-60°}$V

$$
X_C = \frac{1}{\omega C} = \frac{1}{1000 \times 10 \times 10^{-6}}\Omega = 100\Omega
$$

$$
\dot{I}_C = \frac{\dot{U}_C}{-jX_C} = \frac{6\underline{/-60°}}{-j100}\text{A} = 0.06\underline{/-60° + 90°}\text{A} = 0.06\underline{/30°}\text{A}
$$

电容电流为　$i(t) = 0.06\sqrt{2}\sin(1000t + 30°)$ V

电容电压、电流的相量图如图 6-21 所示。

(2) 若接在直流 6V 电源上，$X_C = \infty$，$I = 0$。

6.4 *RLC* 串联交流电路

6.4.1 *RLC* 串联电路及复阻抗

电阻、电感和电容串联电路如图 6-22 所示，根据相量形式的 KVL 可得：

$$\dot{U}=\dot{U}_R+\dot{U}_L+\dot{U}_C=R\dot{I}+\mathrm{j}\omega L\dot{I}+\frac{1}{\mathrm{j}\omega C}\dot{I}$$

$$=\left(R+\mathrm{j}\omega L+\frac{1}{\mathrm{j}\omega C}\right)\dot{I}=[R+\mathrm{j}(X_L-X_C)]\dot{I}$$

即
$$\dot{U}=Z\dot{I} \tag{6-32}$$
式中
$$Z=R+\mathrm{j}(X_L-X_C) \tag{6-33}$$
令
$$X=X_L-X_C$$
则有

$$Z=\frac{\dot{U}}{\dot{I}}=R+\mathrm{j}X$$

可见，在 *RLC* 串联电路中，电压相量 $\dot{U}$ 与电流相量 $\dot{I}$ 之比为一复数 Z，它的实部为电路的电阻 R，虚部为电路中的感抗 X_L 与电容的容抗 X_C 之差，X 称为电路的电抗，Z 称为电路的复阻抗。将复阻抗写成极坐标形式，则为

$$Z=\sqrt{R^2+X^2}\angle\arctan\frac{X}{R}=|Z|\angle\varphi$$

其中

$$|Z|=\sqrt{R^2+X^2}=\sqrt{R^2+(X_L-X_C)^2} \tag{6-34}$$

$$\varphi=\arctan\frac{X}{R}=\arctan\frac{X_L-X_C}{R} \tag{6-35}$$

以上两式表明：复阻抗的模 $|Z|$（也可称阻抗）及辐角 φ 的大小，只与参数及角频率有关，而与电压及电流无关。式(6-34)还说明，复阻抗的模 $|Z|$ 和 R 及 X 构成一个直角三角形。如图 6-23 所示，称为阻抗三角形，辐角 φ 又称为阻抗角。

$$R=|Z|\cos\varphi$$
$$X=|Z|\sin\varphi$$

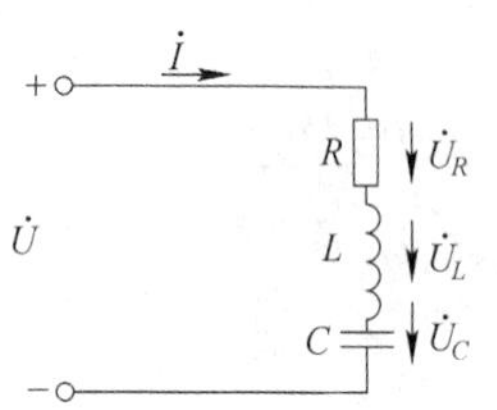

图 6-22　*RLC* 串联电路

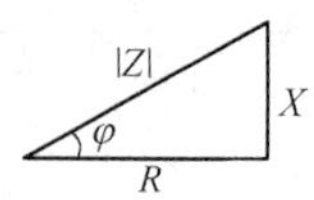

图 6-23　阻抗三角形

由式(6-32)可得

$$Z=\frac{\dot{U}}{\dot{I}}=\frac{U\angle\psi_u}{I\angle\psi_i}=\frac{U}{I}\angle\psi_u-\psi_i=|Z|\angle\varphi$$

可见复阻抗的模 $|Z|$ 等于电压的有效值与电流的有效值之比，辐角 φ 等于电压与电流的相位差角，即

$$|Z|=\frac{U}{I}\qquad \varphi=\psi_u-\psi_i \tag{6-36}$$

由此可见，复阻抗 Z 决定了电压、电流的有效值大小和相位间的关系。所以复阻抗是正弦交流电路中一个十分重要的概念，为了简明，复阻抗可简称为阻抗。

例 6-7 在某 RLC 串联电路中，$R=3\Omega$，$X_L=3\Omega$，$X_C=7\Omega$，正弦电压 $U=100\text{V}$，试求电路的复阻抗，电路中的电流和各元件上的电压，并作出相量图。

解：$Z=R+\text{j}(X_L-X_C)=3\Omega+\text{j}(3-7)\Omega=3\Omega-4\text{j}\Omega=5\angle-53.1^\circ\Omega$，设电压 $\dot{U}=100\angle0^\circ\text{V}$，则

$$\dot{I}=\frac{\dot{U}}{Z}=\frac{100\angle0^\circ}{5\angle-53.1^\circ}\text{A}=20\angle53.1^\circ\text{A}$$

$$\dot{U}_R=R\dot{I}=3\times20\angle53.1^\circ\text{V}=60\angle53.1^\circ\text{V}$$

$$\dot{U}_L=\text{j}X_L\dot{I}=\text{j}3\times20\angle53.1^\circ\text{V}=60\angle143.1^\circ\text{V}$$

$$\dot{U}_C=-\text{j}X_C\dot{I}=-\text{j}7\times20\angle53.1^\circ\text{V}=140\angle-36.9^\circ\text{V}$$

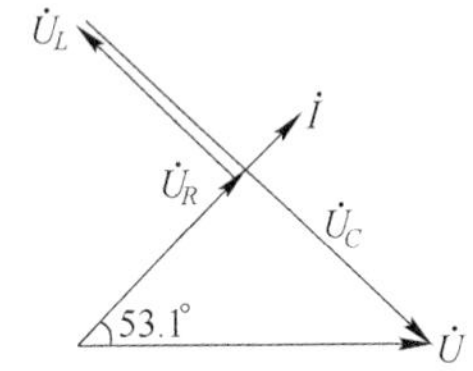

图 6-24 例 6-7 图

相量图如图 6-24 所示。

6.4.2 *RLC* 串联电路的性质

下面我们讨论电路参数对电路性质的影响。根据电路参数可得出 RLC 串联电路的性质：

1）当 $X_L>X_C$ 时，$\varphi=\arctan\frac{X_L-X_C}{R}>0$，即电压超前电流 φ 角，电路呈感性；

2）当 $X_L<X_C$ 时，$\varphi<0$，即电压滞后电流，电路呈容性；

3）当 $X_L=X_C$ 时，$\varphi=0$，即电压与电流同相位，电路呈阻性。

三种情况的相量图如图 6-25 所示。

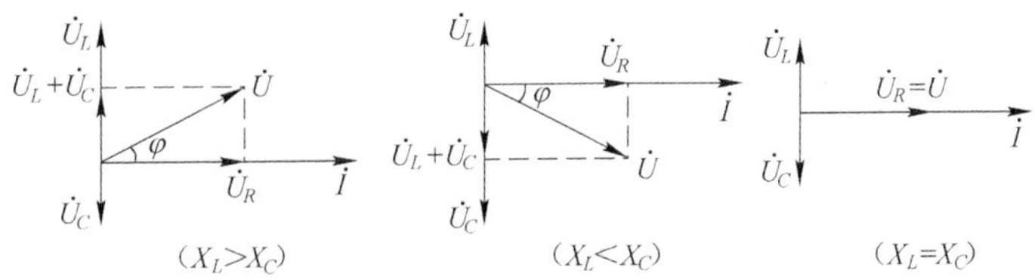

图 6-25 *RLC* 串联电路相量图

由上面分析可知：$-90^\circ<\psi<90^\circ$，当电源频率不变时，改变电路参数 L 或 C 可以改变电路的性质；若电路参数不变，也可以改变电源频率来改变电路的性质。

从图 6-25 的相量图还可看出，电阻电压 $\dot{U}_R$、电抗电压 $\dot{U}_X=\dot{U}_L+\dot{U}_C$ 和端电压 $\dot{U}$ 的三个相量组成一个直角三角形叫电压三角形，它与阻抗三角形是相似三角形。即

$$U=\sqrt{U_R^2+(U_L-U_C)^2}=\sqrt{U_R^2+U_X^2}$$

式中，$U_X=|U_L-U_C|$。

例 6-8 如图 6-26a 所示是一移相电路，已知输入电压 $u_{in}=1V$，$f=1000Hz$，$C=0.01\mu F$，欲使输出电压 u_o 较输入电压 u_{in} 的相位滞后 60°，试求电路的电阻。

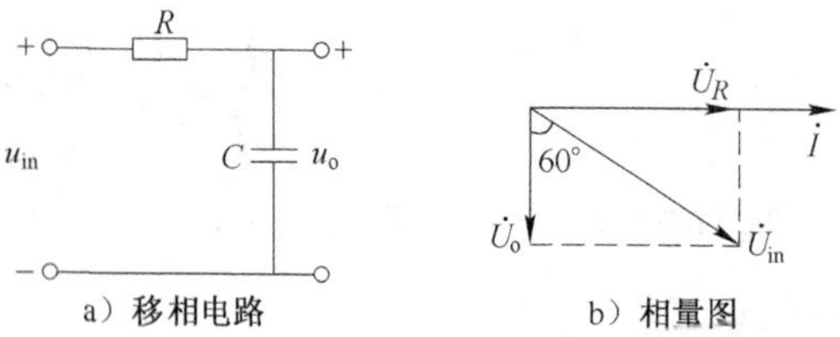

图 6-26 例 6-8 图

解法一：

$$X_C=\frac{1}{2\pi fC}=\frac{1}{2\pi\times1000\times0.01\times10^{-6}}k\Omega=15.9k\Omega$$

$$\dot{U}_o=-j\dot{I}X_C$$

$$\dot{U}_{in}=\dot{I}(R-jX_C)$$

$$\frac{\dot{U}_o}{\dot{U}_{in}}=\frac{-jX_C\dot{I}}{\dot{I}(R-jX_C)}=\frac{-jX_C}{R-jX_C}=\frac{X_C\angle-90°}{\sqrt{R^2+X_C^2}\angle-\arctan(X_C/R)}$$

$$\Psi=-90°+\arctan\frac{X_C}{R}=-60°$$

欲使输出电压 u_o 较输入电压 u_{in} 的相位滞后 60°，则

$$\arctan\frac{X_C}{R}=30°$$

即

$$\frac{X_C}{R}=\frac{\sqrt{3}}{3}$$

$$R=\sqrt{3}X_C=\sqrt{3}\times15.9k\Omega=27.6k\Omega$$

解法二： 以电流 $\dot{I}$ 为参考正弦量，画出相量图如图 6-26b 所示。从相量图得：

$$\tan60°=\frac{U_R}{U_C}=\frac{R}{X_C}$$

所以

$$R=X_C\tan60°=\frac{1}{2\pi fC}\tan60°=\frac{\sqrt{3}}{2\times3.14\times1000\times0.01\times10^{-6}}\Omega=27.6k\Omega$$

由上例可以看出，在交流电路的计算中，有些电路可借助于相量图的分析方法，使解题过程变得简便。

例 6-9 如图 6-27a 所示为正弦交流电路中的一部分，已知电压表 V_1 的读数为 6V，V_2 的读数为 8V，试求端口电压 U。

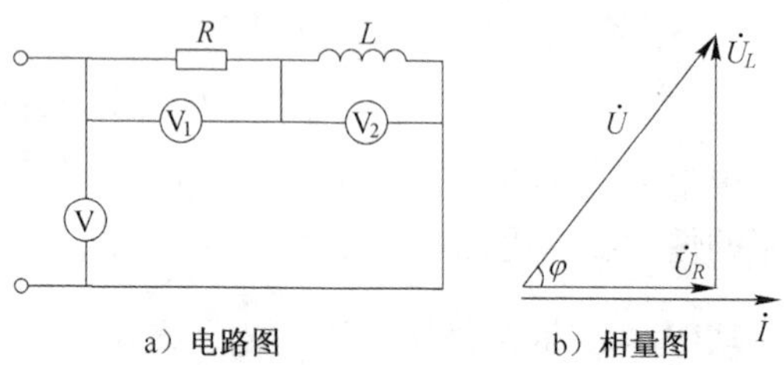

图 6-27 例 6-9 图

解： 以电流为参考相量(在串联电路中，一般取电流相量为参考相量)，画出相量图，如图 6-27b 所示。由相量图可见，$\dot{U}_R$、$\dot{U}_L$、

$\dot{U}$ 三者组成一个直角三角形，故得

$$U=\sqrt{U_R^2+U_L^2}=\sqrt{6^2+8^2}\text{V}=10\text{V}$$

$$\varphi=\arctan\frac{U_L}{U_R}=\arctan\frac{8}{6}=53.1^\circ$$

本例也可用相量法计算。设电流相量为 $\dot{I}=I\angle 0^\circ$

则

$$\dot{U}_R=6\angle 0^\circ\text{V}=6\text{V}$$

$$\dot{U}_L=8\angle 90^\circ\text{V}=\text{j}8\text{V}$$

由 KVL 得：

$$\dot{U}=\dot{U}_R+\dot{U}_L=6\text{V}+\text{j}8\text{V}=10\angle 53.1^\circ\text{V}$$

因此，端口电压为 10V，相位比电流超前 53. 1°。

6.5 *RLC* 并联交流电路

6.5.1 *RLC* 并联电路及复导纳

电阻、电感和电容并联电路如图 6-28 所示，对于这种并联电路，应用所谓复导纳分析比较方便。电阻元件的电导为 $G=\frac{1}{R}$；电感元件的感纳为 $B_L=\frac{1}{\omega L}$；电容元件的容纳为 $B_C=\frac{1}{X_C}=\omega C$；它们均可由给定的参数及频率求得。

根据相量形式的 KCL 可得

$$\dot{I}=\dot{I}_R+\dot{I}_C+\dot{I}_L=\frac{\dot{U}}{R}+\frac{\dot{U}}{1/\text{j}\omega C}+\frac{\dot{U}}{\text{j}\omega L}$$

$$=[G+\text{j}(B_C-B_L)]\dot{U}=(G+\text{j}B)\dot{U}=Y\dot{U} \tag{6-37}$$

式(6-37)中，$B=B_C-B_L$ 称为电纳，$Y=G+\text{j}(B_C-B_L)$ 称为复导纳，可简称导纳。单位为西门子(S)。

$$Y=G+\text{j}B \tag{6-38}$$

将 Y 写成指数形式，则有

$$Y=\sqrt{G^2+B^2}\angle\text{arc}\frac{B}{G}=|Y|\angle\varphi'$$

式中

$$|Y|=\sqrt{G^2+B^2}\quad \varphi'=\arctan\frac{B}{G} \tag{6-39}$$

式中，$|Y|$ 是复导纳 Y 的模，它等于此电路中电流的有效值与电压的有效值之比；φ' 是复导纳的辐角，称为导纳角，它等于电流与电压的相位差角，即：

$$|Y| = \frac{I}{U} \quad \varphi' = \psi_i - \psi_u \tag{6-40}$$

由此可见，复导纳 Y 决定了电流、电压的有效值大小和相位间的关系。复导纳的模 $|Y|$ 和 G 及 B 也构成一个直角三角形，如图 6-29 所示，称为导纳三角形。

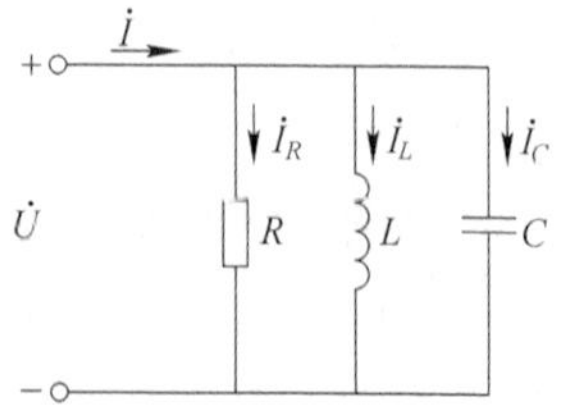

图 6-28　*RLC* 并联电路

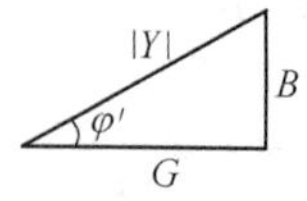

图 6-29　导纳三角形

根据电路参数可得出 *RLC* 并联电路的性质：

1）当 $B_C > B_L$ 时，$\varphi' > 0$，电流超前电压，电路呈容性。

2）当 $B_C < B_L$ 时，$\varphi' < 0$，电流滞后电压，电路呈感性。

3）当 $B_C = B_L$ 时，$\varphi' = 0$，电流与电压同相，电路呈阻性。

三种情况的相量图如图 6-30 所示。

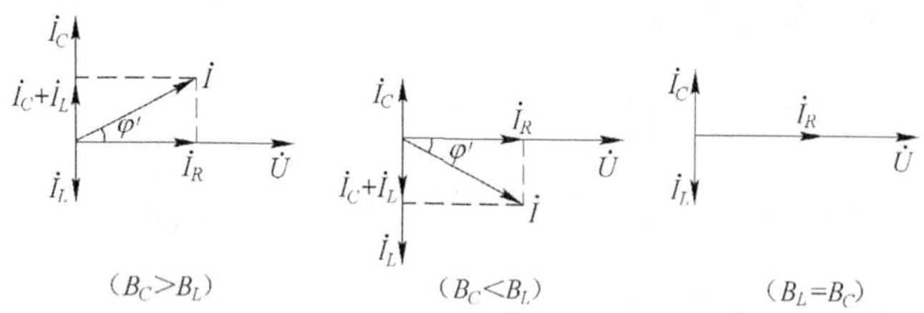

图 6-30　*RLC* 并联电路的相量图

从图 6-30 可知，在 *RLC* 并联电路中，电流 $\dot{I}_R$、$\dot{I}_L + \dot{I}_C$ 及 $\dot{I}$ 三个相量组成一个直角三角形，称为电流三角形。从电流三角形可得：

$$I = \sqrt{I_R^2 + (I_C - I_L)^2} \tag{6-41}$$

例 6-10　某 *RLC* 并联电路（见图 6-28）中，已知 $R = 50\Omega$，$L = 2\text{mH}$，$C = 10\mu\text{F}$，$\omega = 5000\text{rad/s}$，端口电流 $I = 0.5\text{A}$，试求端电压及各元件电流。

解：

$$G = \frac{1}{R} = \frac{1}{50}\text{S} = 0.02\text{S}$$

$$B_L = \frac{1}{\omega L} = \frac{1}{5000 \times 2 \times 10^{-3}}\text{S} = 0.1\text{S}$$

$$B_C = \omega C = 5000 \times 10 \times 10^{-6}\text{S} = 0.05\text{S}$$

$$\begin{aligned} Y &= G + \text{j}(B_C - B_L) = 0.02\text{S} + \text{j}(0.05 - 0.1)\text{S} \\ &= 0.02\text{S} - \text{j}0.05\text{S} = 0.054\underline{/-68.2°}\text{S} \end{aligned}$$

设 $\dot{I} = 0.5\underline{/0°}$，则有

$$\dot{U}=\frac{\dot{I}}{Y}=\frac{0.5\underline{/0^\circ}}{0.054\underline{/-68.2^\circ}}\text{V}=9.26\underline{/68.2^\circ}\text{V}$$

$$\dot{I}_G=G\dot{U}=0.02\times9.26\underline{/68.2^\circ}\text{A}=0.185\underline{/68.2^\circ}\text{A}$$

$$\dot{I}_L=-\text{j}B_L\dot{U}=-\text{j}0.1\times9.26\underline{/68.2^\circ}\text{A}=0.926\underline{/-21.8^\circ}\text{A}$$

$$\dot{I}_C=\text{j}B_C\dot{U}=\text{j}0.05\times9.26\underline{/68.2^\circ}\text{A}=0.463\underline{/158.2^\circ}\text{A}$$

例6-11 如图6-31a所示为正弦交流电路的一部分，已知电流表 A_1 的读数为3A，A_2 的读数为4A，求电流表A的读数。

解：以电压为参考相量（在并联电路中，一般取电压相量为参考相量），画出相量图如图6-40b所示。由相量图可见，$\dot{I}_R$、$\dot{I}_C$、$\dot{I}$ 三者组成一个直角三角形，故得

$$I=\sqrt{I_R^2+I_C^2}=\sqrt{3^2+4^2}\text{A}=5\text{A}$$

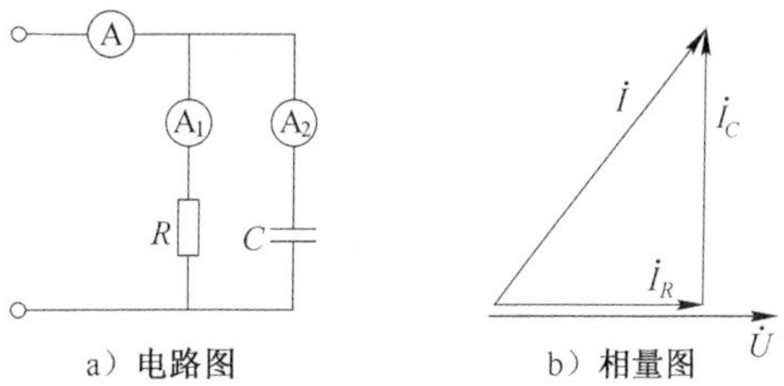

图6-31 例6-11图

本例也可用相量法计算：

设电压相量为 $\dot{U}=U\underline{/0^\circ}$，则

$$\dot{I}_R=3\underline{/0^\circ}\text{A}=3\text{A}$$

$$\dot{I}_C=4\underline{/90^\circ}\text{A}=\text{j}4\text{A}$$

由KCL得

$$\dot{I}=\dot{I}_R+\dot{I}_C=3\text{A}+\text{j}4\text{A}=5\underline{/53.1^\circ}\text{A}$$

电流表的读数为5A。

*6.5.2 复阻抗与复导纳的等效变换

在 *RLC* 串联和并联电路中，引入了复阻抗、复导纳的概念。对正弦交流电路中的任一不含独立电源的二端网络，都可引用复阻抗和复导纳，并有着进一步的意义。

1. 复阻抗

一个不含独立源的线性二端网络的复阻抗 Z（图6-32）定义为该电路的端口间的电压相量 $\dot{U}$ 与流入此电路的电流相量 $\dot{I}$ 之比，即

$$Z=\frac{\dot{U}}{\dot{I}}=|Z|\underline{/\varphi}=R+\text{j}X$$

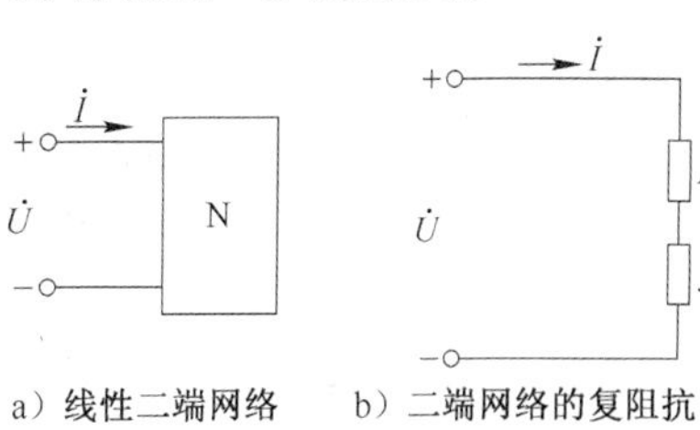

图6-32 二端网络

一个二端网络的复阻抗 $Z=R+\text{j}X$ 可等效地看作是由电阻 R 与电抗 X 串联组成。复阻抗中的电阻一般为正值，如果 $X>0$，则 $\varphi>0$，称该阻抗为电感性阻抗，可用 R、L 元件串联来表示；如果 $X<0$，则 $\varphi<0$，称该阻抗为电容性阻抗，可用 R、C 元件串联来表示。

例6-12 已知某网络N的端电压与电流波形如图6-33a、b所示，试画出网络N的一种

串联等效电路，并求出等效电路各元件的参数。设电源频率 f = 50Hz。

解：按照波形图可写出 u、i 的瞬间表达式

$$i = 0.5\sqrt{2}\sin(\omega t + 30°)\text{A}$$

$$u = 220\sqrt{2}\sin(\omega t - 15°)\text{V}$$

相量形式为

$$\dot{I} = 0.5\underline{/30°}\text{A}$$

$$\dot{U} = 220\underline{/-15°}\text{V}$$

$$Z = \frac{\dot{U}}{\dot{I}} = \frac{220\underline{/-15°}}{0.5\underline{/30°}}\Omega = (311 - \text{j}311)\Omega$$

其等效参数为 $R = 311\Omega$，$X_C = 311\Omega$，$C = \dfrac{1}{2\pi f X_C} = 10.2\mu\text{F}$。

网络 N 的一种等效电路如图 6-33c 所示。

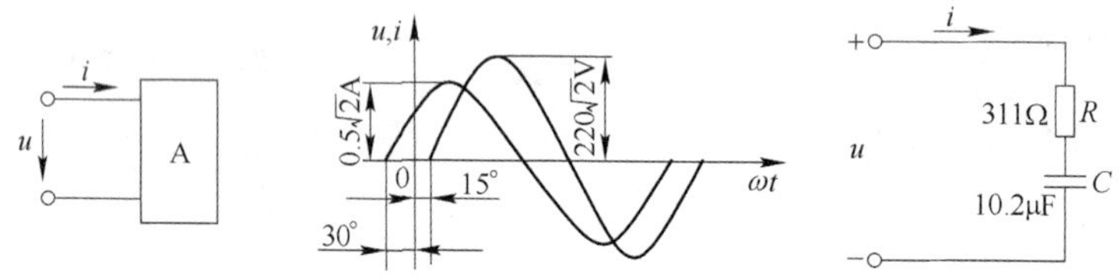

a）二端网络 N　b）电压、电流波形图　c）串联等效电路

图 6-33　例 6-12 图

2. 复导纳

一个不含独立电源的二端网络的复导纳定义为流入该电路的电流相量 $\dot{I}$ 与该电路的端电压 $\dot{U}$ 之比，即

$$Y = \frac{\dot{I}}{\dot{U}} = |Y|\underline{/\varphi'} = G + \text{j}B$$

一个二端网络的复导纳 $Y = G + \text{j}B$ 可等效地看作是电导 G 与电纳 B 并联组合的电路，如图 6-34 所示。

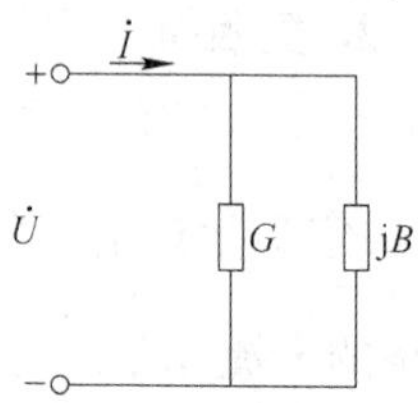

图 6-34　电导与电纳的并联电路

如果 $B > 0$，则 $\varphi' > 0$，电路呈容性，则此电路可用 RC 并联电路来表示；如果 $B < 0$，则 $\varphi' < 0$，电路呈感性，则此电路可用 RL 并联电路来表示。

3. 复阻抗与复导纳的等效互换

同一个不含独立源的二端网络，既可用电阻、电抗串联组合等效代替，又可用电导、电纳并联组合等效代替。这也意味着这两种组合可以等效互换，并称之复阻抗与复导纳的等效互换。

电路的复阻抗

$$Z = \frac{\dot{U}}{\dot{I}}$$

电路的复导纳

$$Y=\frac{\dot{I}}{\dot{U}}$$

由此可得

$$Z=\frac{1}{Y} \quad 或 \quad Y=\frac{1}{Z}$$

例 6-13 已知一并联电路如图 6-35a 所示，其电阻为 $R=16\Omega$，电感为 40mH，$\omega=314\text{rad/s}$，求等效串联电路的参数。

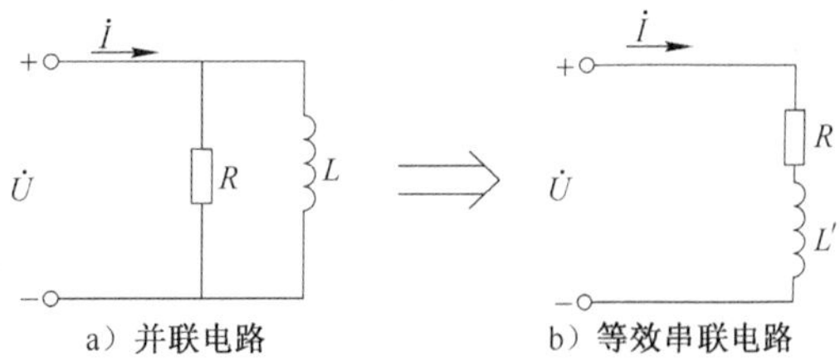

图 6-35 例 6-13 图

解：并联电路的电导 G 及电纳 B 分别为

$$G=\frac{1}{R}=\frac{1}{16\Omega}=0.0625\text{S}$$

$$B=-B_L=-\frac{1}{\omega L}=-\frac{1}{314\times40\times10^{-3}}\text{S}=-0.08\text{S}$$

$$\begin{aligned}Z&=\frac{1}{Y}=\frac{1}{G+\text{j}B}\\&=\frac{1}{0.0625-\text{j}0.08}\Omega=\frac{0.0625}{0.0625^2+0.08^2}\Omega+\text{j}\frac{0.08}{0.0625^2+0.08^2}\Omega\\&=(6.06+\text{j}7.76)\Omega\end{aligned}$$

即

$$R=6.06\Omega$$
$$X'=7.76\Omega$$
$$L'=\frac{X'}{\omega}=\frac{7.76}{314}\text{H}=0.025\text{H}$$

即可等效成 6.06Ω 电阻与 0.025H 电感相串联的电路。如图 6-35b 所示。

6.6 阻抗的连接

6.6.1 阻抗的串联

阻抗串联电路如图 6-36 所示，根据相量形式的 KVL 可得

$$\dot{U}=\dot{U}_1+\dot{U}_2+\dot{U}_3=(Z_1+Z_2+Z_3)\dot{I}=Z\dot{I} \tag{6-42}$$

式中

$$Z=Z_1+Z_2+Z_3 \tag{6-43}$$

Z 为全电路的等效阻抗，它等于各复阻抗之和。

如果把各阻抗用 R 与 X 串联来表示，即

$$Z_1=R_1+\text{j}X_1,\ Z_2=R_2+\text{j}X_2,\ Z_3=R_3+\text{j}X_3$$

则

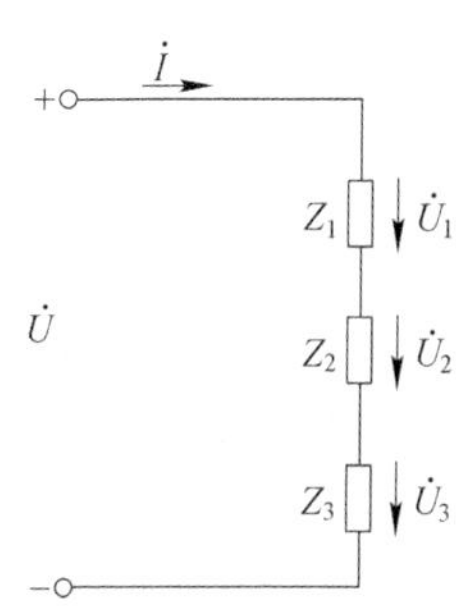

图 6-36 阻抗串联电路

$$Z=(R_1+R_2+R_3)+\mathrm{j}(X_1+X_2+X_3)=R+\mathrm{j}X$$

式中

$$R=R_1+R_2+R_3 \quad X=X_1+X_2+X_3$$

因此，串联阻抗的等效电阻等于各电阻之和，等效电抗等于各电抗的代数和。故等效阻抗的模为

$$|Z|=\sqrt{(R_1+R_2+R_3)^2+(X_1+X_2+X_3)^2}$$

阻抗角为

$$\varphi=\arctan\frac{X_1+X_2+X_3}{R_1+R_2+R_3}$$

阻抗串联时的分压公式为

$$\dot{U}_1=\frac{Z_1}{Z}\dot{U}$$

其公式与直流电路相似，所不同的是电压、电流均为相量，Z 为复数。

例 6-14 设三个复阻抗串联电路如图 6-36 所示，已知 $Z_1=5+\mathrm{j}10\Omega$，$Z_2=10-\mathrm{j}15\Omega$，$Z_3=-\mathrm{j}9\Omega$，电源电压 $\dot{U}=40\angle 30°\mathrm{V}$，试求等效复阻抗 Z，电流 $\dot{I}$ 和电压 $\dot{U}_1$、$\dot{U}_2$、$\dot{U}_3$，并画出相量图。

解：复阻抗为

$$Z=Z_1+Z_2+Z_3=(5+\mathrm{j}10)\Omega+(10-\mathrm{j}15)\Omega-\mathrm{j}9\Omega=(15-\mathrm{j}14)\Omega=20.5\angle -43°\Omega$$

$$\dot{I}=\frac{\dot{U}}{Z}=\frac{40\angle 30°}{20.5\angle -43°}\mathrm{A}=1.95\angle 73°\mathrm{A}$$

$$\dot{U}_1=Z_1\dot{I}=(5+\mathrm{j}10)\times 1.95\angle 73°\mathrm{V}=21.8\angle 136.4°\mathrm{V}$$

$$\dot{U}_2=Z_2\dot{I}=(10-\mathrm{j}15)\times 1.95\angle 73°\mathrm{V}=35.2\angle 16.7°\mathrm{V}$$

$$\dot{U}_3=Z_3\dot{I}=-\mathrm{j}9\times 1.95\angle 73°\mathrm{V}=17.6\angle -17°\mathrm{V}$$

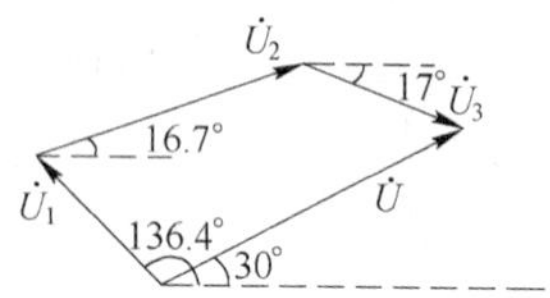

图 6-37 例 6-14 图

相量图如图 6-37 所示。

6.6.2 阻抗的并联

阻抗并联电路如图 6-38，根据相量形式的 KCL 得

$$\dot{I}=\dot{I}_1+\dot{I}_2+\dot{I}_3=\left(\frac{1}{Z_1}+\frac{1}{Z_2}+\frac{1}{Z_3}\right)\dot{U}=\frac{\dot{U}}{Z}$$

式中

$$\frac{1}{Z}=\frac{1}{Z_1}+\frac{1}{Z_2}+\frac{1}{Z_3} \tag{6-44}$$

几个复阻抗并联时，全电路的等效复阻抗的倒数等于各复阻抗的倒数之和。若用导纳表示，则为

$$Y=Y_1+Y_2+Y_3 \tag{6-45}$$

也就是说，几个复导纳并联时，等效复导纳等于各复导纳之和。当两个复阻抗并联时，其等效阻抗也可用下式计算：

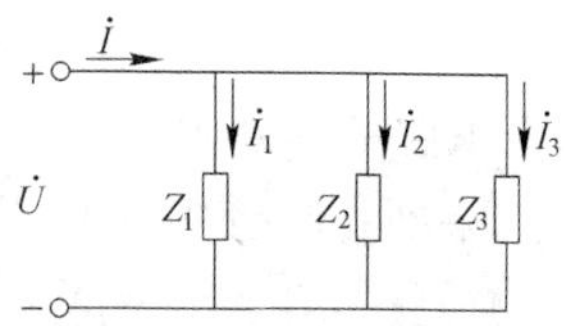

图 6-38 阻抗并联电路

$$Z=\frac{Z_1\cdot Z_2}{Z_1+Z_2}$$

例 6-15 电路如图 6-39a 所示。已知 $R_1=3\Omega$，$X_L=4\Omega$，$X_C=2\Omega$，$R_3=10\Omega$，$\dot U=20\underline{/0^\circ}\text{V}$，试求电路的等效复阻抗，总电流 $\dot I$ 和支路电流 $\dot I_1$、$\dot I_2$、$\dot I_3$，并画出相量图。

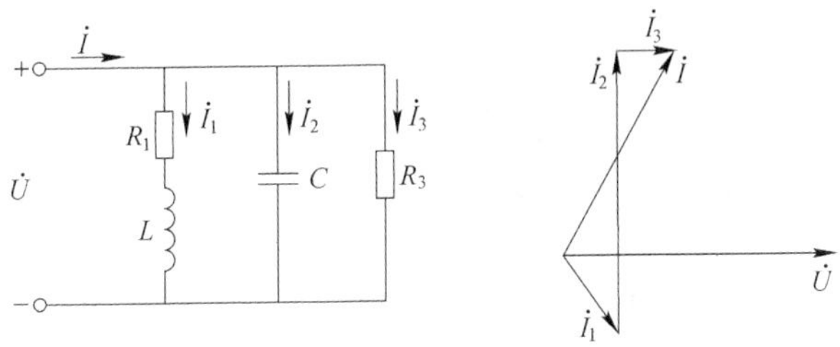

a）电路图　　b）相量图

图 6-39　例 6-15 图

解：

$$\begin{aligned}Y&=Y_1+Y_2+Y_3=\frac{1}{Z_1}+\frac{1}{Z_2}+\frac{1}{Z_3}\\&=\frac{1}{3+\text{j}4}\text{S}+\frac{1}{-\text{j}2}\text{S}+\frac{1}{10}\text{S}=\left(\frac{3}{25}-\text{j}\frac{4}{25}\right)\text{S}+\text{j}\frac{1}{2}\text{S}+\frac{1}{10}\text{S}\\&=\left(\frac{11}{50}+\text{j}\frac{17}{50}\right)\text{S}=(0.22+\text{j}0.34)\text{S}\end{aligned}$$

$$Z=\frac{1}{Y}=\frac{1}{0.22+\text{j}0.14}\Omega=(1.34-\text{j}2.17)\Omega=2.46\underline{/-57.1^\circ}\Omega$$

$$\dot I=\frac{\dot U}{Z}=\frac{20\underline{/0^\circ}}{2.46\underline{/-57.1^\circ}}\text{A}=8.1\underline{/57.1^\circ}\text{A}$$

$$\dot I_1=\frac{\dot U}{Z_1}=\frac{20\underline{/0^\circ}}{3+\text{j}4}\text{A}=4\underline{/-53.1^\circ}\text{A}$$

$$\dot I_2=\frac{\dot U}{Z_2}=\frac{20\underline{/0^\circ}}{-\text{j}2}\text{A}=10\underline{/90^\circ}\text{A}$$

$$\dot I_3=\frac{\dot U}{Z_3}=\frac{20\underline{/0^\circ}}{10}\text{A}=2\underline{/0^\circ}\text{A}$$

相量图如图 6-39b 所示。

6.6.3 阻抗的混联电路

在介绍了正弦交流电路中的电压与电流用相量表示及引用导纳及阻抗的概念后可知，阻抗的串联与并联电路计算方法在形式上与直流电路中的相应公式相似，因此阻抗混联的电路的分析方法可按照直流电路的方法进行。

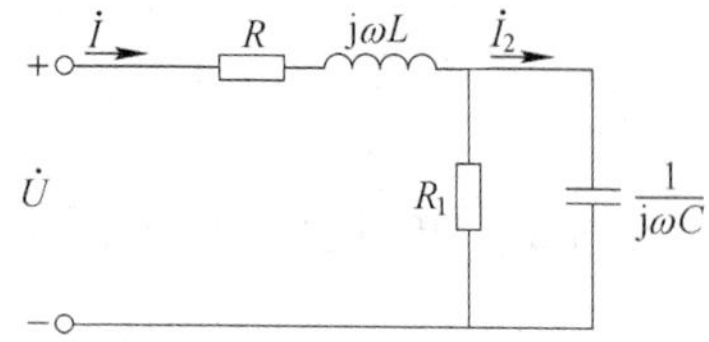

图 6-40 例 6-16 图

例 6-16 在图 6-40 中，已知 $R=10\Omega$，$L=40\text{mH}$，$C=10\mu\text{F}$，$R_1=50\Omega$，$\dot{U}=100\angle 0^\circ\text{V}$，$\omega=1000\text{rad/s}$，试求各支路电流。

解：(1)首先计算全电路的等效阻抗 Z：

$$X_L=\omega L=1000\times 40\times 10^{-3}\Omega=40\Omega$$

$$X_C=\frac{1}{\omega C}=\frac{1}{1000\times 10\times 10^{-6}}\Omega=100\Omega$$

$$\begin{aligned}Z&=R+jX_L+\frac{R_1(-jX_C)}{R_1-jX_C}\\&=10\Omega+j40\Omega+\frac{50\times(-j100)}{50-j100}\\&=10\Omega+j40\Omega+40\Omega-j20\Omega=50\Omega+j20\Omega=53.9\angle 21.8^\circ\Omega\end{aligned}$$

(2) 计算电路总电流：

$$\dot{I}=\frac{\dot{U}}{Z}=\frac{100\angle 0^\circ}{53.9\angle 21.8^\circ}\text{A}=1.86\angle -21.8^\circ\text{A}$$

(3) 利用分流公式计算各支路电流：

$$\dot{I}_1=\frac{-jX_C}{R_1-jX_C}\dot{I}=\frac{-j100}{50-j100}\times 1.86\angle 21.8^\circ\text{A}=1.66\angle -48.4^\circ\text{A}$$

$$\dot{I}_2=\frac{R_1}{R_1-jX_C}\dot{I}=\frac{50}{50-j100}\times 1.86\angle 21.8^\circ\text{A}=0.83\angle 41.6^\circ\text{A}$$

或 $$\dot{I}_2=\dot{I}-\dot{I}_1=1.86\angle 21.8^\circ\text{A}-1.66\angle -48.4^\circ\text{A}=0.83\angle 41.6^\circ\text{A}$$

从上例可以看出，阻抗串、并联交流电路的计算与直流电路的电阻串、并联的计算方法相同，所不同的是电阻用复阻抗来代替，电压、电流用相量代替，且计算比较复杂。读者可借助于函数计算器中的复数计算(CPLX)功能来进行。

6.7 用相量法分析复杂交流电路

通过前几节分析，我们知道正弦交流电路引入电压、电流相量以及阻抗(导纳)的概念后，得出了相量形式的欧姆定律和基尔霍夫定律。然后根据这两个定律又导出了阻抗串、并联，分压及分流公式。这些公式在形式上与直流电路中相应的公式相对应，由此可以推知：分析直流电路的各种方法和定理在形式上同样能适用于分析复杂交流电路。本节通过例题说明如何应用支路电流法、戴维南定理等来分析复杂正弦交流电路。

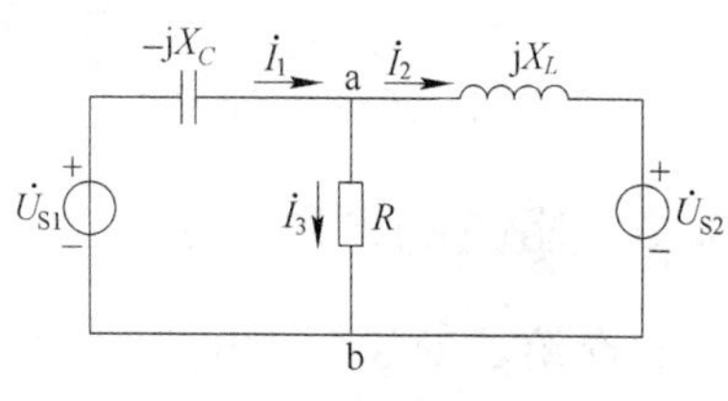

图 6-41 例 6-17 图

例 6-17 在图 6-41 所示电路中，已知 $\dot{U}_{S1}=100\text{V}$，$\dot{U}_{S2}=100\angle 90^\circ\text{V}$，$R=5\Omega$，$X_L=5\Omega$，$X_C=2\Omega$，试用支路电流法求支路电流。

解：选定支路电流参考方向如图 6-41 所示。列出回路电流方程：

$$\begin{cases}\dot{I}_1-\dot{I}_2-\dot{I}_3=0\\(-\mathrm{j}X_C)\dot{I}_1+R\dot{I}_3=\dot{U}_{S1}\\-R\dot{I}_3+(\mathrm{j}X_L)\dot{I}_2=-\dot{U}_{S2}\end{cases}$$

代入数据得：

$$\begin{cases}\dot{I}_1-\dot{I}_2-\dot{I}_3=0\\(-\mathrm{j}2)\dot{I}_1+5\dot{I}_3=100\\-5\dot{I}_3+(\mathrm{j}5)\dot{I}_2=-100\underline{/90^\circ}\end{cases}$$

对以上方程求解得：

$$\dot{I}_1=27.8\underline{/-56.3^\circ}\mathrm{A}$$

$$\dot{I}_2=32.3\underline{/-115.4^\circ}\mathrm{A}$$

$$\dot{I}_3=29.9\underline{/-11.9^\circ}\mathrm{A}$$

例 6-18　电路如图 6-42a 所示，用戴维南定理求支路电流 $\dot{I}_3$。

解：将待求支路(R_3 支路)引出，其余部分用戴维南等效电路(即等效电压源)来代替，整理后电路如图 6-42b 所示。

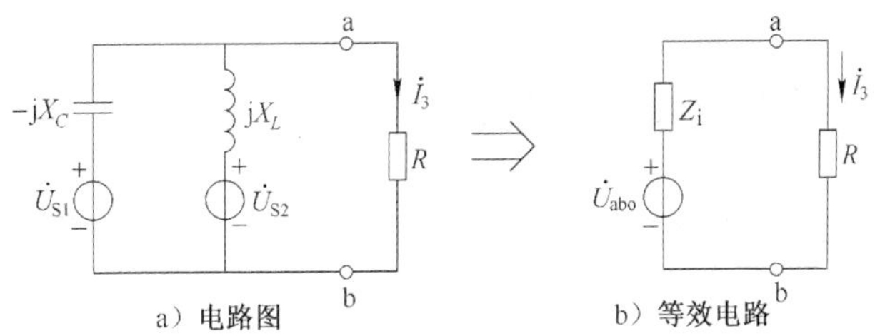

图 6-42　例 6-18 图

(1) 先求开路电压 $\dot{U}_{abo}$：

$$\dot{U}_{abo}=\frac{\dot{U}_{S1}-\dot{U}_{S2}}{\mathrm{j}(X_L-\mathrm{j}X_C)}\cdot\mathrm{j}X_L+\dot{U}_{S2}=179.7\underline{/-21.8^\circ}\mathrm{V}$$

(2) 求输入端阻抗(将电压源 $\dot{U}_{S1}$，$\dot{U}_{S2}$短路处理)：

$$Z_i=\frac{\mathrm{j}X_L(-\mathrm{j}X_C)}{\mathrm{j}X_L-\mathrm{j}X_C}=\frac{\mathrm{j}5(-\mathrm{j}2)}{\mathrm{j}5-\mathrm{j}2}=-\mathrm{j}3.33\Omega$$

(3) 求电流：

$$\dot{I}_3=\frac{\dot{U}_{abo}}{Z_i+R}=\frac{179.7\angle 21.8^\circ}{-j3.33+5}A=29.9\angle 11.9^\circ A$$

例 6-19 如图 6-43 所示为交流电桥测试线圈的电阻 R_X 和电感 L_X 的线路，R_A、R_B、R_n、C_n 均已知，试求交流电桥平衡时的 R_X 和 L_X 值。

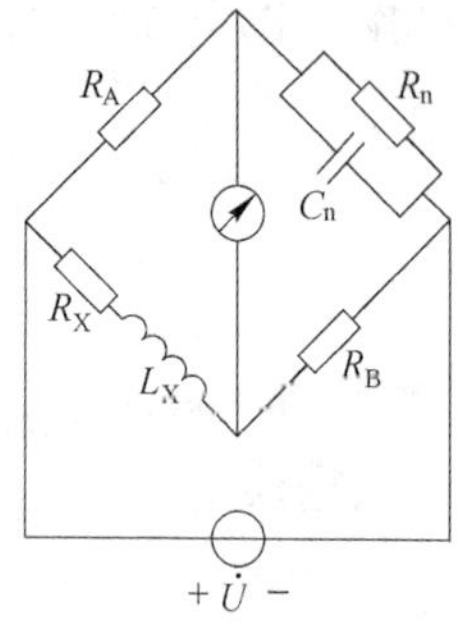

图 6-43　例 6-19 图

解：与直流电桥类似，一般交流电桥平衡的条件是：对臂阻抗的乘积相等，即：

$$Z_1Z_4=Z_2Z_3$$

式中

$$Z_1=R_A$$

$$\frac{1}{Z_2}=\frac{1}{R_n}+j\omega C_n=\frac{1+j\omega C_nR_n}{R_n}$$

$$Z_3=R_X+j\omega L_X$$

$$Z_4=R_B$$

所以

$$\left(\frac{R_n}{1+j\omega C_nR_n}\right)\cdot(R_X+j\omega L_X)=R_AR_B$$

$$R_nR_X+j\omega L_XR_n=R_AR_B+j\omega C_nR_nR_AR_B$$

上式等号两边的实部和虚部应分别相等，得

$$\begin{cases}R_X=R_AR_B/R_n\\L_X=C_nR_AR_B\end{cases}$$

6.8　正弦交流电路中的功率及功率因数的提高

在 6.3 中分析了电阻、电感及电容单一元件的功率，本节将分析正弦交流电路中功率的一般情况。

6.8.1　有功功率、无功功率、视在功率和功率因数

设有一个二端网络，取电压、电流参考方向如图 6-44 所示，则网络在任一瞬间吸收的功率即瞬时功率为

$$p=u(t)\cdot i(t)$$

设 $u(t)=\sqrt{2}U\sin(\omega t+\Psi)$，$i(t)=\sqrt{2}I\sin\omega t$，其中 Ψ 为电压与电流的相位差，则有

$$\begin{aligned}p(t)&=u(t)\cdot i(t)\\&=\sqrt{2}U\sin(\omega t+\Psi)\cdot\sqrt{2}I\sin\omega t\\&=UI\cos\Psi-UI\cos(2\omega t+\Psi)\end{aligned}\qquad(6\text{-}46)$$

其波形图如图 6-45 所示。

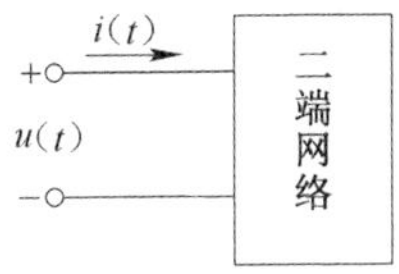

图 6-44 二端网络

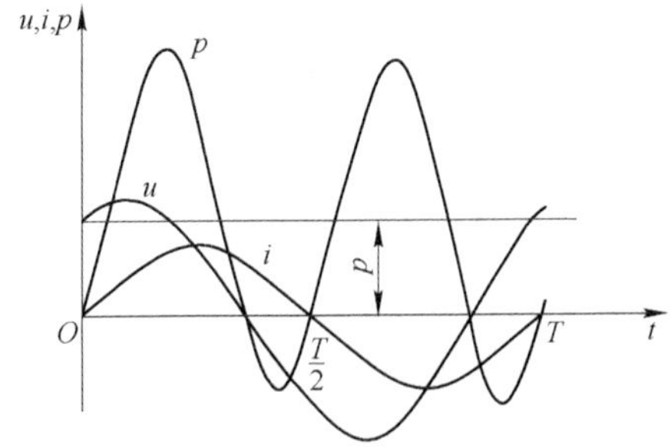

图 6-45 瞬时功率波形图

瞬时功率有时为正值，有时为负值，表示网络有时从外部接受能量，有时向外部发出能量。如果所考虑的二端网络内不含有独立源，这种能量交换的现象就是网络内储能元件所引起的。二端网络所吸收的平均功率（又称为有功功率）P 为瞬时功率 $p(t)$ 在一个周期内的平均值，即

$$P = \frac{1}{T}\int_0^T p\mathrm{d}t$$

将式(2-46)代入上式得

$$P = \int_0^T [UI\cos\varphi - UI(\omega t + \varphi)]\mathrm{d}t = UI\cos\varphi \qquad (6\text{-}47)$$

可见，正弦交流电路的有功功率等于电压、电流的有效值和电压、电流相位差角余弦的乘积。

$\cos\varphi$ 称为二端网络的功率因数，用 λ 表示，即 $\lambda = \cos\varphi$，φ 称为功率因数角。在二端网络为纯电阻情况下，$\varphi = 0$，功率因数 $\cos\varphi = 1$，网络吸收的有功功率 $P_R = UI$；当二端网络为纯电抗情况下，$\varphi = \pm 90°$，功率因数 $\cos\varphi = 0$，则网络吸收的有功功率 $P_X = 0$，这与前面 6.3 节的结果完全一致。

在一般情况下，二端网络的 $Z = R + \mathrm{j}X$，$\varphi = \arctan\frac{X}{R}$，$\cos\varphi \neq 0$，即 $P = UI\cos\varphi$。

二端网络两端的电压 U 和电流 I 的乘积 UI 也是功率的量纲，因此，把乘积 UI 称为该网络的视在功率，用符号 S 来表示，即

$$S = UI \qquad (6\text{-}48)$$

为与有功功率区别，视在功率的单位用伏安（V · A）。视在功率也称为容量，例如一台变压器的容量为 4000kV · A，表示变压器能输出的最大有功功率为 4000kW。至于变压器实际能输出多少有功功率，要视它所带的负载的功率因数而定。

在正弦交流电路中，除了有功功率和视在功率外，无功功率也是一个重要的量。电力系统正常运行与无功功率有着密切的关系，例如，电动机的磁场、变压器的磁场都是靠无功功率建立的。在 6.3 节中，已对电感元件、电容元件分析过无功功率，即无功功率是用来衡量电源与储能元件间的能量交换，因此无源二端网络的无功功率就等于等效电抗中的无功功率。

即

$$Q = U_X I$$

而 $U_X = U\sin\varphi$，所以无功功率

$$Q = UI\sin\varphi \tag{6-49}$$

当 $\varphi=0$ 时，二端网络为一个等效电阻，电阻总是从电源获得能量，没有能量的交换；

当 $\varphi\neq0$ 时，说明二端网络中必有储能元件，因此，二端网络与电源间有能量的交换。对于电感性负载，电压超前电流，$\psi>0$，$Q>0$；对于电容性负载，电压滞后电流，$\varphi<0$，$Q<0$。

6.8.2　功率因数的提高

提高功率因数的意义主要有以下几点：

1）提高电源设备利用率。当电源容量 $S=UI$ 一定时，功率因数 $\cos\varphi$ 越高，其输出的功率 $P=UI\cos\varphi$ 越大。因此为了充分利用电源设备的容量，应该设法提高负载网络的功率因数。

2）降低线路损耗。当负载的有功功率 P 和电压 U 一定时，$\cos\varphi$ 越大，输电线上的电流越小，线路上能耗就越少。因此提高功率因数具有经济效益。

3）节约用铜。在线路损耗一定时，提高功率因数可以使输电线上的电流减小，从而可以减小导线的横截面，节约铜材。

4）提高供电质量。线路损耗减少，可以使负载电压与电源电压更接近，电压调整率更高。

功率因数不高的原因，主要是由于大量电感性负载的存在。工厂生产中广泛使用的三相异步电动机就相当于电感性负载。为了提高功率因数，可以从两个基本方面来着手：一方面是改进用电设备的功率因数，但这主要涉及更换或改进设备；另一方面是在感性负载的两端并联适当大小的电容器。

下面分析利用并联电容器来提高功率因数的方法。

原负载为感性负载，其功率因数为 $\cos\varphi$，电流为 $\dot{I}_1$，在其两端并联电容器 C，电路如图 6-46 所示，并联电容以后，并不影响原负载的工作状态。从相量图可知由于电容电流补偿了负载中的无功电流。使总电流减小，电路的总功率因数提高了。

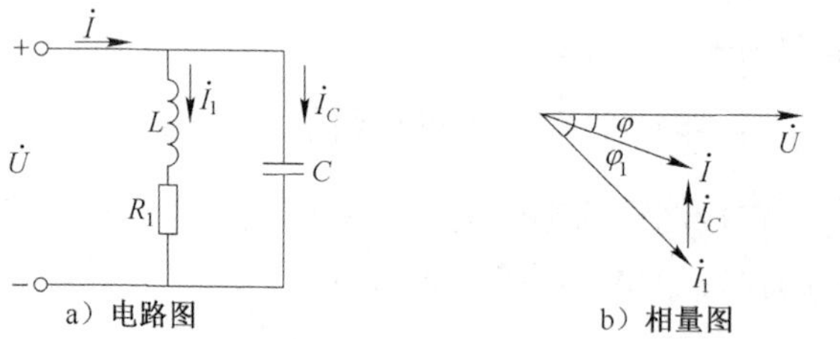

图 6-46　感性负载并联电路

设有一电感性负载的端电压为 U，功率为 P，功率因数 $\cos\varphi_1$，为了使功率因数提高到 $\cos\varphi$，可推导所需并联电容 C 的计算公式：

$$I_1\cos\varphi_1 = I\cos\varphi = \frac{P}{U}$$

流过电容的电流

$$I_C = I_1\sin\varphi_1 - I\sin\varphi = \frac{P}{U}(\tan\varphi_1 - \tan\varphi)$$

又因

$$I_C = U\omega C$$

所以

$$C=\frac{P}{\omega U^2}(\tan\varphi_1-\tan\varphi) \tag{6-50}$$

例 6-20 两个负载并联，接到 220V、50Hz 的电源上。一个负载的功率 $P_1=2.8\text{kW}$，功率因数 $\cos\varphi_1=0.8$（电感性），另一个负载的功率 $P_2=2.42\text{kW}$，功率因数 $\cos\varphi_2=0.5$（电感性）。试求：

（1）电路的总电流和总功率因数；

（2）电路消耗的总功率；

（3）要使电路的功率因数提高到 0.92，需并联多大的电容？此时，电路的总电流为多少？

（4）再把电路的功率因数从 0.92 提高到 1，需并联多大的电容？

解：（1）电路的总电流和总功率因数

$$I_1=\frac{P_1}{U\cos\varphi_1}=\frac{2800}{220\times0.8}\text{A}=15.9\text{A}$$

$$\cos\varphi_1=0.8 \qquad \varphi_1=36.9°$$

$$I_2=\frac{P_2}{U\cos\varphi_2}=\frac{2420}{220\times0.5}\text{A}=22\text{A}$$

$$\cos\varphi_1=0.5 \qquad \varphi_1=60°$$

设电源电压 $\dot{U}=220\underline{/0°}\text{V}$，则

$$\dot{I}_1=15.9\underline{/-36.9°}\text{A}$$

$$\dot{I}_2=22\underline{/-60°}\text{A}$$

$$\dot{I}=\dot{I}_1+\dot{I}_2=15.9\underline{/-36.9°}\text{A}+22\underline{/-60°}\text{A}=37.1\underline{/-50.3°}\text{A}$$

$$I=37.1\text{A}$$

$$\varphi'=50.3° \qquad \cos\varphi'=0.64$$

（2）电路消耗的总功率

$$P=P_1+P_2=2.8+2.42=5.22\text{kW}$$

（3）功率因数提高到 0.92 需并联电容，及电容并联后电路总电流

$$\cos\varphi=0.92 \qquad \varphi=23.1°$$

$$\cos\varphi'=0.64 \qquad \varphi'=50.3°$$

$$C=\frac{P}{\omega U^2}(\tan50.3°-\tan23.1°)=0.00034\times(1.2-0.426)\text{F}=263\mu\text{F}$$

$$I=\frac{P}{UI\cos\varphi}=\frac{5220}{220\times0.92}\text{A}=25.8\text{A}$$

（4）功率因数提高到 1 所需并联电容

$$\cos\varphi'=0.92 \qquad \varphi'=23.1°$$

$$\cos\varphi=1 \qquad \varphi=0°$$

$$C'=\frac{P}{\omega U^2}(\tan23.1°-\tan0°)=0.00034\times(0.426-0)\text{F}=144.8\mu\text{F}$$

由上例计算可以看出，将功率因数从 0.92 提高到 1，仅提高了 0.08，补偿电容需要

144.8μF，将增大设备的投资。

在实际生产中并不要把功率因数提高到1，因为这样做需要并联的电容较大，功率因数提高到什么程度为宜，只能在作具体的技术经济比较之后才能决定。通常只将功率因数提高到0.9～0.95之间。

6.9 正弦交流电路负载获得最大功率的条件

在图6-47所示电路中，U_S 为信号源的电压相量，$Z_i = R_i + jX_i$ 为信号源的内阻抗，$Z = R + jX$ 为负载阻抗。

负载中的电流为

$$\dot{I} = \frac{U_S}{Z_i + Z} = \frac{U_S}{(R_i + R) + j(X_i + X)}$$

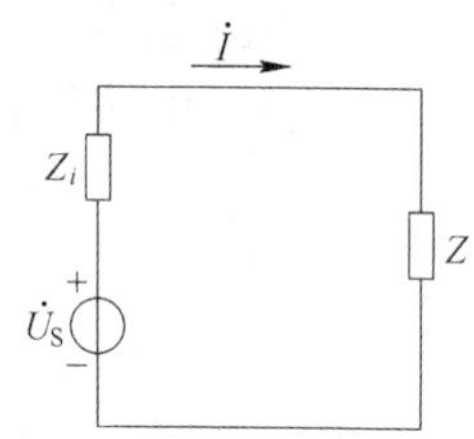

图6-47 交流电路模型

于是，电流的有效值为

$$I = \frac{U_S}{\sqrt{(R_i + R)^2 + (X_i + X)^2}}$$

负载吸取的平均功率为

$$P = I^2 R = \frac{U_S^2 R}{(R_i + R)^2 + (X_i + X)^2} \tag{6-51}$$

如果负载的电抗 X 和电阻 R 均可调，则首先选择负载电抗 $X = -X_i$，使功率 P 为

$$P = \frac{U_S^2 R}{(R_i + R)^2}$$

其次是确定 R 值，将 P 对 R 求导数得

$$\frac{dP}{dR} = U_S^2 \left[\frac{1}{(R_i + R)^2} - \frac{2R}{(R_i + R)^3} \right]$$

令

$$\frac{dP}{dR} = 0$$

解得

$$R = R_i$$

因而负载能获得最大功率的条件为

$$X = -X_i \qquad R = R_i$$

即

$$Z = Z_i \tag{6-52}$$

当上式成立时，我们也称负载阻抗与电源阻抗匹配。

负载所得最大功率为

$$P_{max} = \frac{U_S^2}{4R_i} \tag{6-53}$$

在阻抗匹配电路中，负载得到的最大功率仅是电源输出功率的一半。即阻抗匹配电路的传输效率为50%，所以阻抗匹配电路只能用于一些小功率电路，而对于电力系统来说，首要的问题是效率，则不能考虑匹配。

6.10 *RLC* 电路中的谐振

电路中的谐振是电路的一种特殊的工作状况，谐振现象在无线电和电工技术中得到广泛的应用，但谐振在有些场合下又有可能破坏系统的正常工作，因此，研究谐振现象有重要的意义。谐振按发生电路的不同可分为串联谐振和并联谐振。

6.10.1 串联谐振

1. 谐振条件

如图 6-48 所示，在 *RLC* 元件串联电路中，电路的复阻抗为

$$Z = R + jX = R + j\left(\omega L - \frac{1}{\omega C}\right)$$

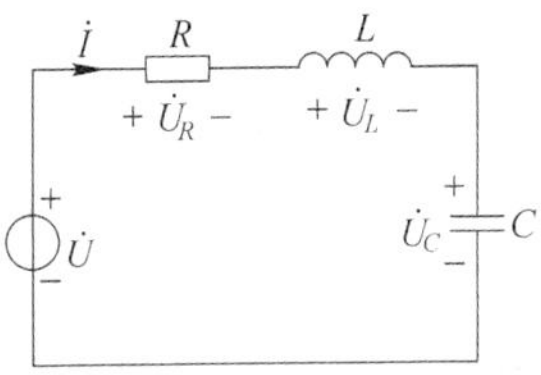

图 6-48 *RLC* 串联电路

当 $X = \omega L - \dfrac{1}{\omega C} = 0$ 时，整个电路的阻抗等于电阻 R，电压与电流同相，这种工作状况称为串联谐振。$X = 0$ 时对应的角频率称为串联谐振角频率，记作 ω_0，即有

$$\omega_0 L - \frac{1}{\omega_0 C} = 0$$

所以

$$\omega_0 = \frac{1}{\sqrt{LC}} \tag{6-54}$$

谐振频率为

$$f_0 = \frac{1}{2\pi\sqrt{LC}} \tag{6-55}$$

式（6-54）即为 *RLC* 串联电路发生谐振的条件。这一谐振频率与电路中的电阻无关，仅决定于电路中的 L 和 C 的数值。改变 ω、L、C 中的任何一个量都可使电路达到谐振。

2. 串联谐振的特点

1）谐振时电路为纯电阻性质，电路中的电流有效值 $I = \dfrac{U}{|Z|} = \dfrac{U}{R} = I_0$ 达最大，且 R 越小时 I 将越大。

2）谐振时，电感电压 U_L 和电容电压 U_C 相等，且等于电源电压 U 的 Q 倍。

谐振时感抗和容抗的绝对值称之为串联谐振电路的特性阻抗，用符号 ρ 表示，它由电路的 L 和 C 参数决定。即

$$\rho = \omega_0 L = \frac{1}{\omega_0 C} = \sqrt{\frac{L}{C}} \tag{6-56}$$

式中，L 单位为 H，C 单位为 F，ρ 单位为 Ω。

电工技术中将谐振电路的特性阻抗与回路电阻的比值定义为该谐振电路的品质因数，即

$$Q = \frac{\rho}{R} \tag{6-57}$$

Q 是个无量纲的量，其大小可反映谐振电路的性能，它与电感、电容及电源上电压的关系为

$$\left.\begin{aligned}\dot{U}_L &= \mathrm{j}Q\dot{U}\\ \dot{U}_C &= -\mathrm{j}Q\dot{U}\end{aligned}\right\} \tag{6-58}$$

3）谐振时，电源提供的能量全部消耗在电阻上，电容和电感之间进行能量交换，二者和电源无能量交换。

3. 串联谐振的应用

在具有电感和电容元件的电路中，电路两端的电压与其中的电流一般是不同相的，如果我们调节电路的参数或电源的频率而使它们同相，这时电路中就发生谐振现象。在电力工程中发生串联谐振时，过高的电压，可能会击穿线圈、电容器甚至绝缘子等的绝缘，所以一般应避免发生串联谐振。

但在无线电工程中则常利用串联谐振以获得较高电压，电容或电感元件上的电压常高于电源电压几十倍或几百倍。无线电技术中常应用串联谐振的选频特性来选择信号。收音机通过接收天线，接收到各种频率的电磁波，每一种频率的电磁波都要在天线回路中产生相应的微弱的感应电流。为了达到选择信号的目的，通常在收音机里采用图 6-49 所示的谐振电路。把调谐回路中的电容 C 调节到某一值，电路就具有一个固有的频率 f_0。如果这时某电台的电磁波的频率正好等于调谐电路的固有频率，就能收听该电台的广播节目，其他频率的信号被抑制掉，这样就实现了选择电台的目的。

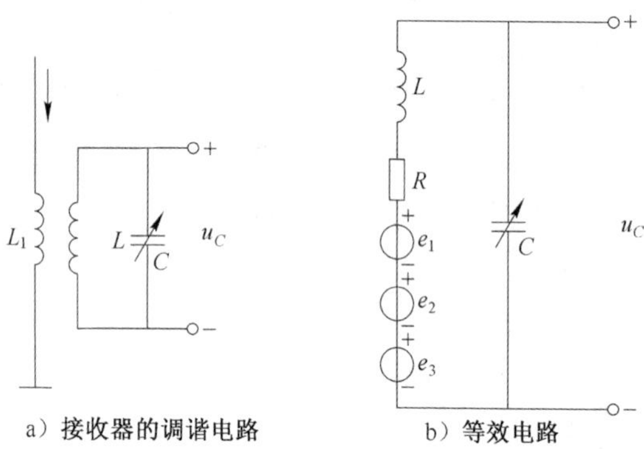

图 6-49　收音机谐振电路

例 6-21　将电容器（$C=320\mu$F）与一线圈（$L=8$mH，$R=100\Omega$）串联，接在 $U=50$V 的电源上。

（1）当 $f_0=100$kHz 时发生谐振，求电流与电容器的电压；

（2）当频率增加 10% 时，求电流与电容器上的电压。

解：（1）当 $f_0=100$kHz 电路发生谐振时，可知

$$X_L=2\pi f_0 L=2\times3.14\times100\times10^3\times8\times10^{-3}\Omega=5024\Omega$$

$$X_C=\frac{1}{2\pi f_0 C}=\frac{1}{2\times3.14\times100\times10^3\times320\times10^{-12}}\Omega=5000\Omega$$

$$I_0=\frac{U}{R}=\frac{50\text{V}}{100\Omega}=0.5\text{A}$$

$$U_C=I_0X_C=0.5\times5000\text{V}=2500\text{V}\ (>U)$$

（2）当频率增加 10% 时，有

$$X_L=2\pi f_0 L=2\times3.14\times100\times10^3\times110\%\times8\times10^{-3}\Omega=5500\Omega$$

$$X_C=\frac{1}{2\pi f_0 C}=\frac{1}{2\times3.14\times100\times10^3\times110\%\times320\times10^{-12}}\Omega=4545\Omega$$

$$|Z|=\sqrt{R^2+(X_L-X_C)^2}=\sqrt{100^2+(5500-4545)^2}\Omega\approx960\Omega$$

$$I_0=\frac{U}{|Z|}=\frac{50\text{V}}{960\Omega}=0.05\text{A}$$

$$U_C=I_0X_C=0.05\times4545\text{V}=227\text{V}\ (<2500\text{V})$$

由此可见，当频率调整，偏离谐振频率时，电流和电压就大大减小。

例 6-22 收音机的输入回路可用 *RLC* 串联电路为其模型，其电感为 0.233mH，可调电容的变化范围为 42.5～360pF。试求该电路谐振频率的范围。

解： $C=42.5\text{pF}$ 时的谐振频率为

$$f_{01}=\frac{1}{2\pi\sqrt{LC}}=\frac{1}{2\pi\sqrt{0.233\times10^{-3}\times42.5\times10^{-12}}}\text{Hz}=1600\text{kHz}$$

$C=360\text{pF}$ 时的谐振频率为

$$f_{02}=\frac{1}{2\pi\sqrt{LC}}=\frac{1}{2\pi\sqrt{0.233\times10^{-3}\times360\times10^{-12}}}\text{Hz}=550\text{kHz}$$

所以此电路的调谐频率为 550～1600kHz。

6.10.2 *RLC* 并联谐振

并联谐振电路有 *RLC* 并联电路和电容 *C* 与线圈（电阻与电感串联）并联的电路两种，本书以第一种为例介绍，电路如图 6-50 所示。

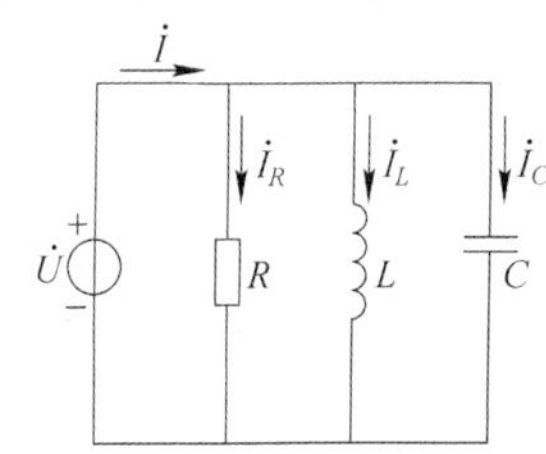

图 6-50 *RLC* 并联电路

1. 谐振条件

分析 *RLC* 并联电路可得，等效复阻抗的表达式为

$$Z=\frac{1}{\frac{1}{R}+\mathrm{j}\left(\omega C-\frac{1}{\omega L}\right)}$$

与串联谐振相同，当电路中 $\dot{U}$ 与 $\dot{I}$ 同相时，称为电路发生并联谐振，即上式分母的虚部为零时发生并联谐振，此时 $Z=R$，$\dot{U}$ 与 $\dot{I}$ 同相。满足这一条件的角频率为 ω_0，这时

$$\omega_0 C-\frac{1}{\omega_0 L}=0$$

$$\omega_0=\frac{1}{\sqrt{LC}} \tag{6-59}$$

或

$$f=f_0=\frac{1}{2\pi\sqrt{LC}} \tag{6-60}$$

上式与串联谐振频率相同。

2. 并联谐振的特点

1）谐振时电路为纯电阻性质，且阻抗最大；在电源电压 *U* 一定的情况下，电路中的电流 *I* 最小。

2）电源电压 $\dot{U}$ 与电路中总电流 $\dot{I}$ 同相($\varphi=0$)；

3）谐振时并联支路的电流近似相等，比是总电流的 Q 倍。并联谐振也称电流谐振。

3. 并联谐振的应用

并联谐振在电子技术中经常应用。例如利用并联谐振时阻抗高的特点来选择信号或消除干扰。

例 6-23 在图 6-50 所示的并联电路中，若 $C=0.002\mu F$，$L=20\mu H$ ，$R=5\Omega$，试求谐振角频率 ω_0 和品质因数 Q。

解：

$$\omega_0=\frac{1}{\sqrt{LC}}=\frac{1}{\sqrt{20\times10^{-6}\times20\times10^{-9}}}\text{rad/s}=5\times10^6\text{rad/s}$$

$$Q=\frac{L\omega_0}{R}=\frac{20\times10^{-6}\times5\times10^6}{5}=20$$

∗6.11 非正弦周期电流电路

6.11.1 非正弦周期电流

在生产实践和科学实验中存在着许多周期性非正弦的电源和信号。例如：电力系统中发电机发出的电压波形并非理想的正弦波；电路中有几个不同频率的正弦激励时，响应一般是非正弦的；当电路中有非线性元件时，在正弦激励下也会产生非正弦电压和电流；收音机、电视机等电子设备中传递和处理的信号电压或电流波形是显著的非正弦波。

图 6-51 所示为几种非正弦周期电压、电流波形。其中图 6-51a 为脉冲电流波形，图 6-51b 为方波电压波形，图 6-51c 为电子示波器扫描电压锯齿波波形，图 6-51d 为半波整流电流波形。

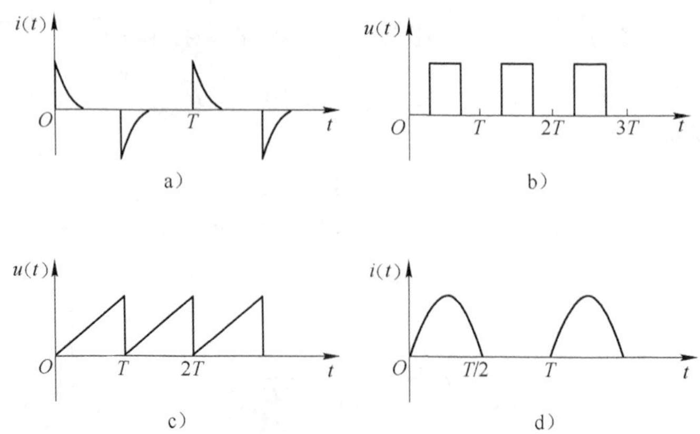

图 6-51 非正弦周期量

任何满足狄里赫利条件的周期函数都可以分解成傅里叶级数。周期为 T 的函数 $f(t)$ 可分解的傅里叶级数是：

$$f(t)=a_0+\sum_{k=1}^{\infty}(a_k\cos k\omega t+b_k\sin k\omega t),k=1,2,3\cdots \tag{6-61}$$

式中，角频率 $\omega=\frac{T}{2\pi}$；a_0、a_k、b_k 为傅里叶系数，即

$$a_0=\frac{1}{T}\int_0^T f(t)\mathrm{d}t$$

$$a_k=\frac{2}{T}\int_0^T f(t)\cos k\omega t\mathrm{d}t=\frac{1}{\pi}\int_0^{2\pi} f(t)\cos k\omega t\mathrm{d}(\omega t)$$

$$b_k=\frac{2}{T}\int_0^T f(t)\sin k\omega t\mathrm{d}t=\frac{1}{\pi}\int_0^{2\pi} f(t)\sin k\omega t\mathrm{d}(\omega t)$$

若把式(6-61)中同频率的正弦量与余弦量合并，$f(t)$可分解为另一种傅里叶级数的形式：

$$f(t)=A_0+\sum_{k=1}^{\infty}A_{km}\sin(k\omega t+\psi_k) \tag{6-62}$$

$$A_0=a_0,\ A_{km}=\sqrt{a_k^2+b_k^2},\ \psi_k=\arctan\frac{a_k}{b_k}$$

式中，A_0 为常数项，是非正弦周期函数的平均值，与时间无关，称为$f(t)$恒定分量(或直流分量)；$k=1$ 项 $A_1\sin(\omega t+\psi_1)$的频率与$f(t)$的频率相同，故该项称为一次谐波分量(或基波分量，基波角频率为 ω)；$k\geqslant 2$ 各项统称为高次谐波，即 2 次、3 次、4 次、…谐波分量，k 次谐波角频率为 $k\omega$；A_{km}为各次谐波分量(正弦波)的最大值，各次谐波分量的有效值为 $A_k=A_{km}/\sqrt{2}$，ψ_k 为各次谐波分量的初相位。

6.11.2 非正弦周期电流电路的有效值和平均功率

1. 非正弦周期电流的有效值和平均值

根据有效值的定义，任何周期电流 i 的有效值 I 为

$$I=\sqrt{\frac{1}{T}\int_0^T i^2\mathrm{d}t} \tag{6-63}$$

若周期性非正弦电流 i 可以分解为傅里叶级数

$$i=I_0+\sum_{k=1}^{\infty}I_{km}\sin(k\omega t+\psi_k)$$

将其代入有效值的定义式中，则电流的有效值为

$$I=\sqrt{\frac{1}{T}\int_0^T\left[I_0+\sum_{1}^{\infty}I_{km}\sin(k\omega t+\psi_k)\right]^2\mathrm{d}t} \tag{6-64}$$

利用三角函数的正交性，上式展开式中包含下列各项的计算值为

$$\frac{1}{T}\int_0^T I_0^2\mathrm{d}t=I_0^2$$

$$\frac{1}{T}\int_0^T I_{km}^2\sin^2(k\omega t+\psi_k)\mathrm{d}t=\frac{I_{km}^2}{2}=I_k^2$$

$$\frac{1}{T}\int_0^T 2I_0I_{km}\sin(k\omega t+\psi_k)\mathrm{d}t=0$$

$$\frac{1}{T}\int_0^T 2I_{qm}\sin(q\omega t+\psi_q)I_{km}\sin(k\omega t+\psi_k)\mathrm{d}t=0, q\neq k$$

式中，$I_k=I_{km}/\sqrt{2}$是 k 次谐波的有效值，所以

$$I=\sqrt{I_0^2+I_1^2+I_2^2+\cdots} \tag{6-65}$$

也就是说，周期性非正弦电流的有效值等于直流分量及各次谐波分量的有效值的平方和的平方根。此结论可广泛用于其他非正弦周期量。如周期性非正弦电压的有效值为

$$U=\sqrt{\frac{1}{T}\int_0^T u^2\mathrm{d}t} \tag{6-66}$$

$$U=\sqrt{U_0^2+U_1^2+U_2^2+\cdots} \tag{6-67}$$

除有效值外，在实践中还会用到平均值，非正弦周期量的平均值即是它的直流分量，以电流为例，其定义式为

$$I_{av}=\frac{1}{T}\int_0^T i\mathrm{d}t \tag{6-68}$$

按上式求得半波整流电流的平均值为

$$I_{av}=\frac{1}{T}\int_0^T i\mathrm{d}t=\frac{1}{2\pi}\int_0^{\pi} I_m\sin\omega t\mathrm{d}(\omega t)=\frac{I_m}{\pi}$$

对于在一个周期内有正有负的交流量，常用交流量的整流平均值来定义它的平均值，即交流量的绝对值在一个周期内的平均值。

$$I_{rect}=\frac{1}{T}\int_0^T |i|\mathrm{d}t \tag{6-69}$$

按上式求得正弦交流量的平均值为

$$I_{rect}=\frac{1}{T}\int_0^T |i|\mathrm{d}t=\frac{1}{2\pi}\int_0^{2\pi}|I_m\sin\omega t|\mathrm{d}(\omega t)=\frac{1}{\pi}\int_0^{\pi}I_m\sin\omega t\mathrm{d}(\omega t)=\frac{2I_m}{\pi}$$

同理，电压的平均值和整流平均值公式为

$$U_{av}=\frac{1}{T}\int_0^T u\mathrm{d}t \tag{6-70}$$

$$U_{rect}=\frac{1}{T}\int_0^T |u|\mathrm{d}t \tag{6-71}$$

值得注意的是：用不同类型仪表测量同一非正弦周期电流时，会得到不同的结果。例如用磁电系仪表(直流仪表)测量，得到的是电流的恒定分量；用电磁系或电动系仪表测量，得到的是电流的有效值；用全波整流磁电系仪表测量，得到的是电流的平均值。并且有效值、平均值的计算与计时起点无关。

例 6-24 计算有效值。

(1) 半波整流电流：$i(t)=I_m\sin\omega t=\sqrt{2}I\sin\omega t$，$0\leqslant\omega t\leqslant\pi$

(2) $u=40\mathrm{V}+180\sin\omega t\mathrm{V}+60\sin(3\omega t+45°)\mathrm{V}$

解：(1)电流有效值为

$$I=\sqrt{\frac{1}{T}\int_0^T i^2\mathrm{d}t}$$

$$=\sqrt{\frac{1}{2\pi}\int_0^{\pi}(I_m\sin\omega t)^2\mathrm{d}(\omega t)}=\sqrt{\frac{I_m^2}{2\pi}\int_0^{\pi}\frac{1-\cos2\omega t}{2}\mathrm{d}(\omega t)}$$

$$= \frac{I_m}{2}$$

(2)电压有效值为

$$U = \sqrt{U_0^2 + U_1^2 + U_2^2} = \sqrt{40^2 + \left(\frac{180}{\sqrt{2}}\right)^2 + \left(\frac{60}{\sqrt{2}}\right)^2}\text{V} = 140\text{V}$$

例 6-25 计算图 6-52 中缺角正弦半波波形 u_d 的平均值、有效值。

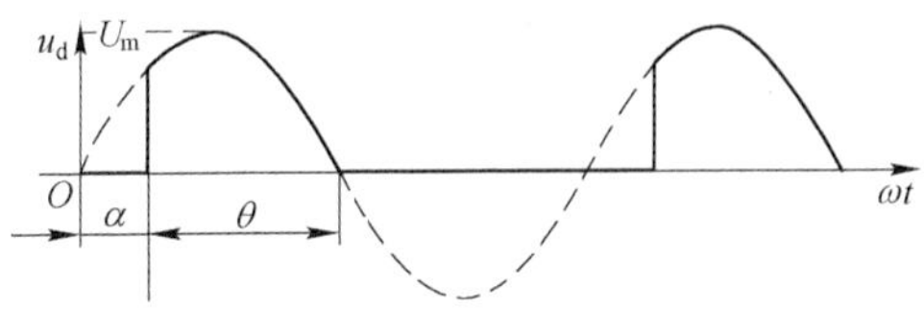

图 6-52 例 6-25 图

解： $u_d(t)$ 为缺角的正弦半波，在一个周期 2π 内的表达式为

$$u_d = U_m\sin\omega t = \sqrt{2}U\sin\omega t,\quad \alpha \leqslant \omega t \leqslant \pi$$

平均值：

$$U_{av} = \frac{1}{2\pi}\int_\alpha^\pi \sqrt{2}U_2\sin\omega t\,d(\omega t) = 0.45U_2\frac{1+\cos\alpha}{2}$$

有效值为

$$U = \sqrt{\frac{1}{2\pi}\int_\alpha^\pi (\sqrt{2}U_2\sin\omega t)^2 d(\omega t)} = U_2\sqrt{\frac{\pi-\alpha}{2\pi} + \frac{\sin 2\alpha}{4\pi}}$$

2. 非正弦周期电流电路的平均功率

如图 6-53 所示，二端网络电路 N 的端口电压 $u(t)$ 和电流 $i(t)$ 在关联参考方向下，电路吸收的瞬时功率和平均功率分别为

$$p(t) = u(t)\cdot i(t)$$

$$P = \frac{1}{T}\int_0^T p(t)\,dt \tag{6-72}$$

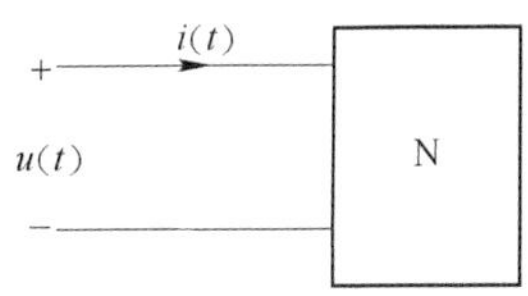

图 6-53 二端网络电路

二端网络电路的端口电压 $u(t)$ 和电流 $i(t)$ 均为非正弦周期量，其傅里叶级数形式分别为

$$u(t) = U_0 + \sum_{k=1}^{\infty} U_{km}\sin(k\omega t + \psi_{ku})$$

$$i(t) = I_0 + \sum_{k=1}^{\infty} I_{km}\sin(k\omega t + \psi_{ki})$$

在图示关联参考方向下，二端网络电路吸收的平均功率为

$$P = \frac{1}{T}\int_0^T p(t)\,dt = \frac{1}{T}\int_0^T \left[U_0 + \sum_{k=1}^{\infty} U_{km}\sin(k\omega t + \psi_{ku})\right]\cdot\left[I_0 + \sum_{k=1}^{\infty} I_{km}\sin(k\omega t + \psi_{ki})\right]$$

与计算非正弦周期量的有效值一样，利用三角函数的正交性，上式展开式中包含下列各项的计算值为

$$\frac{1}{T}\int_0^T U_0 I_0\,dt = U_0 I_0 = P_0$$

$$\frac{1}{T}\int_0^T U_{km}\sin(k\omega t + \psi_{ku})I_{km}\sin(k\omega t + \psi_{ki})\,dt = \frac{1}{2}U_{km}I_{km}\cos(\psi_{ku} - \psi_{ki}) = U_k I_k\cos\psi_k$$

式中，ψ_k 为 k 次谐波电压和电流分量之间的相位差。

其余各次不同频率的谐波电压和电流的乘积项的积分为零，于是得到

$$P = P_0 + \sum_{k=1}^{\infty} P_k$$
$$= U_0 I_0 + U_1 I_1 \cos\psi_1 + U_2 I_2 \cos\Psi_2 + U_3 I_3 \cos\psi_3 + \cdots \tag{6-73}$$

式中，$U_k = U_{km}/\sqrt{2}$，$I_k = I_{km}/\sqrt{2}$，$\psi_k = \psi_{ku} - \psi_{ki}$。

上式表明，不同频率的电压与电流只构成瞬时功率，不能构成平均功率，只有同频率的电压、电流间才能构成平均功率。电路的平均功率等于直流分量构成的平均功率和各次谐波分量各自产生的平均功率之和。

若某电阻中流过的非正弦周期电流的有效值为 I，显然，该电阻吸收的平均功率为

$$P = P_0 + \sum_{k=1}^{\infty} P_k = RI_0^2 + \sum_{k=1}^{\infty} RI_k^2 = RI^2 \tag{6-74}$$

在非正弦周期电流电路中也可以用 $S = UI$ 定义视在功率，并将 $\lambda = \dfrac{P}{S}$ 定义为功率因数。

例 6-26 已知二端网络电路的端口电压 $u(t)$ 和电流 $i(t)$ 均为非正弦周期量，其表达式为

$$u(t) = [10 + 100\cos\omega t + 40\cos(2\omega t + 30°)]\text{V}$$
$$i(t) = [2 + 4\cos(\omega t + 60°) + 2\cos(3\omega t + 45°)]\text{A}$$

求二端网络电路吸收的平均功率 P 为多少？功率因数 λ 为多少？

解：

$$P = 10 \times 2\text{W} + \frac{100 \times 4}{2} \times \cos(0° - 60°)\text{W} = 120\text{W}$$

$$U = \sqrt{10^2 + \left(\frac{100}{\sqrt{2}}\right)^2 + \left(\frac{40}{\sqrt{2}}\right)^2}\text{V} = 76.8\text{V}$$

$$I = \sqrt{2^2 + \left(\frac{4}{\sqrt{2}}\right)^2 + \left(\frac{2}{\sqrt{2}}\right)^2}\text{A} = 3.7\text{A}$$

$$\lambda = \frac{P}{S} = \frac{120}{76.8 \times 3.7} = 0.42$$

6.11.3 非正弦周期电流电路的分析计算

根据前面的分析及线性电路的叠加原理可知，非正弦周期信号作用下的线性电路稳态响应可以视为一个恒定分量和上述无穷多个正弦分量单独作用下各稳态响应分量的叠加。因此，非正弦周期信号作用下的线性电路稳态响应分析可以转化成直流电路和正弦电路的稳态分析。

已知电路的参数和非正弦周期量激励时，计算电路稳定状态响应的一般步骤如下：

1）将激励按傅里叶级数展开，级数取到第几项以计算精度的要求而定。

2）恒定分量和各谐波分量分别单独作用求稳态响应：

① 恒定分量作用时，电感相当于短路，电容相当于开路，电路成为电阻性电路，应用电阻电路计算方法求出恒定分量作用于线性电路时的稳态分量。

② 各谐波分量作用时，电路成为正弦交流电路，应用相量法求出不同频率正弦分量作用于线性电路时的稳态响应分量。

电感、电容对各谐波的阻抗导纳不同：

$$X_{Lk}=k\omega L \qquad X_{Ck}=\frac{1}{k\omega C}$$

3）对各分量在时间域进行叠加（即瞬时形式叠加）。

于是可得到线性电路在非正弦周期信号作用下的稳态响应。

例 6-27 如图 6-54a 所示，已知 $u(t)=(10+100\cos\omega t+40\cos 3\omega t)$ V；$R=\omega L=\frac{1}{\omega C}=2\Omega$。求：$i(t)$，$i_L(t)$，$i_C(t)$。

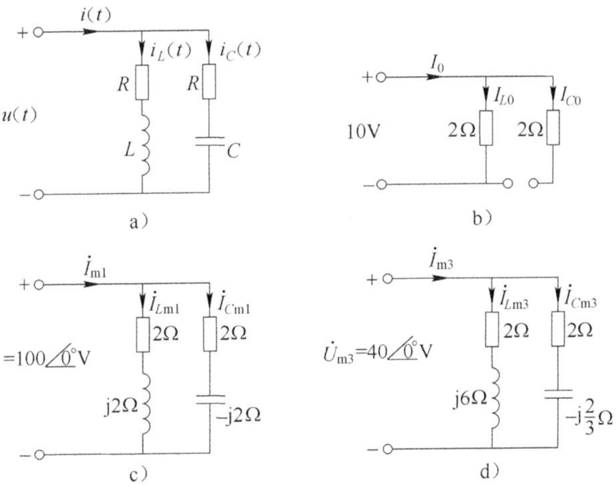

图 6-54 例 6-27 图

解：（1）10V 分量作用（见图 6-54b）：

$$I_{C0}=0 \qquad I_0=I_{L0}=5\text{A}$$

（2）$100\cos\omega t$ 分量作用（见图 6-54c）：

$$\dot I_{Lm1}=\frac{100\angle 0^\circ}{2+\text{j}2}\text{A}=25\sqrt{2}\angle -45^\circ\text{A}$$

$$\dot I_{Cm1}=\frac{100\angle 0^\circ}{2-\text{j}2}\text{A}=25\sqrt{2}\angle 45^\circ\text{A}$$

$$\dot I_{m1}=\dot I_{Lm1}+\dot I_{Cm1}=50\angle 0^\circ\text{A}$$

（3）$40\cos 3\omega t$ 分量的作用（见图 6-54d）：

$$\dot U_{m3}=40\angle 0^\circ\text{V}$$

$$\dot I_{Lm3}=\frac{40\angle 0^\circ}{2+\text{j}6}\text{A}=2\sqrt{10}\angle -71.6^\circ\text{A}$$

$$\dot I_{Cm3}=\frac{40\angle 0^\circ}{2-\text{j}\dfrac{2}{3}}\text{A}=6\sqrt{10}\angle 18.4^\circ\text{A}$$

$$\dot I_{m3}=\dot I_{Lm3}+\dot I_{Cm3}=20\angle 0^\circ\text{A}$$

（4）在时间域进行叠加。

$$i_L(t)=[5+25\sqrt{2}\cos(\omega t-45^\circ)+2\sqrt{10}\cos(3\omega t-71.6^\circ)]\text{A}$$

$$i_C(t)=[25\sqrt{2}\cos(\omega t+45°)+6\sqrt{10}\cos(3\omega t+18.4°)]\text{A}$$

$$i(t)=(5+50\cos\omega t+20\cos 3\omega t)\text{A}$$

例 6-28 如图 6-55a 所示，已知 $u_S(t)=(2+10\cos 5t)$V，$i_S(t)=4\cos 4t$A，求：$i_L(t)$。

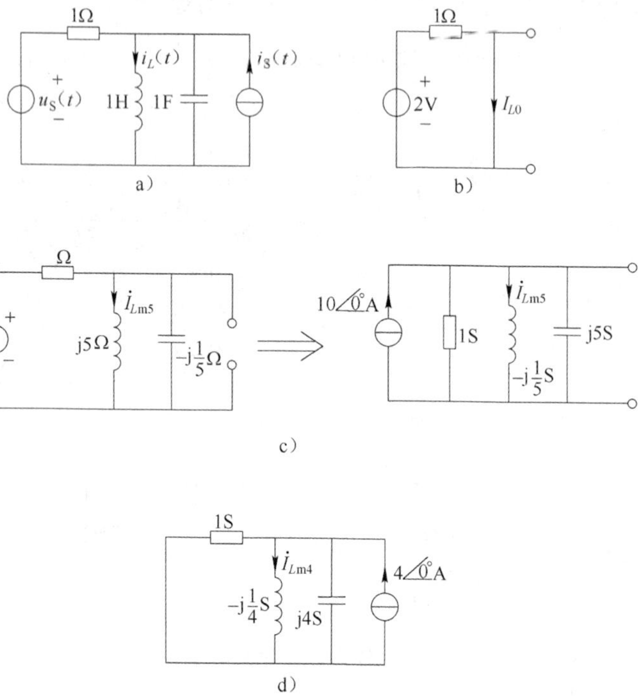

图 6-55 例 6-28 图

解：(1) $u_S(t)$单独作用：

1) 2V 分量作用，如图 6-55b 所示：

$$I_{L_0}=2A$$

2) $10\cos 5t$ 分量作用，如图 6-55c 所示：

$$I_{Lm5}=\frac{-\text{j}\,\dfrac{1}{5}}{1+\text{j}5-\text{j}\,\dfrac{1}{5}}\times 10\underline{/0°}\text{A}=0.41\underline{/-168.2°}\text{A}$$

(2) $i_S(t)$单独作用，如图 6-55d 所示：

$$I_{Lm4}=\frac{-\text{j}\,\dfrac{1}{4}}{1+\text{j}4-\text{j}\,\dfrac{1}{4}}\times 4\underline{/0°}=0.258\underline{/-165.1°}\text{A}$$

(3) $u_S(t)$和$i_S(t)$共同作用：

$$i_L(t)=[2+0.41\cos(5t-168.2°)+0.258\cos(4t-165.1°)]\text{A}$$

项 目 小 结

本项目着重理解和掌握单相正弦交流电的概念、交流电路的分析和计算方法。具体有：

1. 正弦交流电的三要素：有效值（或幅值，如图 6-56 中的 I_m）、频率（或周期，如图 6-65 中的 T）、初相位（如图 6-56 中的 ψ_i）。

2. 描述正弦交流的方法：瞬时表达式，如 $i = I_m\sin(\omega t + \psi_i)$；波形图（见图 6-56）；相量式，如 $\dot{I} = Ie^{j\psi}$。

3. 用相量法分析计算交流电路时，直流电路的所有定律公式均适用于交流电路。

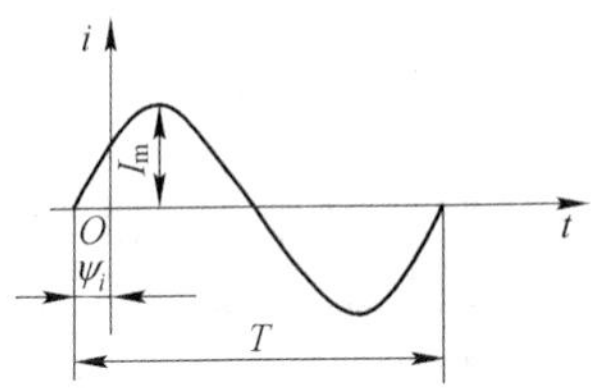

图 6-56 交流电波形图

相量法：将正弦交流电表示成一个对应的复数，用复阻抗表示电阻、电感、电容对电流的阻碍作用，分析计算交流电路的方法。

单一元件电路欧姆定律的相量式：纯电阻电路 $\dot{U} = \dot{I}R$；纯电感电路 $\dot{U} = jX_L\dot{I}$；纯电感电路 $\dot{U} = -jX_C\dot{I}$。

4. RLC 元件串联电路中，电路的复阻抗为 $Z = R + jX = R + j\left(\omega L - \frac{1}{\omega C}\right)$。

当复阻抗的虚部为零，即：$\omega L = \frac{1}{\omega C}$ 时，电路发生谐振。这时电路阻抗最小，$\dot{Z} = R$；电流最大（电压不变情况下），$\dot{I} = \frac{\dot{U}}{R}$；电压与电流同相。

5. 正弦交流电路的功率：有功功率 $P = UI\cos\varphi$，即电路实际消耗的功率，其中 $\cos\varphi$ 称为功率因数，反映了电路电能的利用率；无功功率 $Q = UI\sin\varphi$，即电路元件之间在相互交换的功率；视在功率 $S = UI$。三者之间关系 $S^2 = P^2 + Q^2$。

6. 非正弦交流电：非正弦交流电可以分解为一系列频率成整数倍的正弦量之和。其有效值为各次谐波分量的有效值平方和开根号，如 $I = \sqrt{I_0^2 + I_1^2 + I_2^2 + \cdots}$。

项目任务实施

任务一 用示波器观察正弦交流电的波形，研究正弦交流电的三要素

场地：机房或多媒体教室

器材：计算机、EWB 仿真软件

资讯：6.1 正弦交流电的基本概念；6.2 正弦量的相量表示法。

1）在 EWB 中搭建电路，如图 6-57 所示，设置好电阻、信号源及示波器等参数。

2）双击示波器，弹出示波器视窗，合上电路开关进行仿真，在视窗中观察交流电 $u = 10\sqrt{2}\sin(2\pi + 0°)$ 波形（见图 6-58）；在视窗扩展图（见图 6-59）中，利用两根指针，估

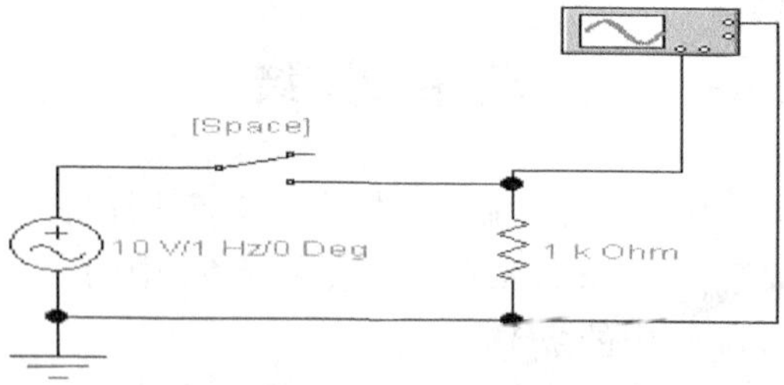

图 6-57　研究交流电三要素电路仿真图

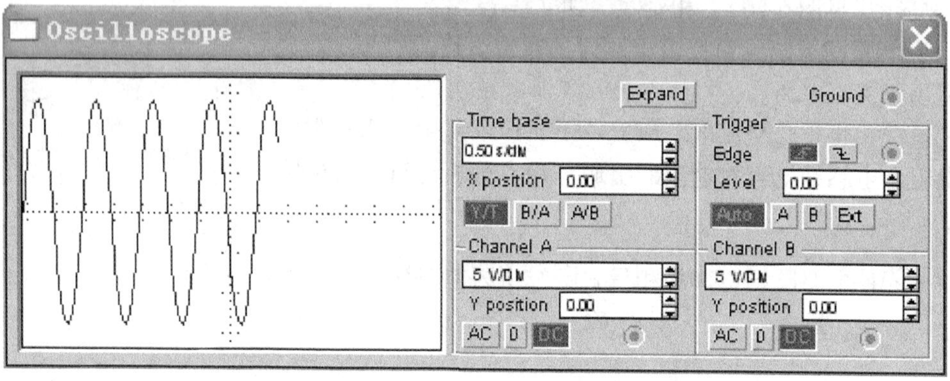

图 6-58　示波器设置及初相角为 0°时交流电的波形仿真图

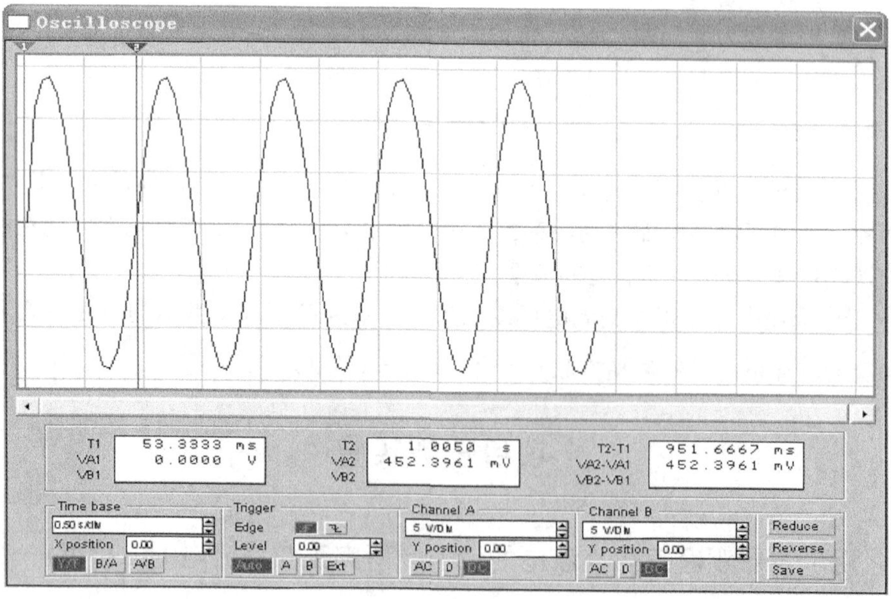

图 6-59　仿真扩展图中的交流电参数

算此交流电起始点的值、周期、最大值，将结果填入表 6-1 中，且与理论计算值进行比较。

3）将交流电初相位分别设置为 0°、60°、90°、120°重复步骤 2 前半步骤，根据相应交流电波形起始点的不同，研究初相位的含义；估算起始点的值后填入表 6-1 中，且理论计算值进行比较。

表 6-1 研究交流电的三要素

	初相角为以下值时，交流电在 $t=0$ 时值				初相角为 0°	
	0°	60°	90°	120°	周期	最大值
据波形估算值						
理论计算值						
相对误差						

任务二 用示波器观察和测量 *RL* 或 *RC* 串联电路中电压与电流间的相位差

场地：机房或多媒体教室。

器材：计算机、EWB 仿真软件。

资讯：6.3 电阻、电感和电容元件电压与电流的相量关系；6.4 基尔霍夫定律的相量形式；6.5 正弦交流电路的相量分析。

1）在 EWB 中搭建电路如图 6-60 所示，合上开关 S 得到 *RC* 串联电路，设置好电路基本元件、信号源、示波器的参数，如图 6-60、图 6-61 和图 6-62 所示。

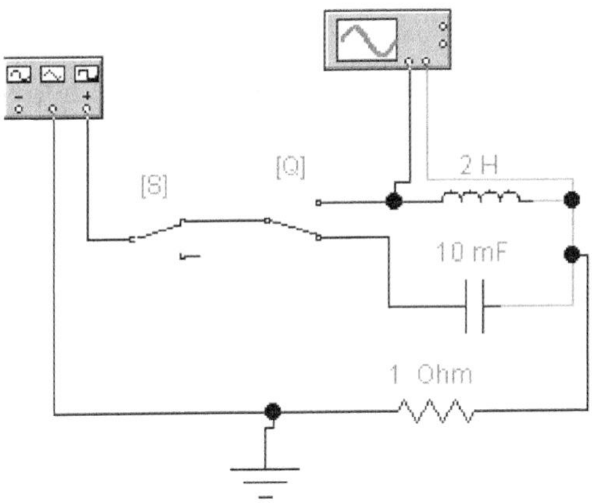

图 6-60 *RL* 或 *RC* 串联电路

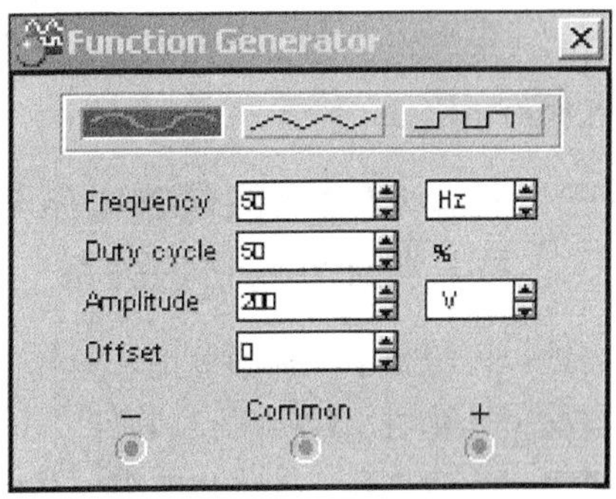

图 6-61 信号源设置

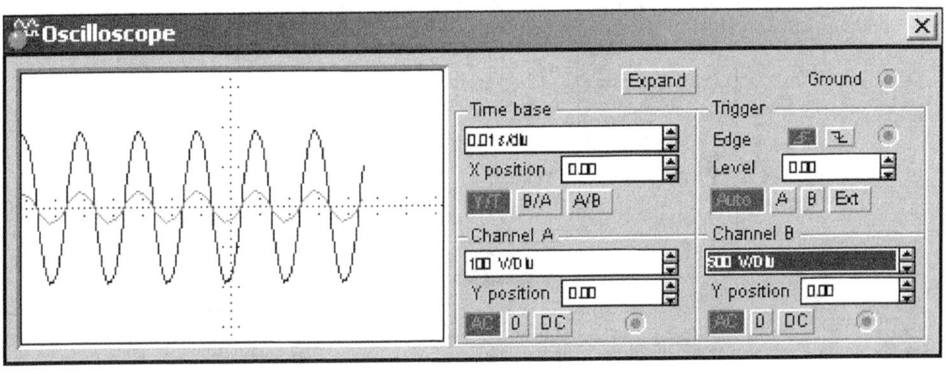

图 6-62 *RC* 串联电路电压与电流波形及示波器设置

2）双击示波器，打开示波器视窗，开始仿真，在视窗中观察电路电压（用黑色图线显示）与电流波形（用绿色图线显示），如图 6-62 所示。

3）在示波器视窗扩展图中，利用两根指针与波形线交点处显示的读数，估算 *RC* 串联电路电压与电流的相位差，填入表 6-2 中，且与理论计算值 $\tan\psi = \frac{X_C}{R}$进行比较，计算相对误差，对结果进行分析。

表 6-2　*RL* 或 *RC* 串联电路电压与电流相位差

测量次数	*RC* 串联电路给定值		*RL* 串联电路给定值		波形图上估算相位差 ψ	利用 $\tan\psi = \frac{X}{R}$ 计算相位差 ψ	相对误差
	R	*C*	*R*	*L*			
1			—	—			
2			—	—			
3	—	—					
4	—	—					

4）将开关设置成 *RL* 串联电路，重复上面步骤 2、3，估算 *RL* 串联电路电压与电流的相位差后填入表 6-2 中，且与理论计算值 $\tan\psi = \frac{X_L}{R}$进行比较，计算相对误差，对结果进行分析。

5）*RL* 串联电路仿真中，发现电路电流波形幅度的负半周比正半周小，解释原因；实验中当电感或电容阻抗远大于电阻值时，相位差接近多少度？推算纯电感电路、纯电容电路电压与电流的相位差。

任务三　探索 *RLC* 串联电路电压与各分电压的关系、电流与电压的关系及总阻抗与各元件阻抗的关系

场地：机房或多媒体教室。

器材：计算机、EWB 仿真软件。

资讯：6. 3 电阻、电感和电容元件电压与电流的相量关系；6. 4 基尔霍夫定律的相量形式；6. 5 正弦交流电路的相量分析；6. 6 用相量法分析复杂交流电路。

1）在 EWB 中搭建电路如图 6-63 所示，设置好元件参数与性能，注意电压表、电流表要设置在交流挡。接上电源进行仿真，将各段电压测量值记入表 6-3 中相应栏目。

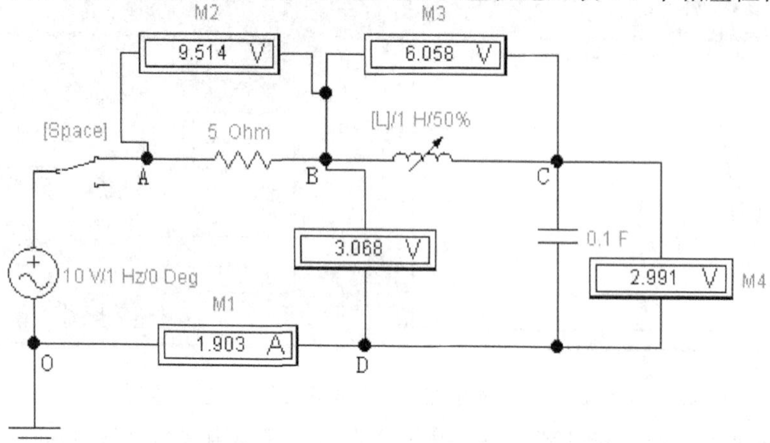

图 6-63　*RLC* 串联电路总电压与各分电压关系仿真电路

2）改变电感线圈的电感量，重复上面步骤两次，且使其中一次的电感量调到 U_{BD} 为零，将测得的电压值填入表 6-3，且与计算值进行比较。

表 6-3　*RLC* 串联电路总电压与各分电压关系

测量次数	*R*、*L*、*C* 值	设定值	测量值				计算值	
		U	U_R	U_L	U_C	U_{BD}	U_L-U_C	$\sqrt{U_R^2+(U_L-U_C)^2}$
1								
2								
3								

3）分析思考：

①　分析表 6-3 中 U_{BD} 与 U_L-U_C 的关系及 U 与 $\sqrt{U_R^2+(U_L-U_C)^2}$ 的关系，据此可以得出总阻抗计算式是怎样的？总电流计算式是怎样的？

②　使 U_{BD} 为零的电路现象，称为 *RLC* 串联电路的谐振，说明谐振电路的特点；若电阻 *R* 值较小，可以发现 U_C（或 U_L）远大于 U，解释原因且说明电力系统发生谐振的危害性。

任务四　研究荧光灯电路功率因数的提高

场地：机房或多媒体教室。

器材：计算机、EWB 仿真软件。

资讯：6.7 正弦交流电路中的功率及功率因数的提高。

1）搭建电路，其中 R 代表荧光灯灯管电阻，L 代表整流器电感，r 为线路电阻，C 为补偿电容，电源电压为 220V、50Hz，如图 6-64 所示，设置好电路元件参数。

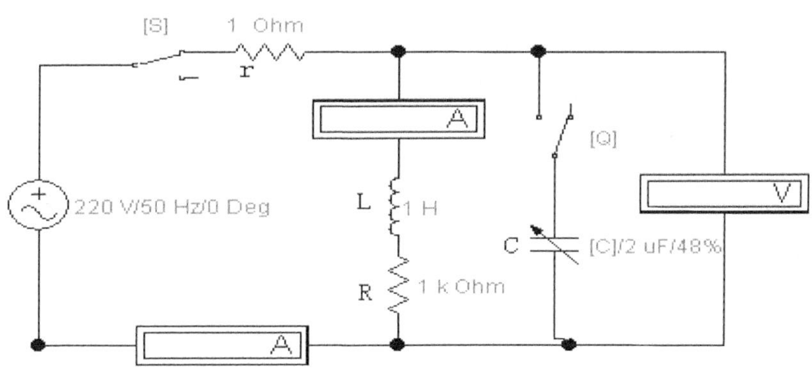

图 6-64　荧光灯电路的功率因数的提高

2）在未并联补偿电容时，仿真测量荧光灯电流、线路上的电流，计算灯的有功功率、视在功率、功率因数和线路损耗功率，且将结果填入表 6-4。

3）接上并联补偿电容，调节电容 C 值，测量三次（**注意：**寻找使线路总电流最小的电容值，作为第 2 次的补偿电容），重复上面步骤 2 进行测量与计算，且将结果填入表 6-4。

4）分析表 6-4 中的数据，说明电感性负载提高功率因数的方法和电力系统提高功率因数的意义。

表 6-4　荧光灯电路功率因数的提高

电路状态		测量值		计算荧光灯有功功率 P_R	计算荧光灯视在功率 S	计算荧光灯功率因数	计算线路损耗功率 P_r
		I	I_R				
并联电容前							
并联电容后	C1 = ?						
	C2 = ?						
	C3 = ?						

思考与习题

6-1　有两个正弦量：

$$u=10\sqrt{2}\sin(314t+30°)\,\mathrm{V}$$

$$i=0.5\sqrt{2}\sin(314t-60°)\,\mathrm{A}$$

试求：(1)它们各自的幅值、有效值、角频率、频率及初相位；

(2)它们之间的相位差，并说明其超前与滞后关系；

(3)试绘出它们的波形图。

6-2　已知两个正弦量：

$$i_1=10\sqrt{2}\sin(\omega t+60°)\,\mathrm{A}$$

$$i_2=10\sqrt{2}\sin(\omega t+120°)\,\mathrm{A}$$

(1) 写出两电流的相量形式；

(2) 试求 $i_1+i_2=?$；$i_1-i_2=?$

6-3　已知正弦电压和电流的波形图如图 6-65 所示，频率为 50Hz，试求：

(1) 指出它们的最大值和初相位以及它们的相位差，并说明哪个正弦量超前，超前多少角度？

(2) 写出电压、电流的瞬时值表达式；

(3) 画出相量图。

6-4　在图 6-66 所示的相量图中，已知：$U=220\mathrm{V}$，$I_1=5\mathrm{A}$，$I_2=3\mathrm{A}$，它们的角频率为 ω，试写出各正弦量的瞬时值表达式 u、i_1 和 i_2 以及其相量 $\dot{U}$、$\dot{I}_1$ 和 $\dot{I}_2$。

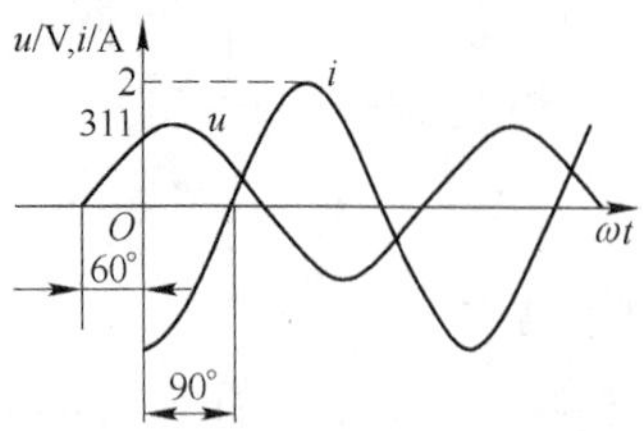

图 6-65　题 6-3 图

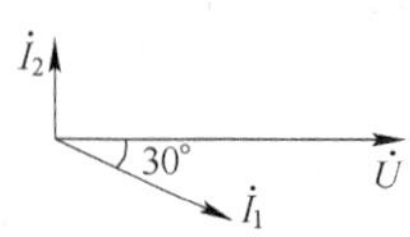

图 6-66　题 6-4 图

6-5　某电路只具有电阻，$R=2\Omega$，电源电压 $u=14.1\sin(\omega t-30°)\,\mathrm{V}$，试写出电阻的电流瞬时值表达式；如果用电流表测量该电路的电流，其读数应为多少？电路消耗的功率是多少？若电源频率增大一倍，电源电压值不变，又如何？

6-6　某线圈的电感为 0.5H(电阻可忽略)，接于 220V 的工频电源上(设电压的初相位为 30°)，求电路中电流的有效值及无功功率，画出相量图；若电源频率为100Hz，其他条件不变，又如何？

6-7　某电容 $C=8\mu F$ 接于220V的工频电源上，设电压的初相角为30°，求电路中的电流有效值及无功功率，并画出相量图；若电源的频率为100Hz，其他条件不变，又如何？

6-8　图6-67所示电路，已知 $u=220\sqrt{2}\sin 314t$ V，$i_1=22\sin(314t-45°)$ A，$i_2=11\sqrt{2}\sin(314t+90°)$ A。试求各仪表的读数。

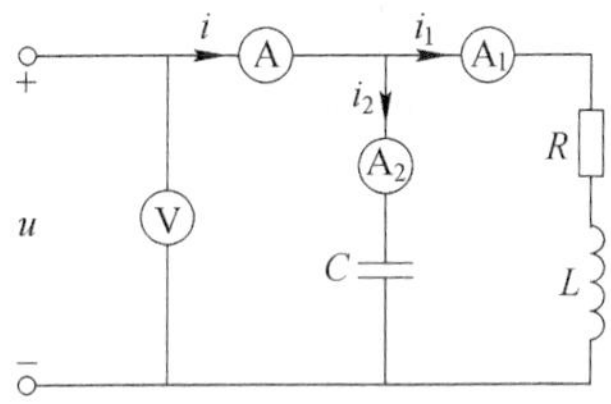

图6-67　题6-8图

6-9　图6-68所示电路，电压表的读数 V_1 为6V，V_2 为8V，V_3 为14V，电流表的读数 A_1 为3A，A_2 为8A，A_3 为4A。求电压表V和电流表A的读数。

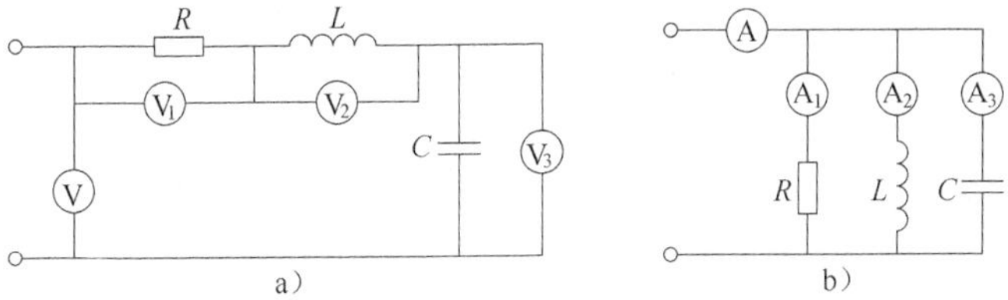

图6-68　题6-9图

6-10　在 RL 串联电路中，已知 $u=10\sqrt{2}\sin(\omega t-180°)$ V，$Z=5\angle 30°\Omega$。试求：(1)电感元件上的电压 U_L；(2)画出相量图。

6-11　图6-69所示为荧光灯电路示意图，已知灯管电阻 $R=530\Omega$，镇流器电感 $L=1.9$H，镇流器电阻 $R_0=120\Omega$，工频交流电作用下，电源电压为220V。求电路的电流、镇流器两端的电压、灯管两端的电压。

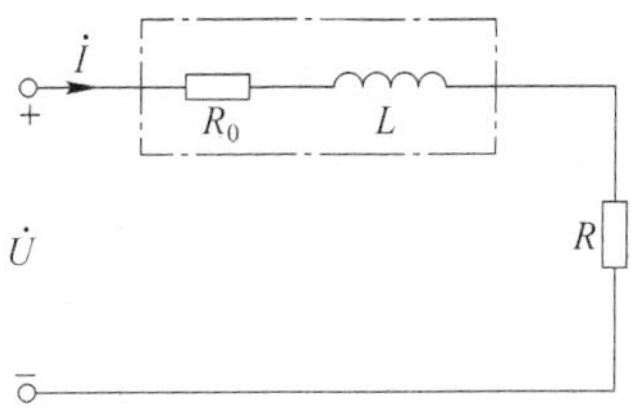

图6-69　题6-11图

6-12　在 RLC 串联电路中，已知 $R=10\Omega$，$X_L=15\Omega$，$X_C=5\Omega$，电源电压 $u=10\sqrt{2}\sin(314t+30°)$ V。求此电路的复阻抗 Z，电流 $\dot{I}$，电压 $\dot{U}_R$、$\dot{U}_L$、$\dot{U}_C$，并画出相量图。

6-13　已知 RLC 并联电路如图6-70所示，已知 $R=10\Omega$，$X_L=20\Omega$，$X_C=5\Omega$，电源电压 $\dot{U}=120\angle 0°$V，$f=50$Hz。试求：(1)各支路电流及总电流；(2)电路的功率因数，电路呈电感性还是电容性？

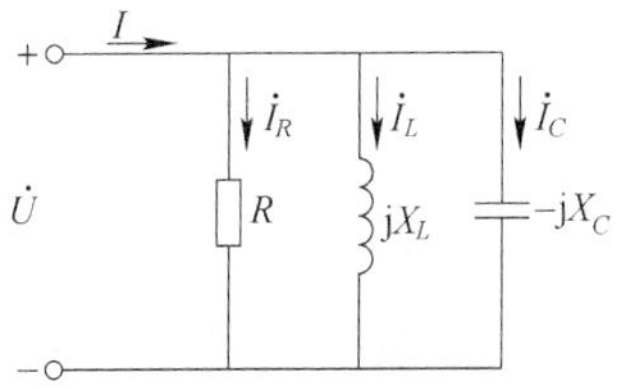

图6-70　题6-13图

6-14　某线圈接入正弦交流电路中，其电阻 $R=6\Omega$，感抗 $X_L=8\Omega$，通过电路的电流为 $i=5\sqrt{2}\sin(\omega t+30°)$ A，在电压和电流取关联参考方向时，求：(1)总阻抗 Z；(2)电阻电压 $\dot{U}_R$、电感电压 $\dot{U}_L$；(3)电路的功率因数和有功功率 P；(4)作出全部电压、电流相量图。

6-15　一台额定功率为1.1kW的交流异步电动机，接到电压有效值为220V，频率 $f=50$Hz的电源上，电动机需要的电流为10A，求：

(1)电动机的功率因数；

(2)若在电动机两端并联一只12μF的电容，如图6-71所示，电路的功率因数为多少？

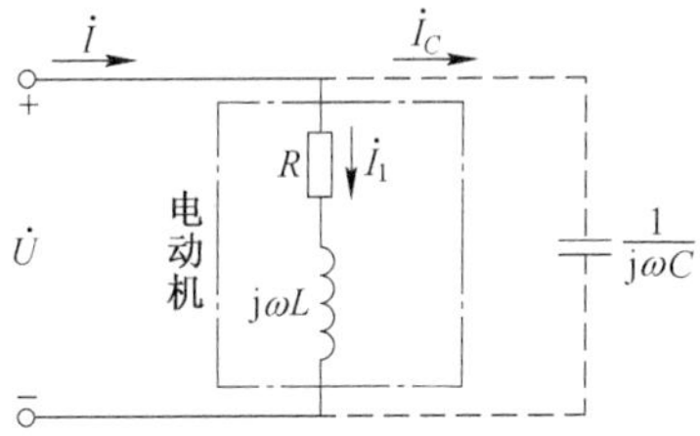

图6-71　题6-15图

6-16　将额定电压为220V，额定功率为40W，功率因数为0.5的荧光灯电路的功率因数提高到0.9，需并联多大电容？

6-17　电路如图6-72所示，已知 $R_1=10\Omega$，$R_2=50\Omega$，$X_L=$

10Ω，$X_C=20\Omega$，电压 $\dot{U}_2=20\angle 0°\mathrm{V}$，试求：

(1)电路的总阻抗 Z，总电流 $\dot{I}$，总电压 $\dot{U}$；

(2)电路的 P、Q、S；

(3)画出各电压、电流相量图。

6-18　电路如图 6-73 所示，已知 Z_L 的实部和虚部皆可改变，求使 Z_L 获得最大功率的条件和最大功率值。

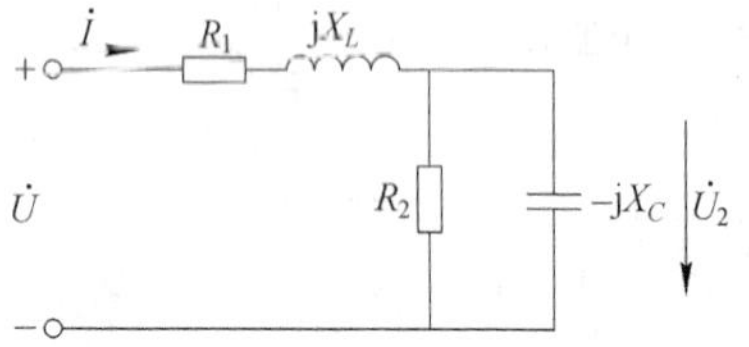

图 6-72　题 6-17 图

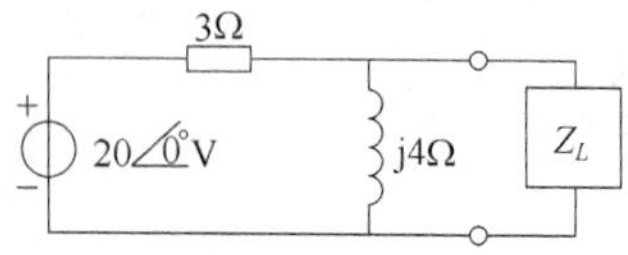

图 6-73　题 6-18 图

6-19　在 RLC 串联电路中，已知 $R=50\Omega$，$L=300\mathrm{mH}$，在 $f_0=100\mathrm{Hz}$ 时电路发生谐振。试求：

(1)电容 C 值及电路特性阻抗 ρ 和品质因素 Q；

(2)若谐振时电路两端电压有效值 $U=20\mathrm{V}$，求电路中电流 I_0 及电阻、电感、电容上的各自电压；

(3)若改变电路 R 大小，电路的谐振频率是否改变。

6-20　在 RLC 串联电路中，已知端电压 $u=5\sqrt{2}\cos(2500t)\mathrm{V}$，当电容 $C=10\mu\mathrm{F}$ 时，电路吸收的功率 P 达到最大值 $P_{\max}=150\mathrm{W}$。求电感 L 和电阻 R 的值，以及电路的 Q 值。

6-21　在 RLC 并联电路中，$R=10\Omega$，$L=40\mathrm{mH}$，$C=10.5\mathrm{pF}$，试求：(1)电路谐振频率及品质因数 Q；(2)若谐振时外加电压 $U=10\mathrm{V}$，计算各支路电流及总电流，画出相量图。

6-22　什么叫非正弦周期电流？请画图举例说明。

6-23　在图 6-74 所示电路中，$i_1(t)=[10+15\sin(\omega t-30°)]\mathrm{V}$，$i_2(t)=8\sin(\omega t-30°)\mathrm{A}$。求 i 的有效值。

6-24　电路如图 6-74 所示，$u(t)=[50+300\sin(\omega t+30°)]\mathrm{V}$，$i_1(t)=[10+15\sin(\omega t-30°)]\mathrm{V}$，$i_2(t)=8\sin(\omega t-30°)\mathrm{A}$。求 u 的有效值及电路总共消耗的功率。

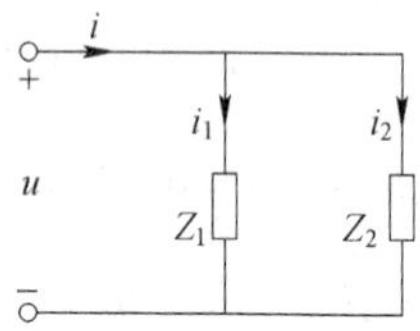

图 6-74　题 6-23 图

6-25　设某无源二端网络的电压电流(方向关联)为 $u=[10+14.14\sin(\omega t+30°)+7.075\sin(3\omega t-90°)]\mathrm{V}$，$i=[3+1.414\sin\omega t+0.707\sin(3\omega t-30)]\mathrm{A}$，求电压的有效值和平均功率。

6-26　在 RLC 电路中，外加电压 $u=[100+66\sin\omega+40\sin 2\omega t]\mathrm{V}$，已知 $R=30\Omega$，$X_L=40\Omega$，$X_C=80\Omega$，试写出电路中电流 i 的瞬时值表达式。

6-27　测量电流的有效值、整流平均值、平均值(直流分量)各应使用什么类型的仪表？

项目7

三相正弦交流电路

典型问题

家里墙上的三孔插座电压是三相交流么？我们常用电压380V、220V分别指的是什么电压？相互间什么关系？

知识能力目标

1. 了解三相交流电的产生，理解对称三相电源的特点；
2. 掌握三相电源、三相负载的星形和三角形联结方法及相电压、相电流、线电压、线电流的关系，了解中性线的作用；
3. 熟悉三相对称电路的计算特点及典型三相不对称电路的计算；掌握对称三相电路功率的计算方法。

学习任务

任务一　探索三相对称电源星形、三角形联结时线电压与相电压的关系

任务二　测量三相负载星形联结时负载的电压与电流

任务三　测量三相负载三角形联结时负载的电压与电流

7.1　三相交流电源

7.1.1　三相电源

三相电源是具有三个频率相同、幅值相等但相位不同的电动势的电源。用三相电源供电的电路就称为三相电路。当今绝大数电力系统均采用三相电路来产生和传输电能。这表现为几乎所有的发电厂都用三相交流发电机，绝大多数的输电线都是三相输电线，工厂中的电力设备大多数也是三相设备，如三相交流电动机。三相交流电路的应用如此广泛，是由于它与单相交流电路相比有着许多技术和经济上的优点。

1. 对称三相电源

在电力工业中，三相电路中的电源通常是由三相发电机获得三个频率相同、幅值相等、相位互差120°的电动势，这样的电源称为对称三相电源。图7-1是三相同步发电机的原理图。

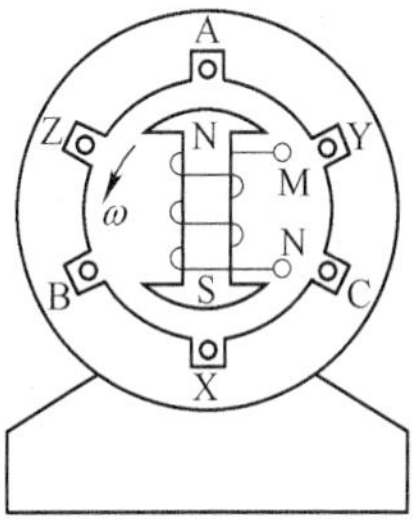

图7-1　三相同步发电机原理图

三相发电机中转子上的励磁线圈 MN 内通有直流电流，使转子成为一个电磁铁。在定子内侧面、空间相隔 120°的槽内装有三个完全相同的线圈 A-X，B-Y，C-Z。转子与定子间磁场被设计成正弦分布。当转子以角速度 ω 转动时，三个线圈中便感应出频率相同、幅值相等、相位互差 120°的三个电动势。

对称三相电源的瞬时值表达式（以 u_A 为参考正弦量）为

$$
\begin{aligned}
u_A &= \sqrt{2}U\sin(\omega t)\\
u_B &= \sqrt{2}U\sin(\omega t - 120°)\\
u_C &= \sqrt{2}U\sin(\omega t + 120°)
\end{aligned}
\tag{7-1}
$$

三相发电机中三个线圈的首端分别用 A、B、C 表示；尾端分别用 X、Y、Z 表示。三相电压的参考方向为首端指向尾端。对称三相电源的电路符号如图 7-2 所示。

它们的相量形式为

$$
\begin{aligned}
\dot{U}_A &= U\angle 0°\\
\dot{U}_B &= U\angle -120°\\
\dot{U}_C &= U\angle 120°
\end{aligned}
\tag{7-2}
$$

对称三相电压的波形图和相量图如图 7-3 和图 7-4 所示。

对称三相电压三个电压的瞬时值之和为零，即

$$u_A + u_B + u_C = 0 \tag{7-3}$$

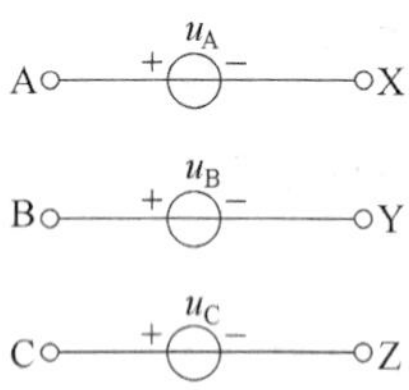

图 7-2　对称三相电源

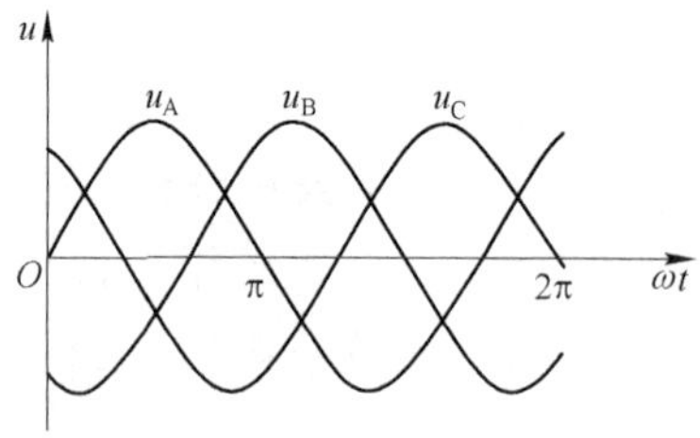

图 7-3　波形图

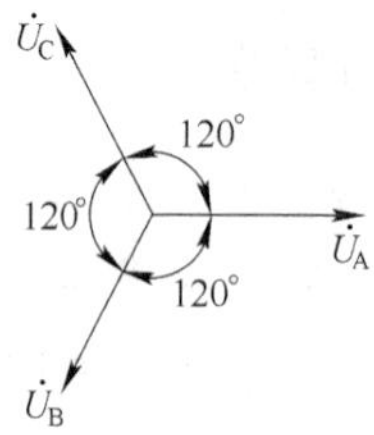

图 7-4　相量图

三个电压的相量之和亦为零，即

$$\dot{U}_A + \dot{U}_B + \dot{U}_C = 0 \tag{7-4}$$

这是对称三相电源的重要特点。

通常三相发电机产生的都是对称三相电源。本书今后若无特殊说明，提到的三相电源均为对称三相电源。

2. 相序

三相电源中每一相电压经过同一值（如正的最大值）的先后次序称为相序。从图 7-3 可以看出，其三相电压到达最大值的次序依次为 u_A，u_B，u_C，其相序为 A-B-C-A，称为顺序或正序。若将发电机转子反转，则

$$
\begin{aligned}
u_A &= \sqrt{2}U\sin\omega t\\
u_C &= \sqrt{2}U\sin(\omega t - 120°)\\
u_B &= \sqrt{2}U\sin(\omega t + 120°)
\end{aligned}
\tag{7-5}
$$

则相序为 A-C-B-A，称为逆序或负序。

工程上常用的相序是顺序，如果不加以说明，都是指顺序。工业上通常在交流发电机的三相引出线及配电装置的三相母线上，涂有黄、绿、红三种颜色，分别表示 A、B、C 三相。

7.1.2 三相电源的连接

三相发电机的每一相绕组产生的电动势都是独立的电源。将三相电源的三个绕组以一定的方式连接起来就构成三相电路的电源。通常的连接方式是星形（也称 Y 形）联结和三角形（也称△形）联结。三相发电机通常采用星形联结。

1. 三相电源的星形联结

将对称三相电源的尾端 X、Y、Z 连在一起，首端 A、B、C 引出作为输出线，这种连接称为三相电源的星形联结，如图 7-5 所示。

连接在一起的 X、Y、Z 点称为三相电源的中点，用 N 表示，从中点引出的线称为中线。三个电源首端 A、B、C 引出的线称为相线（俗称火线）。

电源每相绕组两端的电压称为电源的相电压，电源相电压用符号 u_A、u_B、u_C表示；而端线之间的电压称为线电压，用 u_{AB}、u_{BC}、u_{CA}表示。规定线电压的方向是由 A 线指向 B 线，B 线指向 C 线，C 线指向 A 线。下面分析星形联结时对称三相电源线电压与相电压的关系。

根据图 7-5，由 KVL 可得，三相电源的线电压与相电压有以下关系：

$$
\begin{aligned}
u_{AB} &= u_A - u_B \\
u_{BC} &= u_B - u_C \\
u_{CA} &= u_C - u_A
\end{aligned}
\tag{7-6}
$$

假设 $\dot{U}_A = U\underline{/0^\circ}, \dot{U}_B = U\underline{/-120^\circ}, \dot{U}_C = U\underline{/120^\circ}$，

则相量形式为

$$
\begin{aligned}
\dot{U}_{AB} &= \dot{U}_A - \dot{U}_B = \sqrt{3}U\underline{/30^\circ} = \sqrt{3}\dot{U}_A\underline{/30^\circ} \\
\dot{U}_{BC} &= \dot{U}_B - \dot{U}_C = \sqrt{3}U\underline{/-90^\circ} = \sqrt{3}\dot{U}_B\underline{/30^\circ} \\
\dot{U}_{CA} &= \dot{U}_C - \dot{U}_A = \sqrt{3}U\underline{/150^\circ} = \sqrt{3}\dot{U}_C\underline{/30^\circ}
\end{aligned}
\tag{7-7}
$$

由上式看出，星形联结的对称三相电源的线电压也是对称的。线电压的有效值 U_L 是相电压有效值 U_P 的$\sqrt{3}$倍，即 $U_L=\sqrt{3}U_P$；式中各线电压的相位超前于相应的相电压 30°。其相量图如图 7-6 所示。

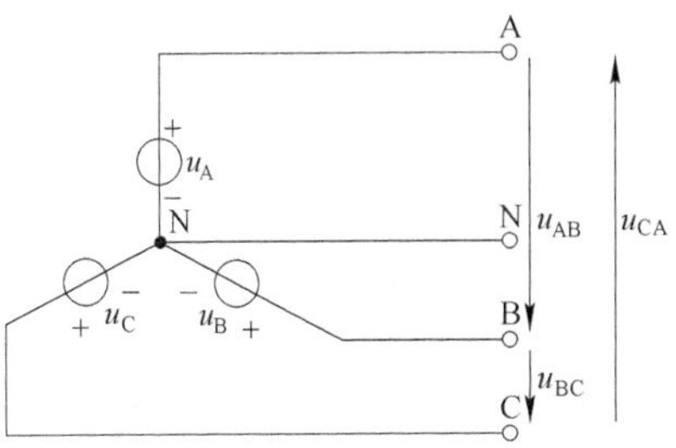

图 7-5 三相电源的星形联结

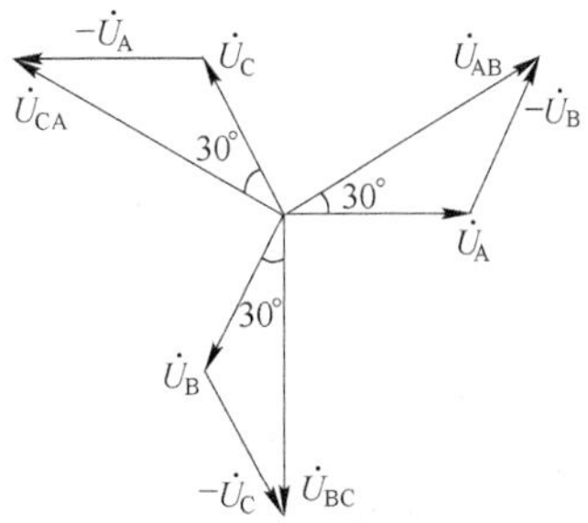

图 7-6 相量图

三相电源星形联结的供电方式有两种，一种是三相四线制（三条相线和一条中线），另一种是三相三线制，即无中线。目前电力网的低压供电系统（又称民用电）为三相四线制，此系统供电的线电压为380V，相电压为220V，通常写作电源电压380 / 220V。

例7-1 已知对称星形联结的三相电源，A相电压为 $u_A = 311\sin(\omega t - 30°)$ V，试写出各线电压瞬时值表达式，并画出各相电压和线电压的相量图。

解：由于电源是对称星形联结，所以线电压的有效值为

$$U_L = \sqrt{3}U_P = \sqrt{3} \times \frac{311}{\sqrt{2}}\text{V} = 380\text{V}$$

又因为相电压在相位上滞后于相应的线电压30°，所以AB相线电压的解析式为

$$u_{AB} = \sqrt{2}U_L\sin(\omega t + \psi_{AB}) = 380\sqrt{2}\sin(\omega t - 30° + 30°)\text{V} = 380\sqrt{2}\sin(\omega t)$$

根据电压的对称性：

$$u_{BC} = \sqrt{2}U_L\sin(\omega t + \psi_{BC}) = 380\sqrt{2}\sin(\omega t - 120°)\text{V}$$

$$u_{CA} = \sqrt{2}U_L\sin(\omega t + \psi_{CA}) = 380\sqrt{2}\sin(\omega t + 120°)\text{V}$$

各相电压和线电压的相量图如图7-7所示。

2. 三相电源的三角形联结

将对称三相电源中的三个单相电源首尾相接，由三个连接点引出三条端线就形成三角形联结的对称三相电源。如图7-8所示。

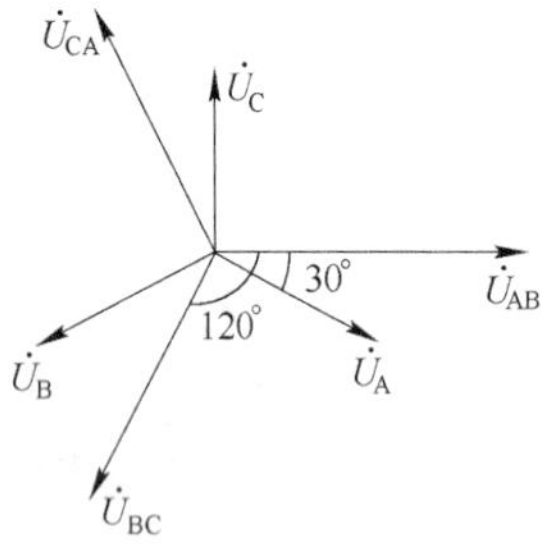

图7-7 例7-1各相电压和线电压的相量图

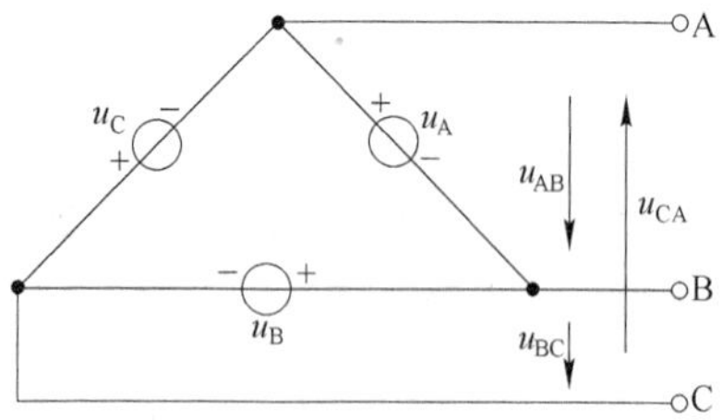

图7-8 三角形联结的三相电源

对称三相电源三角形联结时，只有三条相线，没有中线，它一定是三相三线制。在图7-8中可以明显地看出，线电压就是相应的相电压，即

$$\begin{cases} u_{AB} = u_A \\ u_{BC} = u_B \\ u_{CA} = u_C \end{cases} \text{或} \begin{cases} \dot{U}_{AB} = \dot{U}_A \\ \dot{U}_{BC} = \dot{U}_B \\ \dot{U}_{CA} = \dot{U}_C \end{cases} \tag{7-8}$$

上式说明三角形联结的对称三相电源，其线电压等于相应的相电压。

三相电源三角形联结时，形成一个闭合回路。由于对称三相电源 $\dot{U}_A + \dot{U}_B + \dot{U}_C = 0$，所以回路中不会有电流。但若有一相电源极性接反，造成三相电源电压之和不为零，将会在发电机三相绕组形成的回路中产生很大的电流，烧坏发电机。所以三相电源作三角形联结时，一般先接成开口三角形试运行，待开口处电压接近于零时，才可以闭合电路投入运行。

7.2 三相对称电路

组成三相交流电路的每一相电路是单相交流电路。整个三相交流电路则是由三个单相交流电路所组成的复杂电路，它的分析方法是以单相交流电路的分析方法为基础的。

对称三相电路是由对称三相电源和对称三相负载连接组成。一般电源均为对称电源，因此只要负载是对称三相负载，则该电路为对称三相电路。所谓三相对称负载是指三相负载的三个复阻抗相同。

7.2.1 负载星形联结的三相对称电路

图 7-9 中，三相电源作星形（丫）联结。三相负载也作星形联结，且有中线。这种连接称丫-丫联结的三相四线制。

设每相负载阻抗均为 $Z=|Z|\angle\varphi$。N 为电源中点，n 为负载的中点，Nn 为中线。设中线的阻抗为 Z_N。每相负载上的电压称为负载相电压，用 $\dot{U}_{an},\dot{U}_{bn},\dot{U}_{cn}$ 表示；负载端线之间的电压称为负载的线电压，用 $\dot{U}_{ab},\dot{U}_{bc},\dot{U}_{ca}$ 表示。各相负载中的电流称为相电流，用 $\dot{I}_a$，$\dot{I}_b,\dot{I}_c$ 表示；相线中的电流称为线电流，用 $\dot{I}_A,\dot{I}_B,\dot{I}_C$ 表示。线电流的参考方向从电源端指向负载端，中线电流 $\dot{I}_N$ 的参考方向从负载端指向电源端。对于负载丫联结的电路，线电流 $\dot{I}_A$ 就是相电流 $\dot{I}_a$。

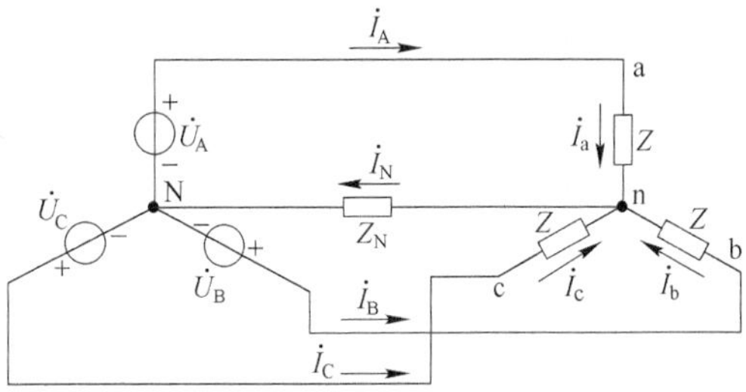

图 7-9 三相四线制

三相电路实际上是一个复杂正弦交流电路，采用节点法分析此电路可得

$$\dot{U}_{nN}=0$$

结论是负载中点与电源中点等电位，它与中线阻抗的大小无关。由此可得

$$\begin{aligned}\dot{U}_{an}&=\dot{U}_A\\ \dot{U}_{bn}&=\dot{U}_B\\ \dot{U}_{cn}&=\dot{U}_C\end{aligned}\tag{7-9}$$

上式表明：负载相电压等于电源相电压（在忽略输电线阻抗时），即负载三相电压也为对称三相电压。若以 $\dot{U}_A$ 为参考相量，则线电流为

$$\dot{I}_A=\frac{\dot{U}_{aN}}{Z}=\frac{\dot{U}_A}{Z}=\frac{U_P}{|Z|}\angle-\varphi$$

$$\dot{I}_B=\frac{\dot{U}_{bN}}{Z}=\frac{\dot{U}_B}{Z}=\frac{U_P}{|Z|}\angle-\varphi-120^\circ$$

$$\dot{I}_C = \frac{\dot{U}_{cN}}{Z} = \frac{\dot{U}_C}{Z} = \frac{\dot{U}_P}{|Z|}\angle{-\varphi + 120^\circ}$$

上式可见，三相电流也是对称的。因此，对称Y-Y联结电路有中线时的计算步骤可归结为如下几步：

1）先进行一个相的计算（如A相），首先根据电源找到该相的相电压，算出$\dot{I}_A$；

2）根据对称性，推知其他两相电流$\dot{I}_B,\dot{I}_C$；

3）根据三相电流对称，中线电流$\dot{I}_N = \dot{I}_A + \dot{I}_B + \dot{I}_C = 0$。

若对称Y-Y联结电路中无中线，即$Z_N = \infty$时，由节点法分析可知$\dot{U}_{nN} = 0$即负载中点与电源中点仍然等电位，此时相当于三相四线制。即每相电路看成是独立的，计算时采用如上的三相四线制的计算方法。可见，对称Y-Y联结的电路，不论有无中线以及中线阻抗的大小，都不会影响各相负载的电流和电压。

由于$\dot{U}_{nN} = 0$，所以负载的线电压与相电压的关系与电源的线电压与相电压的关系相同。

$$\dot{U}_{ab} = \sqrt{3}\dot{U}_{an}\angle{30^\circ}$$

$$\dot{U}_{bc} = \sqrt{3}\dot{U}_{bn}\angle{30^\circ}$$

$$\dot{U}_{ca} = \sqrt{3}\dot{U}_{cn}\angle{30^\circ} \tag{7-10}$$

即

$$U'_L = \sqrt{3}U'_P \tag{7-11}$$

式中，U'_L和U'_P为负载的线电压和相电压。

当忽略输电线阻抗时，$U'_L = U_L$，$U'_P = U_P$。

综上所述可知，负载星形联结的对称三相电路其负载电压、电流有以下特点：

1）线电压、相电压，线电流、相电流都是对称的。

2）线电压等于$\sqrt{3}$倍的相电压。

3）线电流等于相电流。

例7-2 已知星形联结的负载每相电阻为10Ω，感抗为150Ω，对称线电压的有效值为380V，求此负载的相电流I_P。

解：负载为星形联结，所以负载的相电压的有效值为

$$U_P = \frac{U_L}{\sqrt{3}} = \frac{380}{\sqrt{3}}\text{V} = 220\text{V}$$

负载的相电流的有效值为

$$I_P = \frac{U_P}{\sqrt{R^2 + X_L^2}} = \frac{220}{\sqrt{10^2 + 150^2}}\text{A} = 1.46\text{A}$$

例7-3 某对称三相电路，负载为Y联结，三相三线制，其电源线电压为380V，每相负载阻抗$Z = (8 + j6)\Omega$，忽略输电线路阻抗。求负载每相电流，画出负载电压和电流相量图。

解：电源线电压为 380V，则无论其电源绕组是三角形联结还是星形联结，负载线电压都是 380V，即：

$$U_L = 380V$$

现负载为丫联结，则负载得到的相电压：

$$U_P = \frac{380V}{\sqrt{3}} = 220V$$

设负载 A 相相电压初相位为零，即：

$$\dot{U}_a = 220\angle 0°V$$

则负载 A 相相电流为

$$\dot{I}_a = \frac{\dot{U}_a}{Z} = \frac{220\angle 0°}{8+6j}A = 22\angle -36.9°A$$

根据对称性可得 B、C 相相电流为

$$\dot{I}_b = 22\angle -36.9° - 120°A = 22\angle -156.9°A$$

$$\dot{I}_c = 22\angle -36.9° + 120°A = 22\angle 83.1°A$$

相量图如图 7-10 所示。

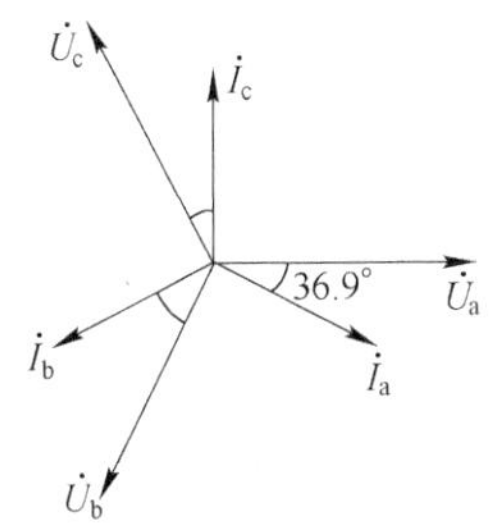

图 7-10　例 7-3 负载电压和电流相量图

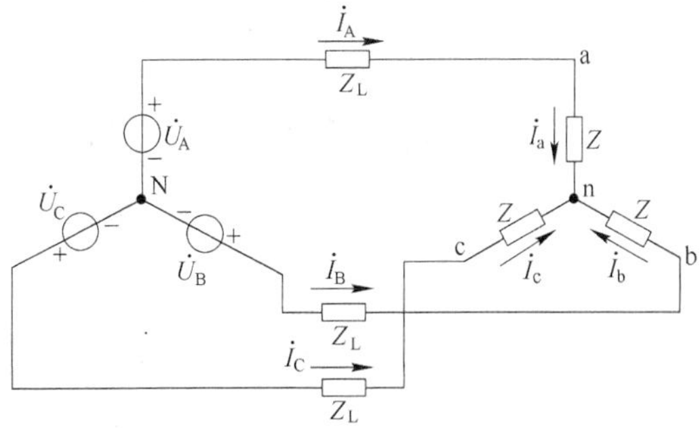

图 7-11　例 7-4 图

例 7-4　如图 7-11 所示为一对称三相电路，对称三相电源的线电压为 380V，每相负载的阻抗 $Z = 80\angle -30°\Omega$，输电线阻抗 $Z_L = (1+2j)\ \Omega$，求三相负载的相电压、线电压、相电流。

解：电源线电压为 380V，则电源相电压为

$$U_P = \frac{380}{\sqrt{3}} = 220V$$

设电源 A 相相电压初相位为零，即：

$$\dot{U}_a = 220\angle 0°V$$

则线路电流：

$$\dot{I}_a = \frac{\dot{U}_a}{Z+Z_L} = \frac{220\angle 0°}{8\angle 30° + 1 + 2j}A = \frac{220\angle 0°}{81.9\angle 30.9°}A$$

$$= 2.69\underline{/30.9°}\text{A}$$

由对称性得

$$\dot{I}_B = 2.69\underline{/-150.9°}\text{A}$$

$$\dot{I}_C = 2.69\underline{/89.1°}\text{A}$$

三相负载的相电压为

$$\dot{U}_{an} = Z\dot{I}_a = 80\underline{/30°} \times 2.69\underline{/-30.9°}\text{V} = 215.2\underline{/-0.9°}\text{V}$$

$$\dot{U}_{bn} = 215.2\underline{/-120.9°}\text{V}$$

$$\dot{U}_{cn} = 215.2\underline{/119.1°}\text{V}$$

三相负载的线电压

$$\dot{U}_{ab} = \sqrt{3}\dot{U}_{an}\underline{/30°} = 372.7\underline{/29.1°}\text{V}$$

$$\dot{U}_{bc} = 372.7\underline{/-90.9°}\text{V}$$

$$\dot{U}_{ca} = 372.7\underline{/149.1°}\text{V}$$

由于输电线路阻抗的存在，负载的相电压、线电压与电源的相电压、线电压不相等，但仍是对称的。

7.2.2 负载三角形联结的三相对称电路

负载作三角形联结，如图 7-12 所示。由图可以看出，负载上的电压是线电压，不管电源是星形联结还是三角形联结。

设 $Z = |Z|\underline{/\varphi}$，三相负载相同，其负载线电流为 $\dot{I}_A$、$\dot{I}_B$、$\dot{I}_C$，相电流为 $\dot{I}_a$，$\dot{I}_b$，$\dot{I}_c$。

设 $\dot{U}_{AB} = U_L\underline{/0°}\text{V}$，当忽略输电线阻抗时，负载线电压等于电源线电压。

负载的相电流为

$$\dot{I}_a = \frac{\dot{U}_{ab}}{Z} = \frac{\dot{U}_{AB}}{Z} = \frac{\dot{U}_L}{|Z|}\underline{/-\varphi}$$

$$\dot{I}_b = \frac{\dot{U}_{bc}}{Z} = \frac{\dot{U}_{BC}}{Z} = \frac{\dot{U}_L}{|Z|}\underline{/-\varphi-120°}$$

$$\dot{I}_c = \frac{\dot{U}_{ca}}{Z} = \frac{\dot{U}_{CA}}{Z} = \frac{\dot{U}_L}{|Z|}\underline{/-\varphi+120°} \tag{7-12}$$

线电流为

$$\dot{I}_A = \dot{I}_a - \dot{I}_c = \sqrt{3}\dot{I}_a\underline{/-30°}$$

$$\dot{I}_B = \dot{I}_b - \dot{I}_a = \sqrt{3}\dot{I}_b\underline{/-30°}$$

$$\dot{I}_C = \dot{I}_c - \dot{I}_b = \sqrt{3}\dot{I}_c\underline{/-30°} \tag{7-13}$$

综上所述可知：负载△联结的对称三相电路，其负载电压、电流有以下特点：

1）每相负载上的相电压等于线电压，且对称。

2）负载相电流、线电流均对称。

3）负载线电流有效值等于相电流有效值的$\sqrt{3}$倍，即$I_L=\sqrt{3}I_P$，且线电流滞后相应的相电流30°。电压、电流相量图如图7-13所示。

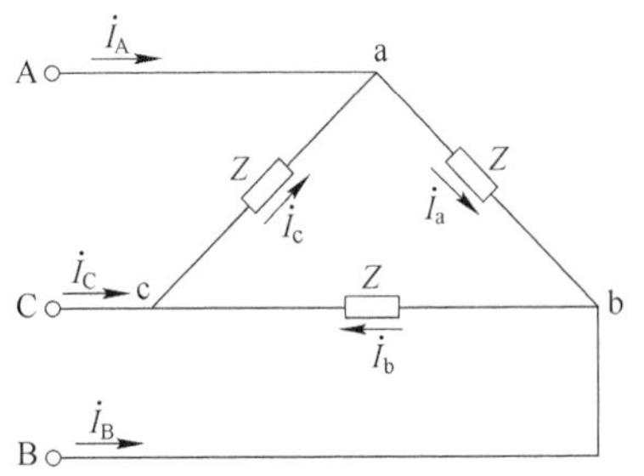

图7-12 负载三角形联结的对称三相电路

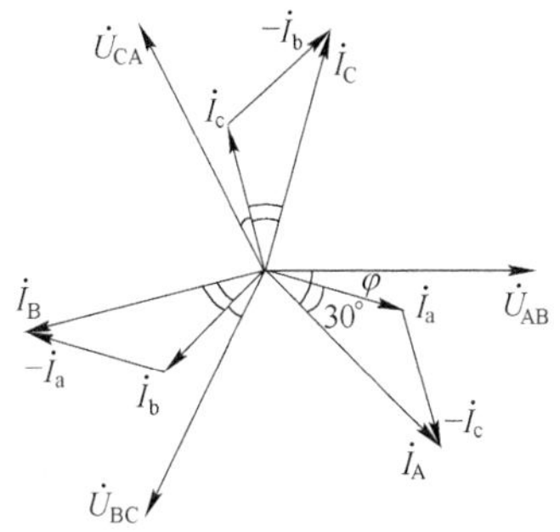

图7-13 电压、电流相量图

例7-5 已知负载△联结的对称三相电路，电源为Y联结，其相电压为110V，负载每相阻抗$Z=(4+j3)\Omega$。求负载的相电流和线电流。

解：电源线电压为

$$U_L=\sqrt{3}U_P=\sqrt{3}\times110\text{V}=190\text{V}$$

由于负载线电压等于电源线电压，所以负载线电压也是190V。设：

$$\dot{U}_{AB}=190\underline{/0^\circ}\text{V}$$

则负载相电流为

$$\dot{I}_a=\frac{\dot{U}_{AB}}{Z}=\frac{190\underline{/0^\circ}}{4+3j}=38\underline{/-36.9^\circ}\text{A}$$

根据对称性可得

$$\dot{I}_b=38\underline{/-156.9^\circ}\text{A}$$

$$\dot{I}_c=38\underline{/83.1^\circ}\text{A}$$

负载线电流为

$$\begin{aligned}\dot{I}_A&=\sqrt{3}\dot{I}_a\underline{/-30^\circ}\\&=\sqrt{3}\times38\underline{/-36.9^\circ-30^\circ}\text{A}=66\underline{/-66.9^\circ}\text{A}\end{aligned}$$

$$\dot{I}_B=66\underline{/-176.9^\circ}\text{A}$$

$$\dot{I}_C=66\underline{/53.1^\circ}\text{A}$$

负载三角形联结的电路，还可以利用阻抗的Y-△等效变换，将负载变换为星形联结，再按Y-Y联结的电路进行计算。

例7-6 已知对称三相交流电路每相负载的电阻为$R=8\Omega$，感抗为$X_L=6\Omega$。求下列几种情况下负载相电流、线电流。

（1）设电源线电压为 $U_L=380V$，负载Y联结；

（2）设电源线电压为 $U_L=220V$，负载△联结；

（3）设电源线电压为 $U_L=380V$，负载△联结。

解：由题意：

（1）负载Y联结，负载相电压小于线电压，即相电压：

$$U_P=\frac{U_L}{\sqrt{3}}=\frac{380}{\sqrt{3}}V=220V$$

相电流等于线电流：

$$\dot{I}_A=\dot{I}_a=\frac{220}{8+j6}A=22\angle-36.9°A$$

$$\dot{I}_B=\dot{I}_b=22\angle-156.9°A$$

$$\dot{I}_C=\dot{I}_c=22\angle 83.1°A$$

（2）负载△联结，负载相电压等于线电压，即相电压：

$$U_P=U_L=220V$$

A 相相电流为

$$\dot{I}_a=\frac{220}{8+j6}A=22\angle-36.9°A$$

由于为三角形联结，所以 A 相线电流为

$$\dot{I}_A=\sqrt{3}\dot{I}_a\angle-30°=38\angle-66.9°A$$

同理可得 B、C 相相电流与线电流（此处略）。

（3）负载△联结，线电压 380V，则负载相电压：

$$U_P=U_L=380V$$

A 相相电流为

$$\dot{I}_a=\frac{380}{8+j6}A=38\angle-36.9°A$$

由于为三角形联结，所以 A 相线电流为

$$\dot{I}_A=\sqrt{3}\dot{I}_a\angle-30°=66\angle-66.9°A$$

同理可得 B、C 相相电流与线电流（此处略）。

比较（1）、（2）两种情况，可知负载相电流相等，则线电流相差$\sqrt{3}$倍。

比较（1）、（3）两种情况，可知负载相电流相差$\sqrt{3}$倍，则线电流相差 3 倍。

大功率三相电动机起动时，由于起动电流较大而采用减压起动，其方法之一是起动时将电动机三相绕组接成星形，而在正常运行时改接为三角形，其原理就如此。

例 7-7 负载△联结的对称三相电路，如图 7-14a 所示，电源相电压 $\dot{U}_L=220\angle 0°V$。每相负载阻抗 $Z=90\angle 30°\Omega$，线路阻抗 $Z_L=(1+j2)\Omega$，求负载的相电压、相电流和线电流。

解：将△联结的对称三相负载变换成Y联结的对称三相负载。取经变换后的电路中的一

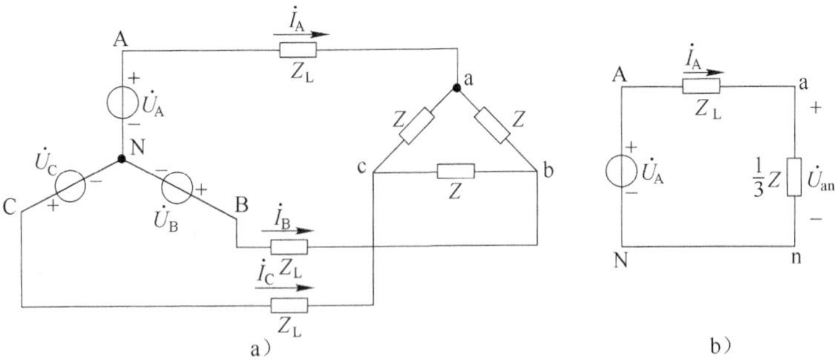

图 7-14　例 7-7 图

相等效电路，如图 7-14b 所示。

线电流为

$$\dot{I}_A = \frac{\dot{U}_A}{\frac{Z}{3}+Z_L} = \frac{220\angle 0^\circ}{30\angle 30^\circ + 1 + 2j}A = \frac{220\angle 0^\circ}{31.9\angle 32.2^\circ}A = 6.9\angle -32.2^\circ A$$

负载相电流为

$$\dot{I}_a = \frac{1}{\sqrt{3}}\dot{I}_A\angle 30^\circ = \frac{1}{\sqrt{3}}\times 6.9\angle -32.2^\circ A\angle 30^\circ = 3.89\angle -2.2^\circ A$$

△联结负载的相电压等于负载线电压，根据图 7-14a 可得

$$\dot{U}_{AB} = Z\dot{I}_{ab} = 90\angle 30^\circ \times 3.89\angle -2.2^\circ A = 358.2\angle 27.8^\circ A$$

根据对称性可得其他两相的相电压、相电流和线电流。

7.3　不对称三相电路

在三相电路中，电源和负载只要有一个不对称，则三相电路就不对称。一般来说，三相电源总可以认为是对称的。不对称主要是指负载不对称。日常照明电路就属于这种。

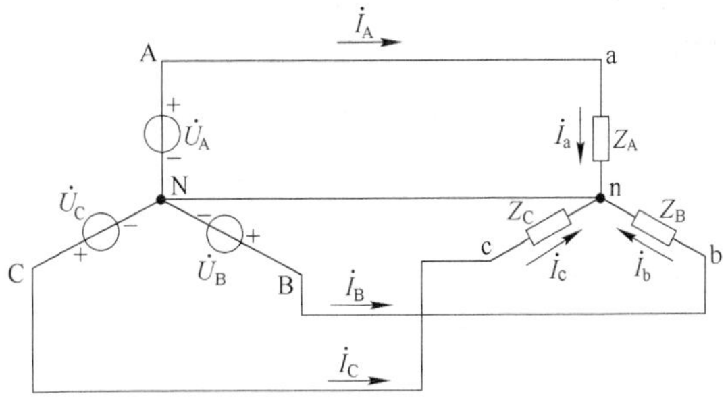

图 7-15　Y-Y联结的不对称三相电路

在图 7-15 所示三相四线制电路中，负载不对称，假设中线阻抗为零，则每相负载上的电压等于该相电源的相电压，而三相电流由于负载阻抗不同而不对称。负载对称相电压为

$$\dot{U}_{an} = \dot{U}_A,\quad \dot{U}_{bn} = \dot{U}_B,\quad \dot{U}_{cn} = \dot{U}_C \tag{7-14}$$

负载不对称相电流为

$$\dot{I}_A = \frac{\dot{U}_{an}}{Z_A},\quad \dot{I}_B = \frac{\dot{U}_{bn}}{Z_B}\quad \dot{I}_C = \frac{\dot{U}_{cn}}{Z_C} \tag{7-15}$$

此时中线电流为

$$\dot{I}_N = \dot{I}_A + \dot{I}_B + \dot{I}_C \neq 0 \tag{7-16}$$

如将图 7-15 中的中线去掉，形成三相三线制，如图 7-16 所示。

根据节点电压法可知 $\dot{U}_{nN}$ 一般不等于零,即负载中点 n 的电位与电源中点 N 的电位不相等,发生了中点位移,相量图如图 7-17 所示。由相量图可以看出,中点位移标志着负载相电压 $\dot{U}_{an}$、$\dot{U}_{bn}$、$\dot{U}_{cn}$ 的不对称,而三相负载的电流 $\dot{I}_A = \dfrac{\dot{U}_{an}}{Z_A}$,$\dot{I}_B = \dfrac{\dot{U}_{bn}}{Z_B}$,$\dot{I}_C = \dfrac{\dot{U}_{cn}}{Z_C}$ 也是不对称的。

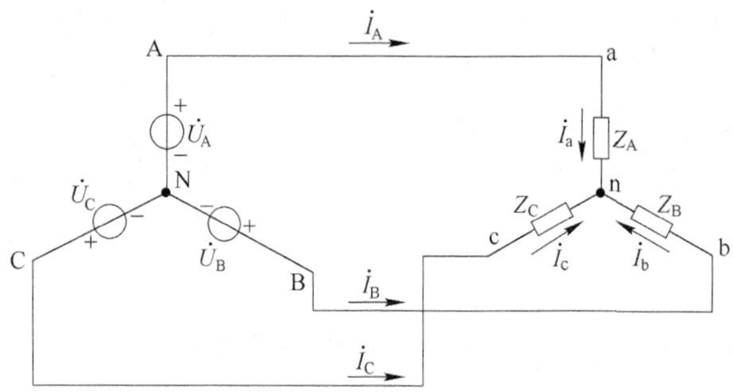

图 7-16　Y联结的三相三线制

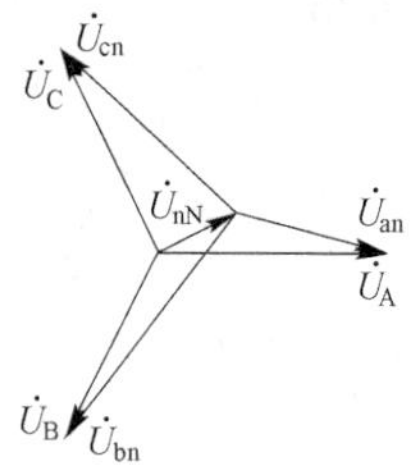

图 7-17　相量图

综上所述，在不对称三相电路中，如果有中线，且输电线阻抗 $Z\approx0$，则中线可迫使 $U_{nN}=0$，尽管电路不对称，但可使负载相电压对称，以保证负载正常工作；若无中线，则中点位移，造成负载相电压不对称，从而可能使负载不能正常工作。可见，中线作用至关重要，且不能断开。在实际接线中，中线的干线必须考虑有足够的机械强度，且不允许安装开关和熔断器。

例 7-8　在图 7-18 所示电路中，电源线电压 $U_L=380\text{V}$，三相负载分别为 $Z_A=(8+6\text{j})\ \Omega$，$Z_B=(3-4\text{j})\ \Omega$，$Z_C=10\Omega$，试求负载各相电流和中线电流，并绘出相量图。

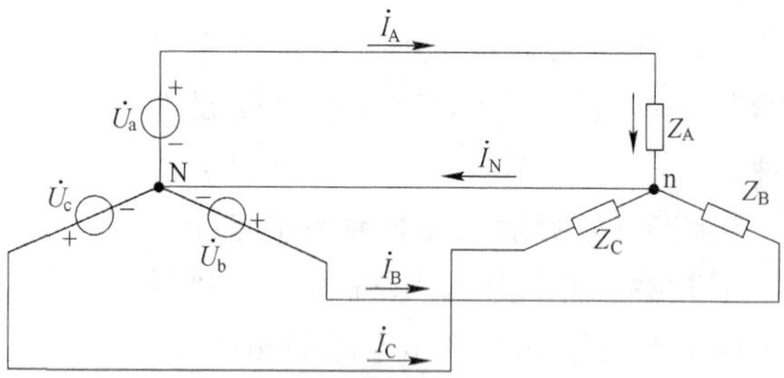

图 7-18　例 7-8 图

解：负载Y形联结时，相电压：

$$U_P = \frac{U_L}{\sqrt{3}} = \frac{380}{\sqrt{3}}\text{V} = 220\text{V}$$

设 $\dot{U}_A = 220\underline{/0^\circ}\text{V}$，则各相电流为

$$\dot{I}_A = \frac{\dot{U}_A}{Z_A} = \frac{220\underline{/0^\circ}}{8+\text{j}6}\text{A} = 22\underline{/-36.9^\circ}\text{A}$$

$$\dot{I}_B = \frac{\dot{U}_B}{Z_B} = \frac{220\underline{/-120^\circ}}{3-\text{j}4}\text{A} = 44\underline{/-66.9^\circ}\text{A}$$

$$\dot{I}_C=\frac{\dot{U}_C}{Z_C}=\frac{220\angle 120^\circ}{10}\text{A}=22\angle 120^\circ\text{A}$$

由于负载Y联结，线电流等于相电流，所以，中线电流为

$$\dot{I}_N=\dot{I}_A+\dot{I}_B+\dot{I}_C=22\angle -36.9^\circ\text{A}+44\angle -66.9^\circ\text{A}+22\angle 120^\circ\text{A}$$
$$=42\angle -55.4^\circ\text{A}$$

相量图如图 7-19 所示。

例 7-9 电路如图 7-20 所示，每只灯泡的额定电压为 220V，额定功率为 100W，电源系 220/380V 电网，试求：

（1）有中线时（即三相四线制），各灯泡的亮度是否一样？若 A 相断开，对其他两相有无影响？若 A 相短路，对其他两相的影响？

（2）若中线断开，各灯泡还能正常发光吗？

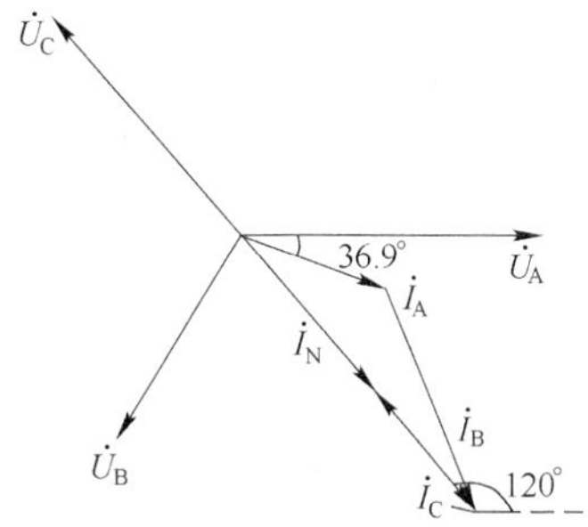

图 7-19 相量图

解：

（1）有中线时：

1）尽管此时三相负载不对称，但是有中线，加在各相灯泡上的电压均为 220V，各灯泡正常发光，亮度一样。

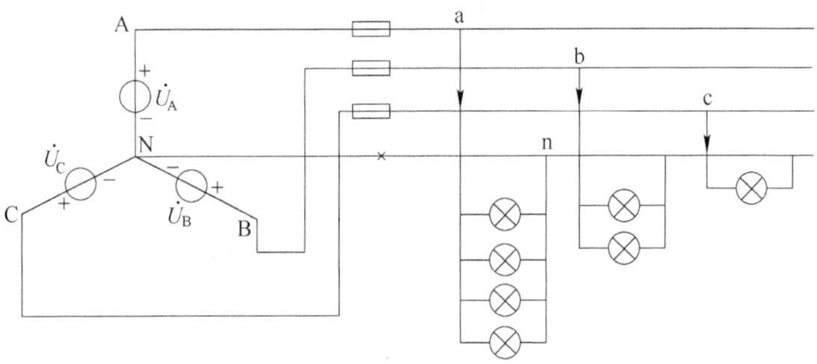

图 7-20 例 7-9 图

2）若 A 相断开，对其他两相仍无影响。

3）若 A 相短路，则短路电流使 A 相熔断器将 A 相电路切断，对其他两相仍无影响。

（2）中线断开时：

每盏灯泡电阻为

$$R=\frac{U_P^2}{P}=\frac{220^2}{100}\Omega=484\Omega$$

各相负载电阻为

$$R_a=\frac{R}{4}=\frac{484}{4}\Omega=121\Omega$$

$$R_b=\frac{R}{2}=\frac{484}{2}\Omega=242\Omega$$

$$R_c=R=484\Omega$$

由节点电压法得：

$$\dot{U}_{nN}=\frac{\frac{\dot{U}_A}{R_a}+\frac{\dot{U}_B}{R_b}+\frac{\dot{U}_C}{R_c}}{\frac{1}{R_a}+\frac{1}{R_b}+\frac{1}{R_c}}=\frac{\frac{220\angle 0^\circ}{121}+\frac{220\angle -120^\circ}{242}+\frac{220\angle -120^\circ}{484}}{\frac{1}{121}+\frac{1}{242}+\frac{1}{484}}\text{V}$$

$$=83.13\angle -19^\circ\text{V}$$

各负载相电压为：

$$\dot{U}_{an}=\dot{U}_A-\dot{U}_{nN}=(220\angle 0^\circ-83.13\angle -19^\circ)\text{V}=144\angle 10.9^\circ\text{V}$$

$$\dot{U}_{bn}=\dot{U}_B-\dot{U}_{nN}=(220\angle -120^\circ-83.13\angle -19^\circ)\text{V}=249\angle 139^\circ\text{V}$$

$$\dot{U}_{cn}=\dot{U}_C-\dot{U}_{nN}=(220\angle 120^\circ-83.13\angle -19^\circ)\text{V}=288\angle 130.9^\circ\text{V}$$

计算看出，A 相灯泡上的电压只有 144V，发光不足，而 C 相灯泡上的电压远超过额定电压，很可能被烧坏。

从此例可以看出，照明电路的中线是非常重要的，中线不允许断开，因此中线上不能装保险丝、开关等。

7.4 三相电路的功率

在三相电路中，三相负载的有功功率、无功功率分别等于每相负载上的有功功率、无功功率之和，即

$$P=P_A+P_B+P_C$$

$$Q=Q_A+Q_B+Q_C$$

三相负载对称时，各相负载吸收的功率相同，根据负载星形及三角形接法时线、相电压和线、相电流的关系，则三相负载的有功功率、无功功率分别表示为

$$P=3P_A=3U_PI_P\cos\varphi=\sqrt{3}U_LI_L\cos\varphi \tag{7-17}$$

$$Q=3Q_A=3U_PI_P\sin\varphi=\sqrt{3}U_LI_L\sin\varphi \tag{7-18}$$

式中，U_L 和 I_L 是负载的线电压和线电流；U_P 和 I_P 是负载的相电压和相电流；φ 是每相负载的阻抗角。

对称三相电路的视在功率和功率因素分别定义如下：

$$S=\sqrt{P^2+Q^2} \tag{7-19}$$

$$\cos\varphi=\frac{P}{S} \tag{7-20}$$

根据对称三相负载的功率表达式关系，则

$$S=\sqrt{3}U_LI_L \tag{7-21}$$

在不对称负载中，视在功率仍可用式（7-19）计算，但各相的功率因数不同，三相负载的功率因数值无实际意义。

三相电路的功率测量可采用三功率表法或两功率表法来测量。对称三相正弦交流电路的瞬时功率经公式推导等于平均功率 P，是不随时间变化的常数。对三相电动机来说，瞬时功率恒定意味着电动机转动平稳，这是三相制的重要优点之一。

例 7-10 某三相异步电动机每相绕组的等值阻抗 $|Z| = 27.74\Omega$，功率因数 $\cos\varphi = 0.8$，正常运行时绕组作三角形联结，电源线电压为 380V。试求：

（1）正常运行时的相电流、线电流和电动机的输入功率；

（2）为了减小起动电流，在起动时改接成星形，试求此时的相电流、线电流及电动机输入功率。

解：（1）正常运行时，电动机作三角形联结：

$$U_P = U_L = 380\text{V}$$

$$I_P = \frac{U_P}{|Z|} = \frac{380}{27.74} = 13.7\text{A}$$

$$I_L = \sqrt{3}I_P = \sqrt{3} \times 13.7\text{A} = 23.7\text{A}$$

$$P = \sqrt{3}U_L I_L \cos\varphi = \sqrt{3} \times 380 \times 23.7 \times 0.8\text{W} = 12.51\text{kW}$$

（2）起动时，电动机星形联结：

$$U_P = \frac{1}{\sqrt{3}}U_L = \frac{380\text{V}}{\sqrt{3}} = 220\text{V}$$

$$I_P = \frac{U_P}{|Z|} = \frac{\frac{380}{\sqrt{3}}}{27.74}\text{A} = 7.9\text{A}$$

$$I_L = I_P = 7.9\text{A}$$

$$P = \sqrt{3}U_L I_L \cos\varphi = \sqrt{3} \times 380 \times 7.9 \times 0.8\text{W} = 4.17\text{kW}$$

从此例可以看出，同一个对称三相负载接于一电路，当负载作△联结时的线电流是Y联结时线电流的三倍，作△联结时的功率也是作Y联结时功率的三倍，即

$$P_\triangle = 3P_Y$$

例 7-11 三相异步电动机在线电压为 380V 的情况下以三角形联结的形式运转，当电动机耗用电功率 6.55kW 时，它的功率因数为 0.79，求电动机的相电流和线电流。

解：由于三相异步电动机以三角形联结的形式运转，$U_P = U_L = 380\text{V}$。

又因为三相异步电动机属于对称负载，故 $P = 3U_P I_P \cos\varphi$。

$$I_P = \frac{P}{3U_P\cos\varphi} = \frac{6.55 \times 10^3}{3 \times 380 \times 0.79}\text{A} = 7.27\text{A}$$

$$I_L = \sqrt{3}I_P = \sqrt{3} \times 7.27\text{A} = 12.6\text{A}$$

例 7-12 一台三相异步电动机接于线电压为 380V 的对称三相电源上运行，测得线电流为 202A，输入功率为 110kW，试求电动机的功率因数、无功功率及视在功率。

解：三相异步电动机属于对称负载，故 $P = \sqrt{3}U_L I_L \cos\varphi$。

$$\cos\varphi = \frac{P}{\sqrt{3}U_L I_L} = \frac{110 \times 10^3}{\sqrt{3} \times 380 \times 202} = 0.83$$

$$S = \frac{P}{\cos\varphi} = \frac{110 \times 10^3}{0.83}\text{V} \cdot \text{A} = 132530\text{V} \cdot \text{A}$$

$$Q = S\sin\varphi = 132530\sqrt{1 - 0.83^2}\text{var} = 73920\text{var}$$

例 7-13 对称三相负载星形联结，已知每相阻抗为 $Z = (31 + \text{j}22)\ \Omega$，电源线电压为

380V，求三相交流电路的有功功率、无功功率、视在功率和功率因数。

解： 由 $U_L=380V$ 可得 $U_P=220V$

$$I_P=\frac{220}{|31+j22|}=\frac{220}{\sqrt{31^2+22^2}}A=5.77A$$

功率因数：

$$\cos\varphi=\frac{31}{\sqrt{31^2+22^2}}=0.816$$

有功功率：

$$\begin{aligned}P&=3U_PI_P\cos\varphi=3\times220V\times I_P\times\cos\varphi\\&=3\times220\times5.77\times0.816W\\&=3107W\end{aligned}$$

无功功率：

$$\begin{aligned}Q&=3U_PI_P\sin\varphi=3\times220V\times I_P\times\sqrt{1-\cos^2\varphi}\\&=3\times220\times5.77\times0.816var\\&=2201var\end{aligned}$$

视在功率：

$$S=3U_PI_P=3\times220\times5.77V\cdot A=3808V\cdot A$$

例 7-14 已知电路如图 7-21 所示。电源电压 $U_L=380V$，每相负载的阻抗为 $R=X_L=X_C=10\Omega$。（1）该三相负载能否称为对称负载？为什么？（2）计算中线电流和各相电流，画出相量图；（3）求三相总功率。

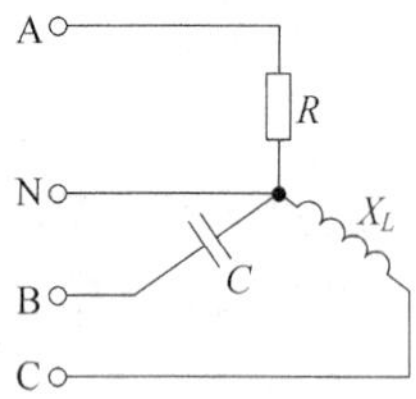

图 7-21 例 7-14 图

解：（1）不能称为三相对称负载，因为三个相的负载阻抗 $Z_1=10\Omega$，$Z_2=j10\Omega$，$Z_3=-j10\Omega$，可见各相参数并不相同，故不能称为对称负载。

（2）根据 $U_L=380V$ 可得 $U_P=220V$

$$\dot{U}_A=220\angle 0°V,\dot{U}_B=220\angle -120°V,\dot{U}_C=220\angle 120°V$$

则：

$$\dot{I}_A=\frac{\dot{U}_A}{R}=22\angle 0°A$$

$$\dot{I}_B=\frac{\dot{U}_B}{-jX_C}=\frac{220\angle -120°}{-j10}A=22\angle -30°A$$

$$\dot{I}_C=\frac{\dot{U}_C}{jX_L}=\frac{220\angle 120°}{j10}=22\angle 30°A$$

所以：

$$\begin{aligned}\dot{I}_N&=\dot{I}_A+\dot{I}_B+\dot{I}_C=22\angle 0°A+22\angle -30°A+22\angle 30°A\\&=22(1+\sqrt{3})\angle 0°\end{aligned}$$

$= 60.1\angle 0°\text{A}$

（3）由于 B 相负载为电容，C 相负载为电感，其有功功率为 0，故三相总功率即 A 相电阻性负载的有功功率。

即
$$P = RI_A^2 = 10 \times 22^2 = 4840\text{W} = 4.48\text{kW}$$

项 目 小 结

1. 三相对称电源

三个频率相同、幅值相等、相位互差 120°的三个电动势组成的电源，称为三相对称电源。对称三相电源的端电压瞬时值表达式（以 u_A 为参考正弦量）为

$$u_A = \sqrt{2}U\sin\omega t$$
$$u_C = \sqrt{2}U\sin(\omega t - 120°)$$
$$u_B = \sqrt{2}U\sin(\omega t + 120°)$$

三相对称电压的瞬时值之和为零，即

$$u_A + u_B + u_C = 0$$

2. 三相对称电源的连接

三相对称电源有两种连接方式：星形联结和三角形联结。

星形联结时对外可提供两种电压：线电压和相电压，线电压的有效值是相电压有效值的$\sqrt{3}$倍，线电压初相位超前对应相电压 30°，即：$\dot{U}_L = \sqrt{3}\dot{U}_P e^{j30°}$

三角形联结时只能提供一种电压：线电压等于相电压，即：$\dot{U}_L = \dot{U}_P$。

3. 三相对称电路

由三相对称电源和三相对称负载组成的电路称为三相对称电路。

当对称负载三角形联结时，电源线电压等于负载相电压，线路线电流大小是负载相电流的$\sqrt{3}$倍，相位滞后对应相电流 30°。

当对称负载星形联结时，电源线电压等于负载相电压的$\sqrt{3}$倍，线路线电流等于负载相相电流。

照明电路三相不对称负载，采用三相四线制供电，必须有中线，中线电流：$\dot{I}_N = \dot{I}_A + \dot{I}_B + \dot{I}_C$

4. 三相电路的功率

三相负载的有功功率、无功功率分别等于每相负载上的有功功率、无功功率之和，即：$P = P_A + P_B + P_C, Q = Q_A + Q_B + Q_C$。

视在功率可用公式 $S = \sqrt{P^2 + Q^2}$ 进行计算。

当三相负载对称时，三相负载的有功功率、无功功率分别表示为

$$P = 3P_A = 3U_PI_P\cos\varphi = \sqrt{3}U_LI_L\cos\varphi$$
$$Q = 3Q_A = 3U_PI_P\sin\varphi = \sqrt{3}U_LI_L\sin\varphi$$

项目任务实施

任务一　探索三相对称电源星形联结、三角形联结时线电压与相电压的关系

场地： 机房或多媒体教室。

器材： 计算机、EWB 仿真软件。

资讯： 7.1 三相交流电源。

1）搭建电路如图 7-22 所示，使三只开关联动动作，且在两种不同情况下分别对应电源的星形联结与三角形联结；设置好电路元件参数，注意三相电源为对称电源。

2）当电源星形联结时，测出各相电源端的相电压、每两相电源之间的线电压，记入表 7-1。

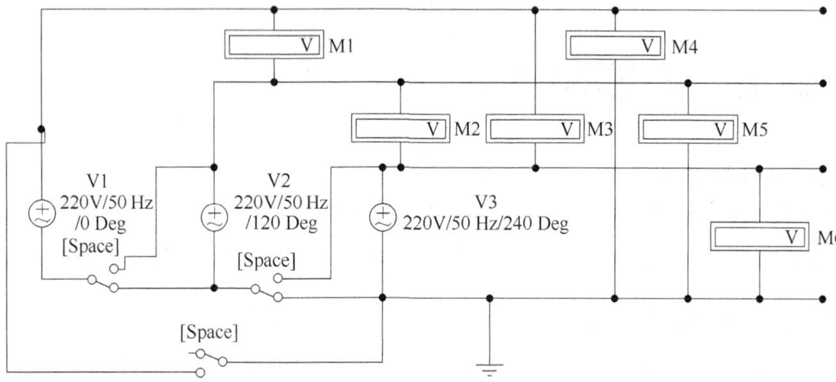

图 7-22　测量三相对称电源星形、三角形联结时线电压与相电压电路

3）将开关联动打到位置 2，使电源三角形联结，重复步骤 2 的工作。

4）分析表 7-1 中的数据，得出当电源星形联结时，线电压与相电压是什么关系？对外电路能提供几种电压？当电源三角形联结时，线电压与相电压又是什么关系？

表 7-1　三相对称电源Y、△联结时线电压与相电压

电源连接方式	线电压			相电压		
	U_{AB}	U_{BC}	U_{CA}	U_{AX}	U_{BY}	U_{CZ}
Y连接						
△连接						

任务二　测量三相负载星形联结时负载的电压与电流

场地： 机房或多媒体教室。

器材： 计算机、EWB 仿真软件。

资讯： 7.2 三相对称电路。

1）搭建电路如图 7-23 所示，使三相对称负载星形联结，设置好元器件参数。

2）仿真测量负载对称、负载不对称（其中一相或二相开关打开）时电路的各相线电流、相电流、相电压，且将读数填入表 7-2 中。

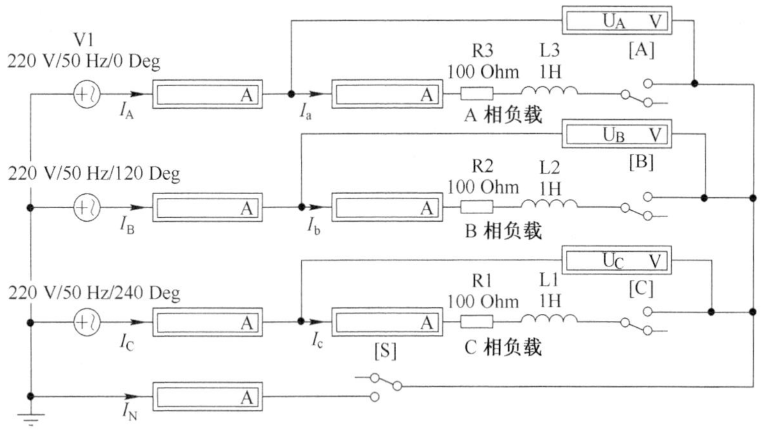

图 7-23　测量三相负载星形联结时负载电压与电流电路

表 7-2　三相负载星形联结时负载电压与电流

负载接法 测量数据		对称负载		不对称负载（假设 A 相断开）	
		有中线	无中线	有中线	无中线
相电压	U_A				
	U_B				
	U_C				
线电流	I_A				
	I_B				
	I_C				
相电流	I_a				
	I_b				
	I_c				
中线电流	I_N				
总功率	$I_a^2R_A+I_b^2R_B+I_c^2R_C$				
	$\sqrt{3}U_LI_L\cos\varphi$				

3）分析实验结果：

① 说明负载星形联结电路中三线制供电和四线制供电的特点；照明电路中中线的作用。

② 计算三相电路的有功功率，比较用公式 $P=P_A+P_B+P_C=I_a^2R_A+I_b^2R_B+I_c^2R_C$ 计算总功率与用公式 $P=\sqrt{3}U_LI_L\cos\varphi$ 计算总功率的联系与区别。

任务三　测量三相负载三角形联结时负载的电压与电流

场地：机房或多媒体教室。

器材：计算机、EWB 仿真软件。

资讯：7.2 三相对称电路。

1）搭建电路如图 7-24 所示，使三相对称负载三角形联结，设置好元器件参数。

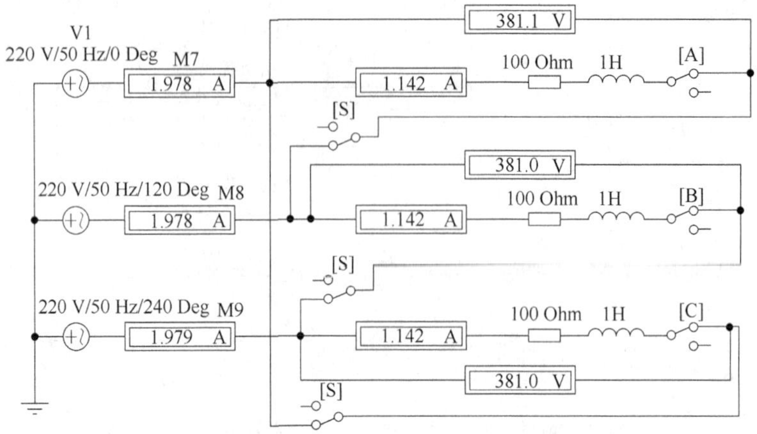

图 7-24　测量三相负载三角形联结时负载的电压与电流

2）仿真测量负载对称、负载不对称（其中一相或二相开关打开）时电路的各相线电流、相电流、相电压，且将读数填入表 7-3 中。

表 7-3　三相负载三角形连接时负载相电压与电流

数据测量 负载接发	线电流			相电流			相电压		
	I_A	I_B	I_C	I_a	I_b	I_c	U_A	U_B	U_C
负载对称									
负载不对称（设 A 相断开）									

3）分析思考问题：负载作三角形联结时，若负载对称 I_L 与 $I_{相}$ 之间关系如何？若不对称呢？

思考与习题

7-1　对称三相电源 $u_A=311\sin(\omega t+30°)$ V，试写出正序及负序时的 u_B 和 u_C。

7-2　某三相对称负载，每相阻抗 $Z=(8+j6)\ \Omega$。试求在下列情况下，负载的线电流和有功功率：

（1）负载作△联结，接在线电压 $U_L=220$V 电源上；

（2）负载作Y联结，接在线电压 $U_L=380$V 电源上；

从本题可得到什么结论？它与 $P_\Delta=3P_Y$ 有矛盾吗？

7-3　一对称三相电路如图 7-25 所示。对称三相电源线电压是 380V，星形联结的对称负载每相阻抗 $Z_1=30\angle 30°\Omega$，三角形联结的对称三相负载每相阻抗 $Z_2=60\angle 60°\Omega$，求各电压表和电流表的读数（有效值）。

7-4　额定电压为 220V 的三个相同的单相负载，其复阻抗都是 $Z=(8+j6)\ \Omega$，接到 220/380V 的三相四线制电网上。试求：

（1）负载应如何接入电源，画出电路图。

（2）求各相电流。

（3）作电压、电流相量图。

（4）若因事故导致中线断开，各相负载还能否正常工作？

7-5　作三角形联结的对称三相负载，每相复阻抗为 $Z=(200+j150)\ \Omega$，接到线电压为 380V 的电源

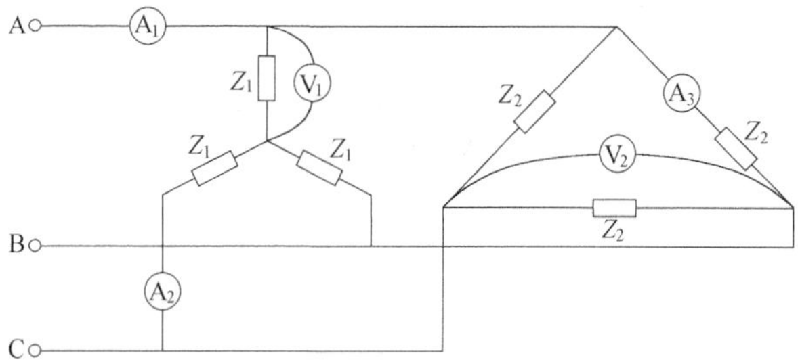

图 7-25　题 7-3 图

上，试求各相电流和线电流，并画出相量图。

7-6　一个对称负载星形联结的三相电路，每相阻抗为 $R=6\Omega$，$X_L=8\Omega$，电源电压 $U_L=380V$，求相电压 U_P、相电流 I_P、线电流 I_L，以及有功功率 P、功率因数 $\cos\varphi$。

7-7　在六层楼房中单相照明电灯均接在三相四线制电路上，若每两层为一相，每相装有 220V、40W 的白炽灯 30 盏，线路阻抗忽略不计，对称三相电源的线电压为 380V，试求：

（1）当照明灯全部点亮时，各相电压、相电流及中线电流；

（2）当 B 相照明灯只有一半点亮，而 A、C 两相照明灯全部亮时，各相电压、相电流及中线电流。

（3）当中线断开时，在上述两种情况下的相电压为多少？由此说明中线的作用。

7-8　在图 7-26 所示三相四线制电路中，电源电压为 220/380V，三相负载为 $Z_A=10\Omega$，$Z_B=10j\Omega$，$Z_C=-10j\Omega$。试求各相电流和中线电流，并作出相量图。

7-9　对称三相电路如图 7-27 所示，三个电流表读数均为 5A。当开关 S 断开后，求各电流表读数。

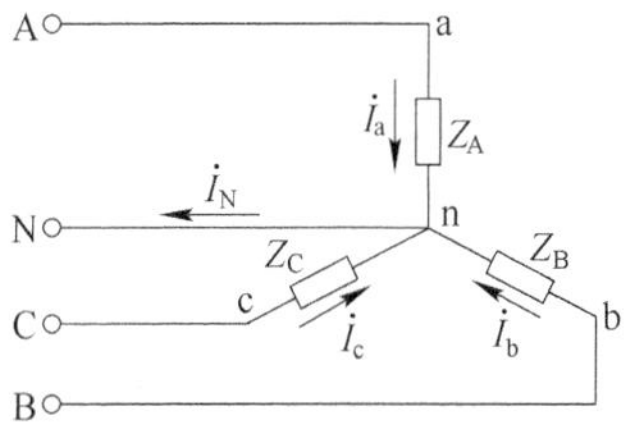

图 7-26　题 7-8 图

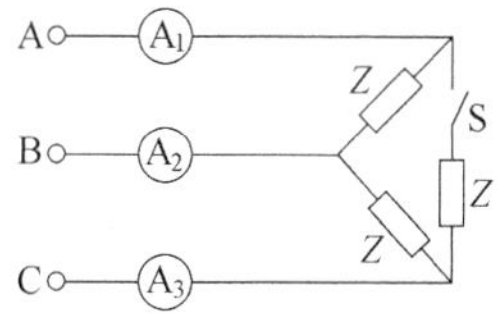

图 7-27　题 7-9 图

思考与习题答案

项　目　1

1-11　20mA，8V

1-12　×1，×10，×100，×10，300

1-13　135，2，270V，27，10，270V

1-14　C

1-15　A

1-16　D

1-17　C

项　目　2

2-1　C

2-2　100Ω

2-3　1A

2-4　a）输出，b）吸收，c）吸收，d）输出

2-5　4Ω，10V，0.6A

2-6　-5V

2-7　15V

2-9　197kΩ

2-10　300Ω

2-11　19.8kΩ

2-12　3A

2-13　（1）121Ω，0.91A，201.7Ω，0.55A，302.5Ω，0.36A
（2）60.5Ω，200W，1.82A

2-14　80Ω，1A，0.5A，0.5A，60V，20V

2-15　同开：6Ω，1A。同合：0.55Ω，11A

2-16　b）

2-17　15V，-10V

2-18　A

2-19　40W，65W，15.4W

2-20　2.3V，0.1A，0.23W

2-22　246，1031.25，837.5

2-23 （1）4A，12.5Ω；（2）52V；（3）104A

2-24 2Ω，10Ω，4Ω

2-25 $\frac{51}{19}\Omega$，1.2Ω

2-26 2A

项 目 3

3-1 1.5A

3-3 2，2

3-4 1A，2 A

3-5 3A，－1A，2A

3-6 3A，－1A，2A

3-7 －17A，－4V

3-8 3A，－1A，2A

3-9 3A，12V

3-10 $\frac{13}{9}$A，$\frac{10}{9}$A，$\frac{7}{9}$A，$\frac{10}{3}$A

3-15 3A，－1A，2A

3-16 1Ω，0.78W

3-19 16V

3-20 $\frac{R_1R_2}{R_2-r+R_1}$

项 目 4

4-3 2V，－4.5A

4-4 2A，6V

4-5 0.1A，2V，6V，0.1A

4-6 $4.615e^{-3666.67t}$V，$0.923e^{-3666.67t}$A

4-7 $1.2e^{-50t}$A，$-6e^{-50t}$V

4-8 $10e^{-200t}$V，$2e^{-200t}$mA，$4e^{-200t}$V

4-9 $0.33\ (1-e^{-150t})$ A，$4.95e^{-150t}$V

4-10 1mA

4-11 0.02s，0.02s

4-12 10A，12A，0.1s

4-13 $12+6e^{-0.25t}$V

4-14 $4\ (1-e^{-0.5t})$ V，$2e^{-0.5t}$A

4-15 $12-8e^{-2\times10^5t}$V，$-8e^{-2\times10^5t}$A

4-16 2.5 $(1-e^{-2\times10^{-5}t})$ V

项 目 5

5-12 61414 匝，0.0012mm

5-13 1A

5-14 不能；要保持磁动势平衡

5-16 578 匝，164 匝

5-17 50 匝，50 匝

5-19 不是

5-21 （1）1956 匝，78 匝；（2）25；（3）18A，450A；（4）144T

5-22 0.05W

5-23 1.1

项 目 6

6-1 （1）$10\sqrt{2}$V，10V，314rad/s，50Hz，30°；$0.5\sqrt{2}$A，0.5A，314rad/s，50Hz；（2）90°，u 超前 i

6-2 （1）$10\angle 60°$A，$10\angle 120°$A；（2）$10\sqrt{6}\sin(\omega t+90°)$ A，$10\sqrt{2}\sin\omega t$A

6-3 311V，60°；2A，-90°；（2）$311\sin(314t+60°)$ V，$2\sin(314t-90°)$ A

6-4 $220\sqrt{2}\sin\omega t$V，$5\sqrt{2}\sin(\omega t-30°)$ A，$3\sqrt{2}\sin(\omega t+90°)$ A，$220\angle 0°$V，$5\angle -30°$A，$3\angle 90°$A

6-5 $7.05\sin(\omega t-30°)$ A，5A，50W，均不变

6-6 1.4A，308.3var，均减小一半

6-7 0.6A，121.6var，均增加一倍

6-8 $11\sqrt{2}$A，11A，11A，220V

6-9 $6\sqrt{2}$V，5A

6-10 $5\angle -120°$V

6-11 0.25A，151.74V，132.16V

6-12 $(10+10j)$ Ω，$\frac{\sqrt{2}}{2}\angle -15°$A，$5\sqrt{2}\angle -15°$V，$\frac{15}{2}\sqrt{2}\angle 75°$V，$\frac{5}{2}\sqrt{2}\angle -105°$V

6-13 12A，6A，24A，20A；0.6，容性

6-14 （1）$(6+8j)$ Ω，（2）$30\angle 30°$V，$40\angle -120°$V，（3）0.6，150W

6-15 （1）0.5，（2）0.844

6-16 3.28μF

6-17 （1）$18\angle -22°$Ω，$1.1\angle 68°$A，$20\angle 46°$V

（2）21W，8.6Var，22V·A

6-18 条件 $Z_L=2.4\angle 37°$Ω，$P_{max}=21.4$W

6-19 （1）8.5μF，188，3.8，（2）0.4A，20V，76V，76V，（3）不改变

6-20 0.016H，0.17Ω，240

6-21 （1）24497Hz，0.0016A（2）1A，0.0016A，0.0016A

6-23 19.1A

6-24 217.9A，2225W

6-25 15V，40W

6-26 $93\sqrt{2}\sin(\omega t+53°)+57\sqrt{2}\sin(2\omega t-53°)$

项 目 7

7-1 $311\sin(\omega t-150°)$ V，$311\sin(\omega t+90°)$ V，$311\sin(\omega t+90°)$ V，$311\sin(\omega t-150°)$ V

7-2 （1）$22\sqrt{3}$A，11616W（2）22A，11616W，不矛盾

7-3 220V，$\frac{22}{3}$A，15.4A，$\frac{19}{3}$A，380V

7-4 （2）$22\angle{-37°}$A，$22\angle{-157°}$A，$22\angle{83°}$A

7-5 $1.52\angle{-37°}$A，$1.52\angle{-157°}$A，$1.52\angle{83°}$A，

$1.52\sqrt{3}\angle{-67°}$A，$1.52\sqrt{3}\angle{173°}$A，$1.52\sqrt{3}\angle{53°}$A

7-6 220V，22A，22A，8712W，0.6

7-7 （1）$220\angle{0°}$ V，$220\angle{-120°}$ V，$220\angle{120°}$ V，$5.45\angle{0°}$ A，$5.45\angle{-120°}$ A，$5.45\angle{120°}$A，0

（2）$220\angle{0°}$ V，$220\angle{-120°}$ V，$220\angle{120°}$ V，$5.45\angle{0°}$ A，$2.725\angle{-120°}$ A，$5.45\angle{120°}$，$5.45\angle{60°}$A

（3）（1）情况不变，（2）情况：$202\angle{9.6°}$V，$176\angle{-120°}$V，$202\angle{9.6°}$V

7-8 $22\angle{0°}$A，$22\angle{150°}$A，$22\angle{-150°}$A，−16A

7-9 2.5A，0，2.5A

参 考 文 献

[1] 沈国良．电工基础［M］．北京：电子工业出版社．2008.

[2] 林平勇 高嵩．电工电子技术［M］．3 版．北京：高等教育出版社，2007.

[3] 李梅．电工基础［M］．北京：机械工业出版社，2005.

[4] 陈菊红．电工基础［M］．北京：机械工业出版社，2005.

[5] 罗厚军．电工电子技术［M］．北京：机械工业出版社．2006.

[6] 王慧玲．电路基础实验与综合训练［M］．北京：高等教育出版社，2003.

[7] 付玉明．电路分析基础［M］．2 版．北京：中国水利水电出版社．2004.

[8] 石生．电路基本分析［M］．北京：高等教育出版社，2000.

[9] 曾令琴，罗建学．电工电子技术实验与实训教程［M］．北京：人民邮电出版社，2006.

[10] 王秀英．电工基础［M］．西安：西安电子科技大学出版社，2004.

[11] 童星，郑火胜．电工电子技术基础［M］．北京：人民邮电出版社，2008.

[12] 沈许龙．电工基础与技能训练［M］．北京：电子工业出版社，2012.